U1006069

热学·统计物理

主　编　吴俊芳

副主编　张英堂　杜亚利

西北工業大學出版社

【内容简介】 本书以热学的基本概念和规律、热力学定律和统计物理的基本热力学函数等为主体内容，从宏观和微观两个方面研究了热现象及其规律，使读者能够对热现象有更加深入的认识。全书共13章，其内容包括温度、气体分子运动论的基本概念、气体分子热运动速率和能量的统计分布律、气体内的输运过程、热力学第一定律、热力学第二定律、热力学函数、液体、相变、近独立粒子的最概然分布、玻耳兹曼统计、玻色统计和费米统计等，每章配有相应的例题和习题。本书融合了热学和统计物理学的内容，在内容取舍上避免重复，以满足学时缩短的需要，便于教学和阅读。

本书可作为高等学校物理专业的教材或参考书，也可供其他相关专业师生参考。

图书在版编目(CIP)数据

热学·统计物理/吴俊芳主编．—西安：西北工业大学出版社，2011.9
ISBN 978-7-5612-3192-0

Ⅰ.①热…　Ⅱ.①吴…　Ⅲ.①热学—高等学校—教材　②统计物理学—高等学校—教材　Ⅳ.①O551②O414.2

中国版本图书馆CIP数据核字(2011)第193721号

出版发行： 西北工业大学出版社
通信地址： 西安市友谊西路127号　　邮编：710072
电　　话： (029)88493844　88491757
网　　址： www.nwpup.com
印 刷 者： 陕西宝石兰印务有限责任公司
开　　本： 787 mm×1 092 mm　　1/16
印　　张： 13.875
字　　数： 334千字
版　　次： 2011年12月第1版　　2011年12月第1次印刷
定　　价： 30.00元

前　　言

我们依据高等学校物理类本科生“热学”和“热力学与统计物理学”课程教学大纲的基本要求，结合多年为本科生讲授“热学”和“热力学与统计物理学”课程的经验，通过参阅国内、外同类教科书，融合了热学和热力学与统计物理学的内容，把热现象中的宏观理论和微观理论编写成为“热学·统计物理”讲义，便于学生学习和掌握。本书是在原有讲义的基础上，经过反复的教学实践，进一步补充、修改而成的。

本书主要针对应用物理学专业的本科生，考虑到应用物理学专业的课程设置，对传统热学教学内容进行了删减，例如，固体部分，由于应用物理学专业有“固体物理”这门课程，因此，在本书中删除了“固体”这部分的内容。

本书可作为高等学校应用物理学专业的教材或参考书，也可供其他相关专业师生参考。

本书在内容上覆盖了“热学”和“热力学与统计物理学”课程的内容，但在所用课时上却远远少于这两门课程的课时之和。这是由于《热学·统计物理》在内容安排上删除了这两门课程中重复的内容，同时考虑到课程设置，凡是涉及其他课程讲授过的内容都做了相应的缩减，这样所用课时就相对地减少了。另外在《热学·统计物理》中，把反映宏观理论的“热学”和反映微观理论的“统计物理学”两部分安排在一学期学完，能使学生建立起对“热学”的一个完整的、系统的理论框架，也便于学生在学习中对比和更深入地理解宏观理论和微观理论的关系，理解宏观量是微观量的统计平均值的含义。

全书共13章，系统地阐述了热学的基本概念和规律、热力学定律和统计物理的基本热力学函数等主体内容，从宏观和微观两个方面研究了热现象及其规律，使读者对热现象有更加深入的认识。各章分别为绪论；温度；气体分子运动论的基本概念；气体分子热运动速率和能量的统计分布律；气体内的输运过程；热力学第一定律；热力学第二定律；热力学函数；液体；相变；近独立粒子的最概然分布；玻耳兹曼统计；玻色统计和费米统计。本书每章节都配有相应的例题，每章后面附有习题以帮助读者加深对所学知识的理解。

本书由吴俊芳任主编，并负责统稿，张英堂、杜亚利任副主编。具体编写分工为吴俊芳编写了绪论、第1～6章，张英堂编写了第7～10章，杜亚利编写了第11～12章。吴俊芳、张英堂和杜亚利长期担任“热学”和“热力学与统计物理学”课程的教学，从教学实践中对该书的内容进行了反复的甄选和提炼，并在内容的安排和其他课程的延续性上做了大量的工作。

在本书的编写过程中，张英堂和杜亚利做了很多工作。西安工程大学理学院应用物理系各位同仁也给予了大力的支持和帮助，并提出了许多宝贵的意见，同时还参考了汪志诚、李椿、赵凯华和秦允豪等编者的国内出版的同类教科书，在此一并表示由衷的感谢。

由于学识水平有限，书中有不妥之处恳请读者提出宝贵意见和建议。

编　者

2011年6月

目　录

绪 论

0.1 热学的研究对象

人类生存在四季交替、气候变换的自然界中,冷热现象是人类最早观察和认识的自然现象之一。**温度就是反映物体的冷热程度的物理量,自然界中与温度有关的现象称为热现象。**热现象是自然界中极为普遍的物理现象。热现象的产生是物质内部大量分子无规则热运动的结果,热现象是热运动的宏观表现,热运动则是热现象的微观本质。热运动不是孤立的,在一定条件下可以与其他运动形态相互转化,如摩擦生热、挥发降温、汽缸内气体吸热对外做功、电流通过电阻发热和温差电池等。因此,研究热运动同其他运动形态转化的规律也是热学研究的另一个重要基本内容。

热学是研究物质热现象、热运动规律以及热运动同其他运动形式之间相互转化规律的一门学科,是物理学的一个重要组成部分,它和理论力学、量子力学、电动力学构成物理学中的四大力学。热现象是通过宏观物体或物体系表现出来的,而宏观物体则是由大量的微观粒子(分子或原子)组成的。

0.2 热学的研究方法

热现象和热运动涉及大量的微观粒子,因此,研究热现象和热运动就不能像力学那样跟踪每一个粒子的运动情况。人们研究热现象和热运动主要是从宏观和微观两个方面入手的,采用了宏观的方法(热力学方法)和微观的方法(统计物理学方法)来研究热现象和热运动。

1. 热力学方法

热力学方法是研究物质热运动的宏观规律,以观测和实验事实为基础,应用数学方法,对由实验总结出的热现象规律进行严密的逻辑推理和演绎从而研究物质热学性质,得出有关物质各种宏观性质之间的关系,以及宏观物理过程进行的方向和限度等方面的结论。这种方法称为热力学方法。

热力学方法的主要成果:建立热力学四个定律和热力学概念,如压强、温度、内能、热容、热量、熵、焓、自由能等。其中,热力学第一定律依靠能量概念说明了一切热力学过程遵循能量守恒,热力学第二定律依靠熵概念说明了一切热力学过程具有方向性和限度。

任何理论都有两面性。热力学方法的优点是结论具有很高的可靠性和普遍性,其缺点是由于热力学理论不涉及物质的微观结构和粒子的运动,把物质看成是连续的,因此不能解释宏观性质的涨落及宏观现象的微观本质。

2. 统计物理学方法

统计物理学是研究物质热运动的微观理论。它认为物质是由大量分子(粒子)组成的,分子不停地做无规则运动，分子间有相互作用，虽然单个分子运动具有不确定性，但是整体遵循统计规律。人们紧紧抓住热力学系统这一特点，首先建立分子微观模型，然后运用力学规律和数学统计方法，确定微观量和宏观量之间的关系，即物质的宏观性质是大量微观粒子运动的集体表现，认为宏观量是微观量的统计平均值，进而阐明宏观量的微观本质。这种方法称为统计物理学方法。

统计物理学方法的优点是它可以把热力学的几个基本定律归结于一个基本的统计原理，阐明了热力学定律的统计意义。其缺点是由于对物质的微观结构所作的往往只是简化的模型假设，因而所得到的理论结果往往只是近似的。

热力学方法准确可靠，但不能揭示本质。统计物理学方法虽可揭示本质，但因其建立在假设基础之上而具有近似性。热力学对热现象给出普遍而可靠的结果，可以用来验证微观理论的正确性；统计物理学则可以深入热现象的本质，使热力学的理论获得更深刻的意义。两种方法是相辅相承，缺一不可的。

0.3 热学的发展简史

热学的发展历程也是人类探索热的本质的过程，关于热的本质最有影响力的两种对立理论就是热质说和热动说。热质说认为热是一种没有质量的特殊物质，热动说认为热是物质粒子的微观运动。

中国商周时期的“五行”说，认为世界万物都是由金、木、水、火、土五种基本元素组成的。这里把火作为组成物质的一种基本元素，是热质说的萌芽。赫拉克利特认为火是一切自然事物的普遍始源。古代西方认为火、土、水、气是构成万物的四个主要元素，这些都是热质说的萌芽。

在公元前 4 世纪之后，热质说主要由古希腊的原子论者推动，较出名的是留基伯和德谟克立特，以及伊壁鸠鲁和卢克莱修。他们认为万物都是由不可分的原子构成的，原子由于形状、次序和位置上的不同形成不同的元素。德谟克立特认为，原子在热度上是有不同的，冷热的感觉是原子不同组合的结果。卢克莱修把火看做由“热的种子”即某种粒子形成，这是一种明确的热质说的观点。

古希腊热动说最有力的推动者是米利都学派，有泰勒斯、阿那克西曼德和阿那克西米尼等人。他们的观点是热(火)是由基原物质的运动变化产生出来的。古希腊的另外一位著名学者柏拉图也是热动说的支持者。

伦福德于 1798 年发表了关于摩擦生热的实验得出热不是物质而是运动的结论，戴维在 1799 年完成了他的具有创造力而又有说服力的实验，即将两块冰放在真空容器中，进行相互摩擦，结果在其周围以外的冰块也融解了。由此证明了摩擦引起了物体中的粒子振动，这种振动正是热。伦福德和戴维的实验最终为热动说的确立提供了宝贵的实验依据，直到 19 世纪中叶，在能的转化和守恒定律建立之后，热质说才被彻底抛弃，热动说取得了这场争论的胜利。

1850 年前后，物理学界普遍认识到了热现象和分子运动的联系，但微观结构和分子运动的物理图像仍是模糊或未知的。凭借着对分子运动的假设和统计方法的运用，克劳修斯正确地导出了气体实验公式。另外，麦克斯韦和玻耳兹曼在研究分子分布规律和平衡态方面也做出了卓有成效的工作。后来吉布斯把玻耳兹曼和麦克斯韦所创立的统计方法推广而发展成为系统的理论，将平衡态和涨落现象统一起来并结合分子动理论一起构成统计物理学。

1900年，在欧洲物理年会上，英国物理学家开尔文发表过一段非常著名的讲话。其中，他不仅讲道“19世纪已将物理学大厦全部建成，今后物理学家的任务就是修饰完善这座大厦了”，而且还讲道“在物理学的天空中几乎一片晴朗，只存在两朵乌云”。他所指的两朵乌云其实就是迈克耳孙-莫雷测量“以太风”实验和测量黑体辐射实验，其结果用现有的经典物理无法解释这两个事实。后来对“以太”测量的研究和爱因斯坦狭义相对论的建立，揭示了经典牛顿时空观的严重缺陷；而对黑体辐射能谱分布规律的研究及对热容量的研究，揭示了经典统计物理学理论的重大缺陷，发现了微观运动的新特性。1900年，普朗克提出了能量量子化的假设，用这种假设成功地揭示了黑体辐射问题，与量子力学的有机结合使经典统计物理学发展成为量子统计物理学。20世纪50年代以后，非平衡态热力学和统计物理学得到了迅速发展，其代表人物是比利时物理学家普里高金。

第1章 温　度

本章主要介绍热力学中几个重要的物理概念，例如热力学系统、平衡态、状态参量、温度、热力学第零定律、温标，在此基础上推导了理想气体的状态方程。

1.1 平衡态　状态参量

研究热现象及其规律都是在平衡态的情况下进行的，要反映平衡态的性质就需要状态参量。下面就围绕这两个概念进行论述。

1.1.1 热力学系统

通常把**由大量微观粒子组成的宏观物体（气体、液体或固体）称之为热力学系统，简称为系统，而系统以外的其他物体称为外界。**依据系统与外界关系可把热力学系统分为孤立系统、封闭系统（简称闭系）、开放系统（简称开系）和绝热系统。**孤立系统是指与外界既无物质交换也无能量交换的系统。**孤立系统就意味着系统与外界没有相互作用，这与实际情况是不相符的。因为，严格的无相互作用是不存在的，所以，孤立系统是一个理想模型，当相互作用微不足道时，可略去相互作用而作为孤立系统来处理。**封闭系统是指与外界有能量交换，但无物质交换的系统。**例如：各种容器中的气体、液体，由于器壁的阻挡没有物质交换，但可交换热量。封闭系统是客观存在的，但毕竟受到限制，因而比开放系统少。**开放系统是指与外界既有能量交换，又有物质交换的系统。**例如：在化学反应中，敞开的容器在蒸发的同时又在吸热。开放系统是广泛存在的。**绝热系统是指系统与外界无热量交换，但可以有能量交换，只是不通过热传递交换能量。**

1.1.2 平衡态

平衡态是一个很重要的概念，是热力学的理论基础，因此，必须对平衡态进行较为详尽的讨论。

一个孤立系统经过足够长的时间后，系统的各种宏观性质在长时间内不发生变化，这样的状态叫做平衡态。平衡态的研究对象是孤立系统，这是前提条件，说明平衡态是系统内部微观粒子热运动的结果，而不是外界作用的结果，表明这是孤立系统的固有属性。离开了孤立系统这个前提条件，也能实现宏观性质长时间不变，但这不是平衡态，只能叫做稳态。例如，有一封闭容器，如图 1.1.1 所示，用隔板分成 A，B 两部分，A 部储存有气体，B 部为真空。抽去隔板后，A 部的气体就会向 B 部运动。在这个过程中气体内各处的状况是不均匀的，而且随着时间不断地改变，一直到最后达到各处均匀一致的状态为止。如果没有外界影响，则容器中的气体将始终保持这一状态不再发生宏观变化。

当两个冷热程度不同的物体互相接触时，热的物体变冷，冷的物体变热，直到最后两物体达到各处冷热程度均匀一致的状态为止。这时如果没有外界影响，则两物体将始终保持这一状态，不再发生宏观变化。再如，将水装在开口的容器中，则水将不断蒸发，直到蒸发完为止。

但如果把容器封闭，如图 1.1.2 所示，则经过一段时间蒸发现象将停止，即水和蒸汽达到饱和状态，这时如果没有外界影响也不再发生宏观变化。这里都有一个隔绝外界作用的隔板，其内部就是孤立系统所占空间。

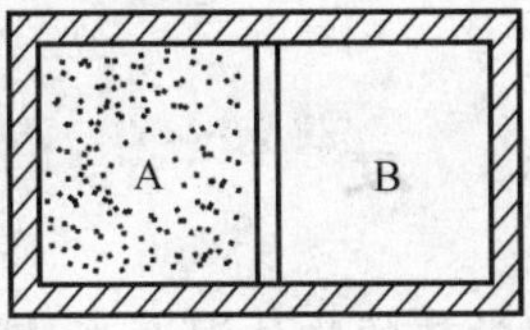

图 1.1.1　气体的自由膨胀

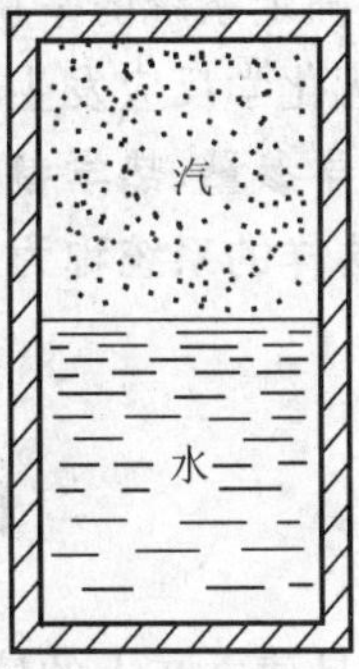

图 1.1.2　密闭容器内水的蒸发

在平衡态下，虽然宏观性质不随时间变化，但是孤立系统内部的大量微观粒子却在永不停息地运动，只是运动的平均效果不变。因此，热学中的平衡是一种动态的平衡，称热动平衡，这与力学中的平衡是截然不同的。在平衡态下，系统宏观量的数值可以发生微小的变化，可以比平均值大或小，这种现象称为涨落，这是热现象所特有的。涨落在一般条件下很微小，只有在适当条件下才看得到，并且可自动回到平均值，这是统计规律的必然表现。

1.1.3　状态参量

为了描述一个热力学系统的平衡态，必须引入系统的体积、压强、温度等量，这些量**能用仪表直接测量，一般能被感觉和观察，叫做宏观量**。在平衡态下，虽然热力学系统的各种宏观量都具有确定的值，但彼此可能不互相独立，人们**把可以独立改变，并足以确定热力学系统平衡态的一组宏观量叫做状态参量，简称态参量。系统的其他宏观量则可表示为态参量的函数，叫做态函数。**

在热学中，常用的态参量有五类：

(1)几何参量。它表示系统在空间的延展范围，常用的几何参量是体积 V，其国际单位为立方米(m^3)，另外还有升(L)、毫升等(mL)，它们之间的换算关系为 $1m^3=10^3L=10^6mL$。

(2)力学参量。它表示系统中分子碰撞时的相互作用，其平均效果对应的是力学参量。热力学中所关心的力学参量是压强 p，压强的国际单位是帕(Pa)，常用的单位还有标准大气压(atm)和厘米汞柱(cmHg)，它们之间的换算关系为

$$1\text{atm}=1.013\times10^5\text{Pa}=76\text{cmHg}$$

(3)化学参量。它表示系统中各化学组分的质量和摩尔数等。如果系统内不发生化学反应，则系统的各组分不发生变化，常用的表示系统的化学参量有各组分的质量(m)或摩尔数(n)，它们的国际单位分别为千克(kg)和摩尔(mol)，若物质的摩尔质量为 M，则有

$$n=m/M$$

(4)电磁参量。它表示当系统处于电磁场中时，有时还要考虑电场和磁场的影响。常用的电磁参量有电场强度($\boldsymbol{E}$)和磁感应强度($\boldsymbol{B}$)。

(5)热学参量。它反映系统内部微观粒子运动的剧烈程度，是热现象特有的参量，热学参

量是温度 T,其国际单位为开(K)。

在实际问题中,究竟需要用几个参量才能完全描述系统的热力学状态,这就需要根据条件加以选择,一般情况下需要这五种参量才能确定系统的热力学平衡态,但并不是所有的系统都需要所有的参量才能确定系统的平衡态。例如,当所研究的问题不涉及电磁性质时就不需要电磁参量,若系统中无化学反应发生或者不必考虑与化学成分有关的性质时就无须引入化学参量。**如果只需要力学参量、热学参量、几何参量和化学参量这四种参量就能完全描述系统的热力学平衡态,那么这样的系统称为简单系统。**本书所研究的热力学系统若无特殊说明指的都是简单系统。

1.2 温　　度

温度的概念起初是建立在人的感觉之上的,感觉热的物体温度高,感觉冷的物体温度低,温度反应物体的冷热程度。这种规定似乎很自然,但是要回答为什么不能做相反的规定这个问题时,仅仅凭借生活经验和感觉就无法回答这个问题,因为它涉及了温度的物理本质。下面就温度的相关问题进行展开。

1.2.1　热力学第零定律

首先介绍热平衡概念,在此基础上再论述热力学中非常重要的热力学第零定律。

1. 热接触

将两个分别处于平衡态的系统 A 和 B 用一刚性隔板分隔开,**若 A,B 两系统的状态可独立地变化而互不影响,则各自达到平衡态,这种刚性隔板称为绝热壁**,如图 1.2.1 (a)所示,厚木板、石棉板等都可视为绝热壁。**若 A,B 两系统中其中一个系统状态的变化会引起另一个系统状态的变化,这种刚性隔板称为透热壁**,如图 1.2.1 (b)所示,金属板为透热壁。**两系统通过透热壁的接触称为热接触。**

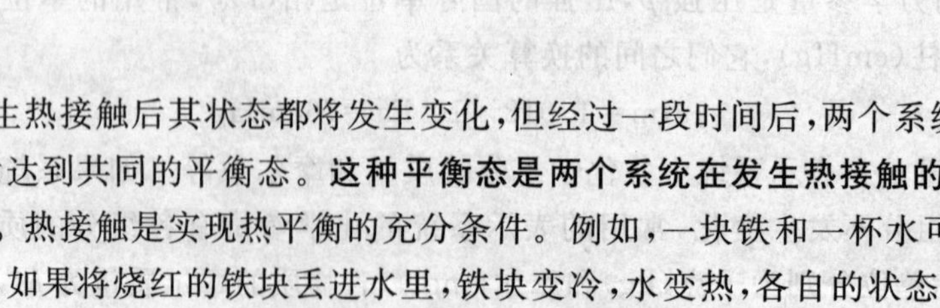

图 1.2.1　热接触

2. 热平衡

两个系统发生热接触后其状态都将发生变化,但经过一段时间后,两个系统的状态不再变化,两个系统最后达到共同的平衡态。**这种平衡态是两个系统在发生热接触的条件下达到的,所以叫做热平衡。**热接触是实现热平衡的充分条件。例如,一块铁和一杯水可以有各自独立的不同的平衡态,如果将烧红的铁块丢进水里,铁块变冷,水变热,各自的状态都发生了变化,经过一段时间后,铁块和水达到了相同的平衡态,只要不受外界影响,这个状态就不再发生变化。这里铁块和水通过热接触并传递了热量,最终达到共同的热平衡。

3. 热力学第零定律(热平衡定律)

通过实验发现,如果热力学系统 A 和 B 都与第三个热力学系统 C 的同一状态处于热平衡

(见图 1.2.2 (a)),则这两个系统 A 和 B 彼此也必定处于热平衡(见图 1.2.2 (b))。

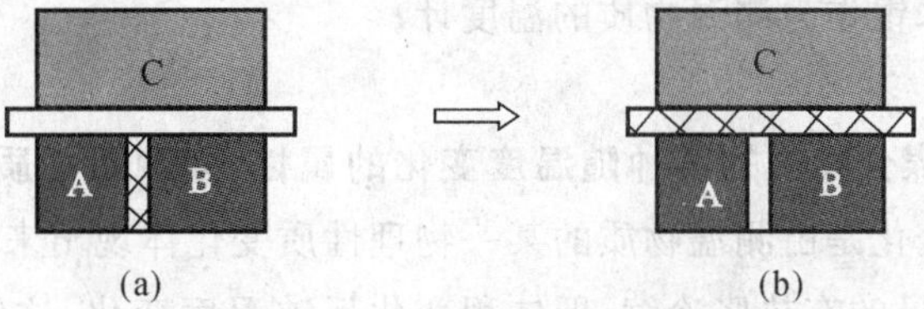

图 1.2.2 热力学第零定律

根据上述实验得到结论:**如果两个系统 A,B 都与第三个系统 C 达到热平衡,则系统 A,B 彼此处于热平衡,这一结论称为热力学第零定律,也称为热平衡定律。**热力学第零定律是 1930 年由福勒正式提出的,比热力学第一定律和热力学第二定律晚了 80 余年。虽然这么晚才建立热力学第零定律,但实际上之前人们已经开始应用它了。热力学第零定律独立于热力学第一、第二、第三定律,但是它又不能列在这三个定律之后,因为它是这三个定律的基础,在逻辑上应该排在最前面,所以叫**做热力学第零定律。**

1.2.2 温度

热力学第零定律为建立温度概念提供了实验基础。这个定律反映了处在同一热平衡状态的所有的热力学系统都具有一个共同的宏观特征,这个宏观特征就是由这些互为热平衡系统的状态所决定的一个数值相等的状态函数,这个状态函数被定义为温度。在热力学第零定律的基础上,可以进一步认识温度,温度实质是反映了系统的某种性质,也就是说,温度是决定一系统是否与其他系统处于热平衡的宏观性质,即一切互为热平衡的系统都具有相同的温度。

作为一个整体的几个系统,在达到平衡后彼此分开,并不会改变每个系统本身的热平衡状态,这说明热接触只为热平衡的建立创造条件,而系统平衡时的宏观性质则是由系统内部本身的热运动所决定的。温度越高,表明系统内部的大量分子的热运动越剧烈,温度的这种定义与日常生活经验是一致的。**温度是系统的状态函数,在微观上反映了处于热平衡系统的微观粒子热运动的强弱程度。**热力学第零定律表明,一切互为热平衡的系统有相同的温度。定义了温度这个热力学中最重要的物理量,为制造温度计和比较温度的高低提供了理论根据,所以说热力学第零定律具有重要的实际意义。

1.3 温 标

定义了温度,有了测量温度的依据,接下来就是怎样制造温度计,实现对温度的测量。首先介绍表示温度的一个重要概念——温标,**温标是温度的数值表示法。**温度计的建立都是以某一种温标为根据,这里主要介绍经验温标、定容气体温标、定压气体温标、理想气体温标、热力学温标等。

1.3.1 经验温标

要建立经验温标,必须具备的四要素有测温物质、测温属性、测温固定点和测温关系。下面以常见的液体(水银)温度计来说明温标的四要素。

1. 测温物质

测温物质是指制作温度计所采用的媒介物质。测温物质可采用固、液、气等各种物质,例如水银温度计、酒精温度计、煤油温度计、气体温度计、双金属片温度计和金属螺旋表盘温度计。体温计就是采用水银作为测温物质的温度计。

2. 测温属性

测温属性 X 表示媒介物质的某种随温度变化的属性,即测温物质随温度变化的性质,是测温的依据。温度的变化是由测温物质的某一物理性质变化体现出来的。温度变化引起的物理性质变化很多,最常见的有热胀冷缩,即体积变化反映温度变化,这便是各种液体温度计测温的根据。例如,体温计就是根据水银的体积随温度变化制定的,另外电流热功当量效应的单值属性作为测温属性自动控制恒温箱的温控原理。

3. 测温固定点

测温固定点是为了使温度有明显的刻度,必须定出两个标准位置。历史上规定海平面上一个大气压(1 atm=101.325 kPa)时,纯水的沸点是 100℃,冰点为 0℃,这种选择是人为规定的,但已成习惯且通用。以后会看到,只要一个固定点就够了,且这个点是不能人为随意选择的。

4. 测温关系

测温关系是测温属性 X 与温度 T 之间的函数关系,$T=AX$(一般情况为线性关系),其图形即为温度曲线 X-T。即使是同一种物质,不同的测量属性与温度的函数关系也有根本的区别。例如,若体膨胀和温度的函数关系经限制后成线性关系,则在同一温度范围内折射率 n 与温度 T 的关系一般就不是线性的;若以体膨胀显示温度,则两定点间的刻度是均匀的,若以折射率 n 反映温度,则两定点间的刻度就是非均匀的。因此,只有掌握准确的测温属性的测温关系,才能最后制成可以实用的温度计。测温关系是最不易实现的,因为这与物质的结构有关,要精确地写出测温关系并不容易。一般地说,不同的温度段,其测温曲线可能不同。温度计的测温范围越大,误差也会越大,再者,温度范围太大,已使测温物质的物态发生了变化,测温属性变了,原来的刻度也就不成立了。因此,每个温度计都必须在其适用的温度范围内使用。一般情况下,任一物质的某一物理属性是随温度的变化而单一显著变化的,这种物质都可以用它作为测温物质,即可以用它来制作温度计。但是选择不同测温物质或不同测温属性所确定的经验温标并不严格一致,必须进行统一,这就是理想气体温标。

例 1.3.1 在历史上,对摄氏温标是这样规定的:假设测温属性 X 随温度 t 作线性变化,即 $t=aX+b$,并规定冰点温度是 t_0,沸点温度是 t_{100}。设 X_0 和 X_{100} 分别表示在冰点和沸点时 X 的值,试求常数 a 和 b 的值。

解 因为 $t=aX+b$,由已知条件可得

$$\left.\begin{aligned} t_0 &= aX_0+b \\ t_{100} &= aX_{100}+b \end{aligned}\right\} \tag{1}$$

解得

$$\left.\begin{aligned} a &= \frac{t_{100}-t_0}{X_{100}-X_0} \\ b &= \frac{t_0X_{100}-t_{100}X_0}{X_{100}-X_0} \end{aligned}\right\} \tag{2}$$

例 1.3.2 当水银温度计浸在冰水中时，水银柱的长度为 l_0；当水银温度计浸在沸水中时，水银柱的长度为 l_{100}。试求：

(1) 当温度为 t 时，水银柱的长度 l 为多少。

(2) 当温度计浸在某种沸腾的化学溶液中时，水银柱的长度为 l_1，试求溶液的温度 t_1。

解 设水银柱的长度 l 与温度 t 成线性关系，即

$$t = al + b \tag{1}$$

冰点温度 t_0，沸点温度为 t_{100}，依据已知条件可得

$$\left.\begin{aligned} t_0 &= al_0 + b \\ t_{100} &= al_{100} + b \end{aligned}\right\} \tag{2}$$

解得

$$\left.\begin{aligned} a &= \frac{t_{100} - t_0}{l_{100} - l_0} \\ b &= \frac{t_0 l_{100} - t_{100} l_0}{l_{100} - l_0} \end{aligned}\right\} \tag{3}$$

则式(1) 可表示为

$$t = \frac{t_{100} - t_0}{l_{100} - l_0} l + \frac{t_0 l_{100} - t_{100} l_0}{l_{100} - l_0} \tag{4}$$

当温度为 t 时，则由式(4) 可得水银柱的长度为

$$l = \frac{l_{100} - l_0}{t_{100} - t_0}\left(t - \frac{t_0 l_{100} - t_{100} l_0}{l_{100} - l_0}\right) \tag{5}$$

当水银柱的长度为 l_1 时，则由式(4) 可得溶液的温度 t_1 为

$$t_1 = \frac{t_{100} - t_0}{l_{100} - l_0} l_1 + \frac{t_0 l_{100} - t_{100} l_0}{l_{100} - l_0} \tag{6}$$

1.3.2 气体温度计

这里只讨论简单气体系统温度计。气体的状态参量(p,V,T) 中温度为待测量，只有 p,V 两个测温属性，因此，气体体积和压强可分别作为测温属性建立定容气体温度计和定压气体温度计。

1. 定容气体温度计

定容气体温度计是当气体的体积(V) 保持不变时，选气体的压强随温度的变化来标示温度，即测温属性为 $p=p(T)$ 。定容气体温度计结构如图 1.3.1 所示，图中 C 是测温泡，测温泡内充有测温气体，与外界隔绝，将测温泡与待测温度的系统充分进行热接触，气体的压强将随温度的变化而变化，其压强数值将由右侧的水银压力计测出。由于该温度计很容易实现定容测温，因此，有较高的实用价值。

2. 定压气体温度计

定压气体温度计是气体的压强(p) 不变，而气体的体积随温度发生变化，即 $V=V(T)$，通过测量气体的体积变化而达到测温的目的。测量体积改变很方便，但要实现定压却并不容易。因为，力学问题总是要比单纯的几何问题复杂得多，所以，只有在特殊情况下才使用定压气体温度计。

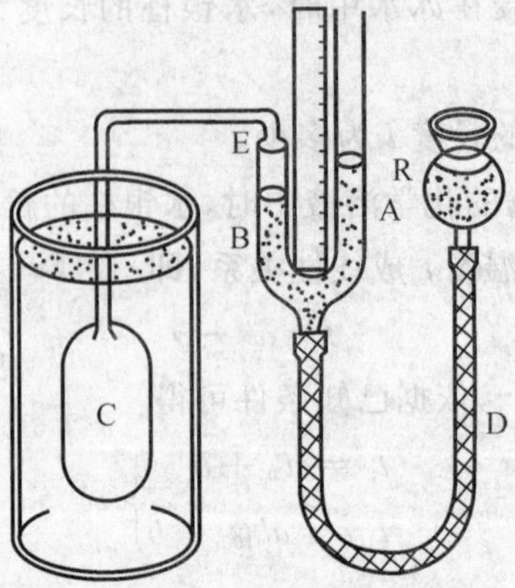

图 1.3.1　定容气体温度计

1.3.3　理想气体温标

1. 定容气体温标

定容气体温标的测温物质是气体，测温属性是压强，规定其测温关系为线性关系，即

$$T(p)=ap \tag{1.3.1}$$

式中，a—— 比例系数。

只要知道了 a 就可求得 p 所对应的 T，不同的气体有不同的比例系数 a，这个比例系数一般是根据实验确定出来的。这里只有一个系数，因此只须一个条件(注意，摄氏温度的固定点是两个条件)。可见，气体温标开始与摄氏温标有区别了，1954 年，国际上规定用水的三相平衡共存实验来确定 a。下面就给出确定 a 的过程和固定点的选择。

水的三相平衡点就是指纯水、纯冰和纯水蒸气平衡共存时所对应的温度记为 T_{tr}，tr 是三相平衡共存时的专用下标。严格规定 $T_{tr}=273.16$ K，对应的压强为 p_{tr}。定容气体温标之所以选择一个实验作为定点，是因为在化学纯的前提下，任何地方测出的水的三相点都相同，所以温标有了统一的基础，可以通用。那么，根据水的三相平衡点温度和压强的规定，定容气体温标的测温关系为

$$273.16\text{K}=ap_{tr} \tag{1.3.2}$$

比例系数为

$$a=\frac{273.16\text{K}}{p_{tr}} \tag{1.3.3}$$

式(1.3.1) 可表示为

$$T(p)=273.16\text{K}\,\frac{p}{p_{tr}} \tag{1.3.4}$$

由式(1.3.4) 测得温度计中气体的压强 p，可确定待测系统的温度 T。

定容气体温标只是特定温标，定容气体温标常用的测温物质有氢气、氦气、氧气和空气等。实验表明，作为测温物质的气体不同，除根据规定对水的三相点的读数相同外，对其他温度的读数可能还有差别。现以氢气、氮气、空气和氧气作为测温物质的定容气体温度计，测定水在沸点时的温度为例说明。如图 1.3.2 所示为四种不同气体实验的结果，可以看出用不同的测温物质测得的温度有一定的测温差别。例如，当 $p=8.0\times10^4$ Pa时，对应的温度测量值分别为 373.14 K，373.19 K，373.28 K，373.48 K。这表明气体温标仍与气体的个性有关，这并

不是所希望的。定容气体温度计所指示的温标都与物质本身性质有关，除固定点外，所测得的其他温度的表示数并不相等。这样使测量不统一、不标准，给实际工作带来困难。但从图1.3.2所示可以看到，p越小即测温泡内的气体越稀薄，这种差别越小，以至逐渐消失，即当$p\to 0$时，各种气体定容温标的差别完全消失，四条曲线才汇聚一点，这时所有气体给出相同的温度值$\lim\limits_{p\to 0}T(p)=373.15\ \mathrm{K}$。它们共同趋向于一个极限温标，这就是理想气体温标。

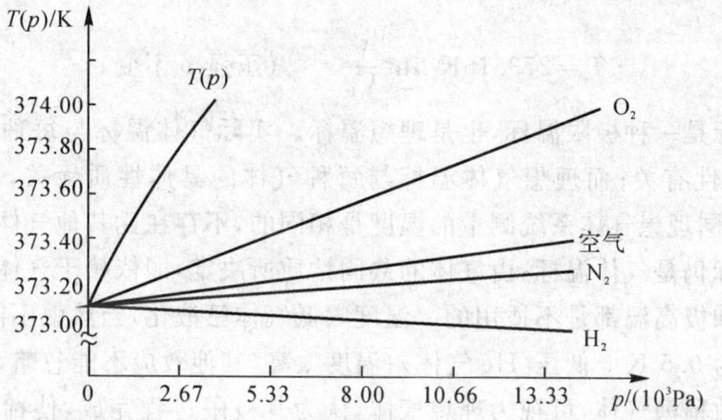

图1.3.2 不同气体温标测得水在沸点的 $T-p$ 图

2. 定压气体温标

与定义定容气体温标相似，可以定义定压气体温标为

$$T(V)=273.16\mathrm{K}\,\frac{V}{V_{\mathrm{tr}}} \tag{1.3.5}$$

式中，V_{tr}—— 气体在水的三相点时的体积；

V—— 气体在任一待测温度时的体积。

如图1.3.3所示为用氢气、氦气、氮气和氖气四种气体制成的定容温度计和定压温度计测量同一对象所得到$T-p$图。由图可得定压气体温标具有与定容气体温标相同的特点，即用不同气体建立的温标在测量同一对象的温度时只有微小的差别，随着气体压强的降低这种差别逐渐消失，而且在压强趋于零时不同的温标趋于共同的极限$\lim\limits_{p\to 0}T(V)$。

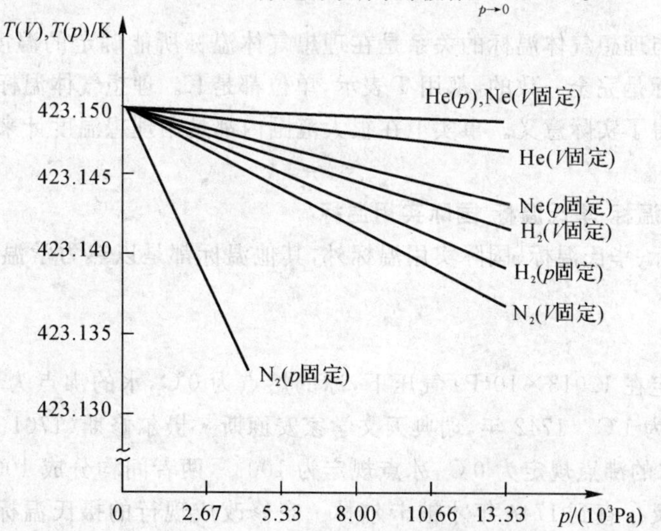

图1.3.3 不同气体温标的 $T-p$ 图

3. 理想气体温标

无论用什么气体，无论是定容气体温标还是定压气体温标，所建立的温标在气体压强趋于零时都趋于一共同的极限值，这个极限温标叫做理想气体温标，简称气体温标，其定义为

$$T = 273.16\text{K} \lim_{p_{\text{tr}} \to 0} \frac{p}{p_{\text{tr}}} \quad (\text{体积}\ V\ \text{不变}) \tag{1.3.6}$$

或者

$$T = 273.16\text{K} \lim_{p \to 0} \frac{V}{V_{\text{tr}}} \quad (\text{压强}\ p\ \text{不变}) \tag{1.3.7}$$

理想气体温标是一种极限温标，也是理想温标。实际气体温标与每种气体的具体性质有关，即与气体的个性有关；而理想气体温标与每种气体的具体性质无关，即与气体的个性无关。因此，各种不同理想气体系统测量的温度是相同的，不存在比其他气体更为优越的特殊气体。理想气体温标仍是气体温标，由气体的共同性质所决定，即依赖于气体的共性。理想气体温标对于极低温和极高温都是不适用的。温度太低气体已液化，当然就不能用气体方程了，能测量的最低温度为 0.5 K（低压^{3}He 气体）；温度太高，其他效应不能忽略，也不作为经典问题处理。对于大多数稀薄气体，可视为理想气体，认为其极限过程完成，使稀薄气体满足理想气体温标。

1.3.4 热力学温标

理想气体温标与固体、液体温标相比有一个突出的优点，即它不依赖于气体的个性，从而在其适用范围内可建立一个统一的、通用的温标。但这种温标毕竟还是要受限制的，不是在任何范围内都成立的，因而人们进一步希望有一种在任何情况下都能统一的、通用的温标。经过长期研究，由热力学理论可以引入一种这样的温标，它就是热力学温标。

热力学温标是一种完全不依赖于任何测温物质及其物理属性的温标。它是由开尔文最先引入的，是在热力学第二定律的基础上引入的，有时也称**开尔文温标**。用这种温标所确定的温度叫做**热力学温度**，用 T 表示，它的单位为开，记为 K，1K 等于水的三相点的热力学温度的 1/273.16。正因为它与测温物质及测温属性无关，它已不是经验温标，因而也称为**绝对温标**。

热力学温标与理想气体温标的关系是在理想气体温标所能确定的温度范围内，理想气体温标与热力学温标是完全一致的，都用 T 表示，单位都是 K。理想气体温标的重要意义在于它使热力学温标取得了实际意义。事实上在很大范围内都是用理想温度计来测量物体的热力学温度。

1.3.5 摄氏温标 华氏温标 国际实用温标

除了摄氏温标、华氏温标、国际实用温标外，其他温标都是以热力学温标为基础做出新规定，重新导出的。

1. 摄氏温标

摄氏温标规定在 1.013×10^5 Pa 气压下，冰的熔点为 0℃，水的沸点为 100℃，中间划分为 100 等分，每等分为 1℃。1742 年，瑞典天文学家安德斯·摄尔修斯（1701—1744 年）将 1.013×10^5 Pa 气压下水的沸点规定为 0℃，冰点规定为 100℃，两者间均分成 100 个刻度，和现行的摄氏温标刚好相反。直到 1744 年才被卡尔林·奈修改成现行的摄氏温标：冰点定为 0℃，沸点定为 100℃。1954 年的第十届国际度量衡大会特别将此温标命名为“摄氏温标”，以表彰摄

氏的贡献。目前，摄氏温标是世界上绝大多数国家采用的温度单位。

1960 年，国际计量大会对**摄氏温标**做了新的定义，即规定 273.15K 为摄氏零度，这时摄氏温标的零点与水的三相点并不严格相等，但仅有万分之一的差别，同理沸点也不严格等于 100℃。摄氏温标的单位是摄氏度，记为℃。这里摄氏温标是由热力学温标导出的，先用绝对温标规定出冰点，再换成摄氏温标，也由此产生了差异。摄氏温标和热力学温标的关系为

$$t = T - 273.15 \tag{1.3.8}$$

2. 华氏温标

华氏温标 t_F，规定在标准大气压下，冰的熔点为 32 ℉，水的沸点为 212 ℉，中间有 180 等分，每等分为 1 ℉。1714 年德国的华伦海特利用水银体积随温度变化的属性，建立了华氏温标，华氏温标的单位是华氏度，记为℉，这是世界上第一个经验温标。华伦海特把氯化氨、冰、水混合物的熔点定为 0 ℉，华氏温标规定冰点(0.00 ℃)为 32 ℉，沸点(100.0 ℃)为 212 ℉，并作均匀分度。而 1 ℉为 1℃的 5/9。华氏温标 t_F 和摄氏温标 t 之间的关系为

$$t_F = 32 + \frac{9}{5}t \tag{1.3.9}$$

3. 国际实用温标

国际实用温标是国际间协议性的温标。它利用一系列固定的平衡点温度(从平衡氢的三相点(13.803 K)到铜的凝固点(1357.77 K))、一些基准仪器和几个相应的补差公式来保证国际间的温度标准在相当精确的范围内一致，并尽可能接近热力学温标。目前使用的是 1990 年规定的国际温标(IPTS—1990)。国际实用温标(1990)可分别以热力学温标 T_{90} 及摄氏温标 t_{90} 表示。

$$t_{90} = T_{90} - 273.15 \tag{1.3.10}$$

热力学温标、摄氏温标和华氏温标的关系如表 1.3.1 所示。

表 1.3.1 三种温标的关系

温标	单位	符号	固定点的温度值				与热力学温标的关系	通用情况
			绝对零度	冰点	三相点	气点		
热力学温标	K	T	0	273.15	273.16	373.15	$T = T$	国际通用
摄氏温标	℃	t	−273.15	0.00	0.01	100.00	$t(℃) = T(K) - 273.15$	国际通用
华氏温标	℉	t_F	−459.67	32.00	32.02	212.00	$t(℉) = \frac{9}{5}T(K) - 459.67$	英、美等国使用

1.4 气体的状态方程

1.3 节分析了简单系统的热力学特征参量温度 T、温度计和温标，从中可以看到气体的压强或体积可以作为测温属性，即 $T=T(p)$ 或 $T=T(V)$。这表明三个态参量 p,V,T 不是独立的，而是可以将三者用一个隐函数表示出来的。**这种描述热力学系统平衡态时气体各态参量之间的函数关系称为气体的状态方程**，即

$$f(p,V,T) = 0 \tag{1.4.1}$$

建立气体状态方程就是要找出具体的函数表达形式。一般气体的状态方程比较复杂，因为不同的气体在不同的温度范围，其函数关系是不一样的，所以，首先研究理想气体。**理想气体在平衡态下的各态参量之间的函数关系，称为理想气体的状态方程。**最后在理想气体状态方程的基础上进行修正，得到接近实际气体的状态方程。

1.4.1 气体实验定律

1. 波义耳-马略特定律

波义耳-马略特定律是指当温度不变时，一定质量的气体的压强随着它的体积变化而变化。英国科学家波义耳和法国科学家马略特各自独立地用实验研究了气体的压强和体积的关系，得到下面的结论：**当温度不变时，一定质量的气体的压强与它的体积成反比(或一定质量的气体的压强与它的体积的乘积是不变的)。**在温度 T 不变的情形下，一定量气体的压强 p 和体积 V 的乘积为一常数，即

$$pV = \text{常数} \tag{1.4.2}$$

2. 盖-吕萨克定律

盖-吕萨克定律的内容是一定质量的气体，在压强不变的情况下，其体积与热力学温度成正比。或者在压强不变的情形下，一定量气体的体积 V 随温度 t 作线性变化。即

$$\frac{V}{T} = \text{常数} \quad \text{或者} \quad V = V_0(1 + \alpha_p t) \tag{1.4.3}$$

其中，V_0 —— 气体在 0℃ 时的体积；

t —— 气体的摄氏温度；

α_p —— 气体压强系数。

3. 查理定律

查理定律是法国科学家查理通过实验发现的。**查理定律是描述一定质量的气体，当其体积一定时，它的压强与热力学温度成正比。**或者指一定质量气体在体积不变时其压强随温度作线性变化的规律，即

$$\frac{p}{T} = \text{常数} \quad \text{或者} \quad p = p_0(1 + \alpha_V t) \tag{1.4.4}$$

式中，p_0 —— 0℃ 时气体的压强；

t —— 气体的摄氏温度；

α_V —— 气体的体积膨胀系数(简称体胀系数)。

以上三条定律近似地适用于所有气体，且对所有的气体 α_V 和 α_p 的数值都很接近。只要温度不太低，气体愈稀薄，以上三条定律就愈能精确地描述气体状态的变化，且在气体无限稀薄的极限下，所有气体趋于共同的极限 α，其数值约为 1/273，即

$$\lim_{p\to 0}\alpha_p = \alpha = \frac{1}{273}, \quad \lim_{p\to 0}\alpha_V = \alpha = \frac{1}{273} \tag{1.4.5}$$

1954 年，第十届国际计量大会经重新核算，正式规定 $1/\alpha = T_0 = 273.15\text{K}$。于是式(1.4.3)、式(1.4.4)可以写成：

$$V = V_0\left(\frac{273.15 + t}{273.15}\right) = V_0\,\frac{T}{T_0} \quad \text{即} \quad \frac{V}{T} = \frac{V_0}{T_0} \tag{1.4.6}$$

$$p = p_0\left(\frac{273.15 + t}{273.15}\right) = p_0\,\frac{T}{T_0} \quad \text{即} \quad \frac{p}{T} = \frac{p_0}{T_0} \tag{1.4.7}$$

在热力学中，物态方程的具体形式一般要由实验来确定。由系统的物态方程，可以得到下面几个重要的物理量。

体胀系数 α，当压强不变时，温度升高 1K 所引起的物体体积相对变化，即

$$\alpha = \frac{1}{V}\left(\frac{\partial V}{\partial T}\right)_p \tag{1.4.8}$$

压强系数 β，在体积不变的情况下，温度升高 1K 所引起的物体压强相对变化，即

$$\beta = \frac{1}{p}\left(\frac{\partial p}{\partial T}\right)_V \tag{1.4.9}$$

等温压缩系数 κ_T，当温度不变时，增加单位压强所引起的物体体积相对变化，即

$$\kappa_T = -\frac{1}{V}\left(\frac{\partial V}{\partial p}\right)_T \tag{1.4.10}$$

等温压缩系数是一个负数，这是物质稳定存在的必要条件。因为自然界的物质总是越压越小，而绝不是相反。由 $f(p,V,T)=0$ 得 α，β 和 κ_T 的关系为

$$\alpha = \kappa_T \beta p \tag{1.4.11}$$

1.4.2　理想气体的状态方程

一般气体在密度和压强（与大气压相比）不太大，温度不太高（与室温相比）也不太低（200 K 以上）的情况下，不同种类气体在状态方程上的差异可趋于消失，气体所遵从的规律也趋于简单。这里就把这种**压强趋于零的极限状态下的气体称为理想气体。**当不必考虑电磁性质和化学性质时，一定质量的理想气体，可看做简单系统。**T，V 和 p 的函数关系即理想气体状态方程。**

下面我们推导出理想气体状态方程，推导的理论依据是气体的三个实验定律中的任何一个，加上理想气体温标的定义和阿伏加德罗定律就可得出。根据波义耳-马略特定律

$$pV = C(T) \tag{1.4.12}$$

在不同的温度下常数 C 有不同的值，设常数 C 在水的三相点时的数值为 C_{tr}。假设用定压气体温度计测温，温度计中气体在水的三相点时的压强和体积分别为 p_{tr} 和 V_{tr}，在任一温度时体积为 V，则有

$$p_{tr} V_{tr} = C_{tr} \tag{1.4.13}$$

和

$$p_{tr} V = C \tag{1.4.14}$$

把式(1.4.13)和式(1.4.14)代入定压气体温标的定义式 $T = 273.16\text{K}\,\frac{V}{V_{tr}}$，可得

$$T(V) = 273.16\text{K}\,\frac{C}{C_{tr}} \tag{1.4.15}$$

所以

$$C = \frac{C_{tr}}{273.16\text{K}} T(V) \tag{1.4.16}$$

把式(1.4.16)代入式(1.4.12)得

$$pV = \frac{C_{tr}}{273.16\text{K}} T(V) \tag{1.4.17}$$

实验证明，不论用什么气体，不论是定压还是定容，所建立的温标在气体压强趋于零时都趋于一个共同的极限 —— 理想气体温标 T。因此，在气体压强趋于零的极限情形下，可用 T

代替 $T(V)$。因此，一般情况下有

$$pV=\frac{T}{273.16}C_{\mathrm{tr}} \tag{1.4.18}$$

阿伏加德罗定律指出在相同的温度和压强下，摩尔数相同的各种气体所占的体积相同。即在 $T_0=273.15\mathrm{K}$，$p_0=1.013\times10^5\mathrm{Pa}$ 的标准状态下，1mol 的任何气体所占的体积都是 22.4L。设气体的摩尔质量为 M，质量为 m，则其摩尔数为 $n=m/M$，标准状态下体积为 $V=nv$，v 表示 1mol 气体的体积，可得

$$C_{\mathrm{tr}}=p_{\mathrm{tr}}V_{\mathrm{tr}}=np_{\mathrm{tr}}v_{\mathrm{tr}} \tag{1.4.19}$$

由式(1.4.18)和式(1.4.19)得

$$pV=n\frac{p_{\mathrm{tr}}v_{\mathrm{tr}}}{273.16\mathrm{K}}T \tag{1.4.20}$$

v_{tr} 是三相点时的摩尔体积，$\frac{p_{\mathrm{tr}}v_{\mathrm{tr}}}{273.16}$ 是与气体个性无关的普适气体常数，记为 R，国际单位制中 $R=8.3144\ \mathrm{mol^{-1}\cdot K^{-1}}$。则式(1.4.20)表示为

$$pV=nRT \quad 或 \quad pV=\frac{m}{M}RT \tag{1.4.21}$$

这就是**理想气体的状态方程**。理想气体的状态方程成立前提是理想气体的平衡态，即理想气体是大前提，还要是平衡态，这是小前提，这两个前提都必须满足。在一般情况下，只要温度不太低，压强不太高，都可以把气体看做理想气体，例如，常温常压下的气体都可以看做理想气体。态参量 p,V,T 只有两个独立变量，可以任选两个作为变量，另一个为参变量，从而可以用状态图表示出来。例如，选 p,V 为变量，如图1.4.1(a)所示，则在 $p-V$ 图中的一点 (V,p) 就表示一个平衡态；选 T,V 为变量，如图1.4.1(b)所示，则在 $T-V$ 图中的一点 (V,T) 就表示一个平衡态。

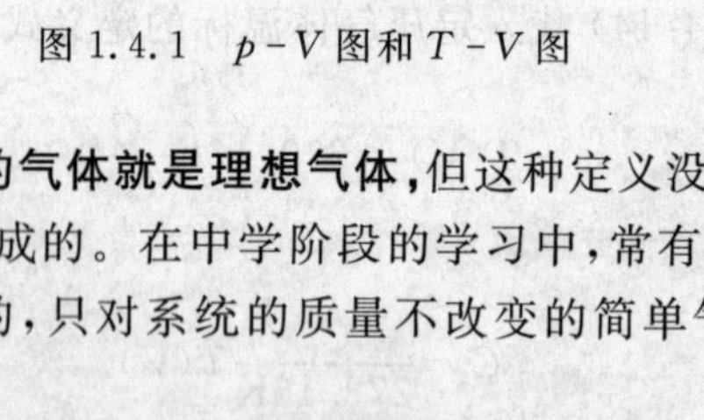

图1.4.1　$p-V$ 图和 $T-V$ 图

严格遵从方程 $pV=nRT$ 的气体就是理想气体，但这种定义没有实际意义，而是一种逻辑循环，这是热力学方法的缺陷造成的。在中学阶段的学习中，常有 $p_1V_1/T_1=p_2V_2/T_2$，但实际上这个方程的成立是有条件的，只对系统的质量不改变的简单气体成立，必须想到四个量 M,p,V,T 共同决定状态方程。

例1.4.1　一容器内储存有氧气为0.100 kg，压强为 1.013×10^6 Pa，温度为320 K。因容器漏气，过一段时间后，压强减到原来的5/8，温度降到300 K。若把氧气近似看做理想气体，问：(1)容器的容积为多大？(2)漏了多少氧气？已知氧气的相对分子质量为32.0。

解　已知 $m_0=0.100\ \mathrm{kg}$，$p_0=1.013\times10^6\mathrm{Pa}$，$T_0=320\mathrm{K}$，$p_1=6.331\times10^5\mathrm{Pa}$，$T_1=300\ \mathrm{K}$，$M=32.0\times10^{-3}\ \mathrm{kg\cdot mol^{-1}}$。

(1) 根据理想气体的状态方程，可得容器的容积为

$$V_0=\frac{m_0RT_0}{Mp_0}=\frac{0.100\times 8.314\times 320}{32.0\times 10^{-3}\times 1.103\times 10^6}=8.21\times 10^{-3}\,\mathrm{m}^3 \tag{1}$$

(2) 设剩下的氧气质量为 m_1，则有

$$m_1=\frac{Mp_1V_0}{RT_1}=\frac{32.0\times 10^{-3}\times 6.331\times 10^5\times 8.211}{8.314\times 300}=0.067\ \mathrm{kg} \tag{2}$$

因此，漏掉的氧气的质量为

$$\Delta m=m_0-m_1=0.100-0.067=0.033\ \mathrm{kg} \tag{3}$$

1.4.3 混合理想气体的状态方程

1. 道尔顿分压定律

某组分的分压强是指当这个组分单独存在时，即在与混合气体的温度和体积相同，并且与混合气体中所包含的这个组分的摩尔数相等的条件下，以化学纯的状态存在时的压强。若理想气体是由摩尔数分别为 $n_1,n_2,n_3,\cdots,n_i$ 等 i 种理想气体混合而成的，$p_1,p_2,\cdots,p_i$ 分别表示各组分的分压强，则混合气体总的压强 p 与混合气体的体积 V、温度 T 有如下关系：

$$pV=(n_1+n_2+\cdots+n_i)RT \tag{1.4.22}$$

将式(1.4.22) 两边同除 V，得

$$p=\frac{n_1RT}{V}+\frac{n_2RT}{V}+\cdots+\frac{n_iRT}{V} \tag{1.4.23}$$

即

$$p=p_1+p_2+\cdots+p_i \tag{1.4.24}$$

式(1.4.24) 表明**混合气体的压强等于各组分的分压强之和，这就是道尔顿分压定律。**

2. 混合气体的状态方程

由式(1.4.24) 和 $pV=\frac{m}{M}RT$ 可以得出混合气体的状态方程为

$$pV=\left(\frac{m_1}{M_1}+\frac{m_2}{M_2}+\cdots+\frac{m_i}{M_i}\right)RT \tag{1.4.25}$$

若令 n 表示混合气体总摩尔数，即

$$n=n_1+n_2+\cdots+n_i=\frac{m_1}{M_1}+\frac{m_2}{M_2}+\cdots+\frac{m_i}{M_i} \tag{1.4.26}$$

则式(1.4.25) 可写成

$$pV=nRT \tag{1.4.27}$$

式(1.4.27) 就是**混合气体的状态方程。定义平均摩尔质量为**

$$M=\frac{m}{n} \tag{1.4.28}$$

在引入平均摩尔质量后，混合理想气体的状态方程可以写成

$$pV=\frac{m}{M}RT \tag{1.4.29}$$

1.4.4 非理想气体的状态方程

实际气体可以当做理想气体处理的情况并不多，低温和高压都是经常处理的现象，这些都不能作为理想气体处理，因此，必须建立非理想气体的状态方程。这里主要介绍范德瓦耳斯方程和昂尼斯方程。

1.范德瓦耳斯方程

范德瓦耳斯方程是理想气体状态方程进行修改和对气体的结构作一些简化假设而得到的,即

$$\left(p+\frac{a}{V^2}\right)(V-b)=RT \tag{1.4.30}$$

式中,b 是对体积的修正,$\frac{a}{V^2}$ 是对压力的修正,这都是由于分子间相互作用引起的。反过来推理知道,理想气体就是不考虑分子间的相互作用。

2.昂尼斯方程

昂尼斯方程表示为

$$pV=A+Bp+Cp^2+\cdots \tag{1.4.31}$$

式中,$A,B,C,\cdots$ 称为维里系数。事实上所有的气体状态方程都有这样的形式,只是系数不同而已,因此,这个方程有重要的理论意义。该方程也写为下面的形式,即

$$pV=A+\frac{B_V}{V}+\frac{C_V}{V^2}+\cdots \tag{1.4.32}$$

式中,A,B_V,C_V 都是温度的函数。

习　题

1.1　当铂电阻温度计的测温浸泡在水的三相点槽内时,铂电阻的阻值为 90.35Ω,当温度计的测温泡与待测物体接触时,铂电阻的阻值为 90.28Ω,试求待测物体的温度。假设温度与铂电阻的阻值成正比,并规定水的三相点为 273.16K。

1.2　用 h 表示液体温度计中液柱的长度,定义温标 t 与 h 之间的关系为 $t=a\ln h+b$,式中,a,b 为常数,规定冰点温度为 $t_0=0℃$,沸点温度为 $t_{100}=100℃$。设在冰点时液柱的长度为 $h_0=5.0$ cm,在沸点时液柱的长度为 $h_{100}=15.0$ cm,试求 $t_0=0℃$ 到 $t_{10}=10℃$ 之间液柱长度差以及 $t_{90}=90℃$ 到 $t_{100}=100℃$ 之间液柱的长度差。

1.3　在水银气压计中混进了一个空气泡,因此,它的读数比实际的气压小,当精确气压的读数为 1.02×10^5 Pa 时,它的读数只有 9.97×10^4 Pa,此时管内水银面到管顶的距离为 80mm。问当此气压计的读数为 9.95×10^4 Pa 时,实际气压应是多少?设空气的温度保持不变。

1.4　把 1.000×10^5 Pa,0.5 m^3 的氮气压入一容积为 0.2 m^3 的容器中。容器中原已充满同温、同压下的氧气,试求混合气体的压强和两种气体的分压。设容器中气体的温度保持不变。

1.5　求氧气在压强为 1.013×10^6 Pa、温度为 300 K 时的密度。

1.6　容积为 10^{-2} m^3 的瓶内储有氢气,因开关损坏而漏气,当温度为 280 K 时,气压计的读数为 5.065×10^6 Pa,过了些时候,温度上升为 290 K,气压计的读数未变。问漏去了多少质量的氢?

1.7　一打气筒,每打开一次可将原来压强为 $p_0=1.013\times10^5$ Pa,温度为 $T_0=270$ K,体积为 $V_0=4.000\times10^{-3}$ m^3 的空气压缩到容器内。设容器的容积为 $V=1.5$ m^3,问需要打几次

气，才能使容器内的空气温度为 $T=318\ \mathrm{K}$，压强为 $p=2.026\times10^5\ \mathrm{Pa}$？

1.8 按质量计，空气是由76%的氮、23%的氧、约1%的氩组成的(其余成分很少，可以忽略)，计算空气的平均相对分子质量及在标准状态下的密度。

1.9 一汽缸内储存有理想气体，气体的压强、摩尔体积和温度分别为 p_1，V_1 和 T_1，现将汽缸加热，使气体的压强和体积同时增大。设在这个过程中，气体的压强 p 和摩尔体积 v 满足下列关系式 $p=Cv$，其中，C 为常数。

(1) 求常数 C，将结果用 p_1，T_1 和普适气体常数 R 表示。

(2) 设 $T_1=200\mathrm{K}$，当摩尔体积增大到 $2\,V_1$ 时，气体的温度是多少？

1.10 试证明道尔顿分压定律等效于道尔顿分体定律。道尔顿分体定律的内容是 $V=V_1+V_2+\cdots+V_i$。其中，V 为混合气体的体积，而 $V_1,V_1,\cdots,V_i$ 分别表示各组分的分体积。所谓某一组分的分体积是指混合气体中该组分单独存在于与混合气体具有相同温度和压强状态时所占有的体积。

第2章　气体分子运动论的基本概念

由第1章知道，由于热力学方法的局限性，人们对平衡态下系统内部的情况不了解，从而对温度和理想气体的理解也很肤浅，对气体的压强更是一无所知，因此，为了全面了解平衡态下的基本热学信息，必须用分子物理学的方法从微观本质上加以认识。作为这种方法的基本出发点，首先讨论物质的微观模型。

2.1　物质的微观模型

分子物理学是以系统内部大量的微观粒子的微观运动作为研究对象的，是研究微观运动与宏观性质之间的联系，从本质上分析系统的热学性质和热学现象的，也就是说分子运动论是分子物理学的核心。

分子运动论是在一定的实验基础上总结出来的，带有一定的公理性质，它在分子物理学中的地位相当于力学中的牛顿三个定律。分子运动论的内容主要是指宏观物体是由大量微粒——分子(或原子)——组成的；物体内的分子在不停地运动着，这种运动是无规则的，其剧烈程度与物体的温度有关；分子之间有相互作用力。

2.1.1　宏观物体是由大量微粒——分子(或原子)——组成的

阿伏加德罗常数 $N_A=6.02\times10^{23}\ mol^{-1}$，这个量的物理意义表示1 mol的任何物质都有 6.02×10^{23} 个微粒。微粒数目之大，是力学中闻所未闻的，热力学系统中所含的微粒数目已是相当可观了。所以，热学的研究对象是大量微粒组成的宏观系统。

气体容易被压缩，水和酒精混合物的体积小于两者体积之和，在 2.026×10^{8} Pa 压力下油会从钢管中渗出来，这些都说明一个事实，那就是微粒之间有空隙。气体容易被压缩，说明气体在压缩中分子间的距离减小；水和酒精混合物的体积小于两者体积之和，说明水分子之间的间隙可以容纳部分酒精分子；在 2.026×10^{8} Pa 压力下油从钢管中渗出说明借助外力，油分子可以从钢分子的空隙中穿过。现在可以通过电子显微镜和扫描隧道显微镜直接观察到分子之间的空隙，如图2.1.1所示是扫描隧道显微镜下高序石墨原子三维图像，可以直观地看到分子之间的空隙。总之，不论气体、液体、固体，组成宏观物质的分子间都有间隙。

2.1.2　分子在做无规则的热运动

物体内的分子在不停地运动着，这种运动是无规则的，其剧烈程度与物体的温度有关。

热力学系统的平衡是一种动态平衡，其内部的分子在作永不停息的运动，这一点不难理解。下面分析分子运动。

1. *扩散现象*

一切物体(气体、液体、固体)的分子都在不停地运动着。例如，清水中滴几滴墨水，墨水向各个方向扩散开来，任何一个方向都不存在优势或劣势，说明墨水分子向各个方向扩散的可能性是等同的，或者说，分子的运动是无规则的。为了充分说明无规则性，更明显的例子是溴的挥发。溴气比空气重,但为什么它不能保持在容器中而要扩散到空气中呢？就是因为溴分子的运动是杂乱无章的,可以向各个方向运动,向上运动也不例外。固体中的扩散也不例外,堆在砖墙边上的煤,天长日久会向砖中扩散。

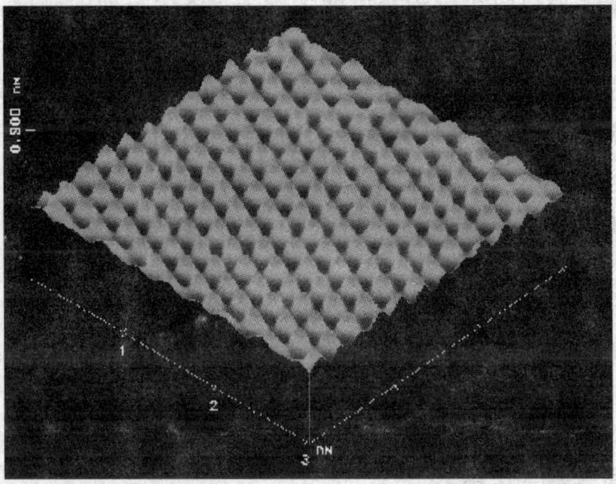

图 2.1.1　扫描隧道显微镜下高序石墨原子三维图像

2. 布朗运动

悬浮微粒永不停息地作无规则运动的现象叫做布朗运动。在显微镜下观察悬浮在水中的藤黄粉、花粉微粒,或在无风情形中观察空气中的烟粒、尘埃时都会看到这种运动。温度越高,运动越激烈。布朗运动是英国植物学家布朗在 1826 年,首先用显微镜观察悬浮在水中的花粉时发现的,后来把悬浮微粒的这种运动叫做布朗运动,如图 2.1.2 所示。从图中可以看出,花粉颗粒的运动是杂乱无章的,其速度的大小和运动的方向频繁地发生变化,运动轨迹是一条无规律变化的曲线。不只是花粉和小炭粒,对于液体中各种不同的悬浮微粒,都可以观察到布朗运动。作布朗运动的粒子非常微小,直径约为 1～10 μm,在周围液体或气体分子的碰撞下,产生一种涨落不定的净作用力,导致微粒的布朗运动。1905 年,爱因斯坦根据扩散方程建立了布朗运动的统计理论。布朗运动的发现、实验研究和理论分析间接地证实了分子的无规则热运动,对于气体动理论的建立以及确认物质结构的原子性具有重要意义,并且推动统计物理学特别是涨落理论的发展。

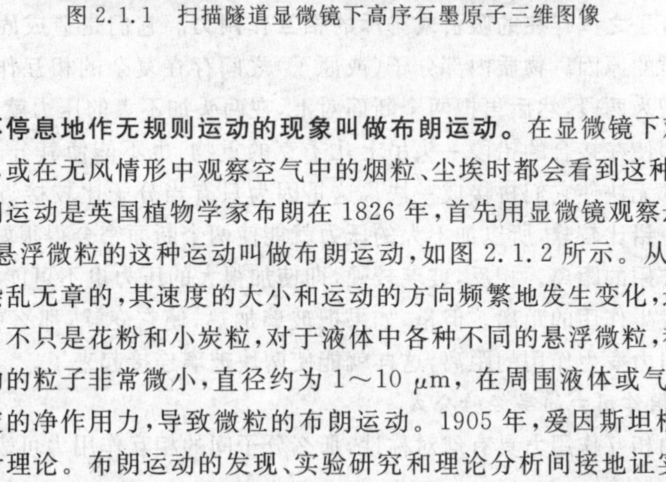

图 2.1.2　布朗运动

布朗运动是由杂乱的流体分子碰撞植物颗粒引起的,它虽不是流体分子本身的热运动,却反映了流体分子热运动的情况。植物颗粒越小,运动越剧烈;温度越高,运动越剧烈。这是由于大量分子碰撞植物颗粒，如果植物颗粒大，碰撞作用相互抵消，植物颗粒小，碰撞作用中某个方向就占优势，植物颗粒就沿着该方向运动。

不难理解，由于分子间的相互碰撞，每个分子的运动方向和运动速率都在改变。由于沿各个方向都有运动的分子，所以每个分子都可能受到来自各个方向的碰撞，使运动轨迹变得杂乱无章。碰撞是布朗运动的成因，这一点非常重要，它是热运动的内在矛盾的一个方面。就已经发生的碰撞来看，这是一个纯力学的问题，但是由于四面八方都有可能受到碰撞，事先是无法确定碰撞的方向的，再者，碰撞后分子会有多大的速度，由于碰撞的分子事先不能确定，所以速率大小也不能确定，这就有一个某段速率的比率大小问题。因此，要完全体现布朗运动的特点，应当用统计规律来解释较为合理。总之，布朗运动并不是分子的无规则运动，它只是分子无规则运动的表现。

扩散的快慢和布朗运动的剧烈程度都与温度的高低有显著的关系。现实生活中有这样的经验，热水中墨水的扩散比冷水中的快，这说明温度越高，分子的无规则运动就越剧烈，这正是无规则运动的一种规律性，正**因为分子的无规则运动与物体的温度有关，所以，通常就把这种运动叫做分子的热运动。**

2.1.3 分子之间有相互作用力

分子力是指分子之间存在的吸引或排斥的相互作用力。它们是造成固体、液体和封闭气体等许多物理性质的原因。物质内部分子(或原子)之间存在复杂的相互作用力。例如，将一段铅块用刀把它切为两段，然后再把两个断面对上，在两头加不大的压力就能使两段铅柱重新接合起来。这时即使在接合的铅段一头吊上几千克的重物，也不能使其分开。打碎的玻璃片无论加多大的力都无法使它们拼接成一块。这是因为只有当分子比较接近时，它们之间才有相互吸引力作用。铅比较软，所以加不大的压力就能使两个断面密合得很好，使两边的分子接近到吸引力发生作用的距离。相反，玻璃较硬，即使加很大的压力也不可能使接触面两侧的分子接近到吸引力发生作用的距离。但是，如果把玻璃加热，使它变软，那么就可以使变软部分的分子接近到吸引力发生作用的距离，这样就能使两块玻璃连接起来了。

1. 分子间互相作用力的半经验公式

假设分子间的相互作用力具有球对称性，那么分子间的相互作用力可表示为

$$f=\frac{\lambda}{r^s}-\frac{\mu}{r^t}\quad (s>t) \tag{2.1.1}$$

其中，r 是两个分子中心间的距离；λ,μ,s,t 都是正数。第一项是正的，代表斥力，第二项是负的，代表引力。因为 s,t 都比较大，所以 f 随 r 的增大而急剧地减小，这种力可以认为有一定的有效作用距离，超过这个距离，作用力实际上可以完全忽略不计；另外，因为 $s>t$，所以，斥力的有效作用距离比引力小。

2. 分子作用力曲线

两分子间的相互作用力 f 与分子之间的距离 r 的关系可用如图 2.1.3(a) 所示的曲线表示。从图中可以看出，在一定距离处当 $r=r_0=\left(\frac{\mu}{\lambda}\right)^{\frac{1}{t-s}}$ 时，**斥力和引力相抵消，合力为零，这个位置叫做平衡位置。**在平衡位置以内，当分子间距离较近时，即 $r<r_0$ 处，相互作用力表现为斥力，而且随着距离的减小，斥力迅速增大；在平衡位置以外，当分子间距离较远时，即 $r>r_0$ 处，相互作用力表现为引力；在 $r=r_m$ 处，如图 2.1.3(b) 所示，引力达到最大值，此后随着 r 继

续增大，引力逐渐减小，并逐渐趋近于零。固体和液体物质，因分子之间的距离较小，分子间存在较强的相互作用；气体分子之间有较大距离，分子的相互作用力一般很小。

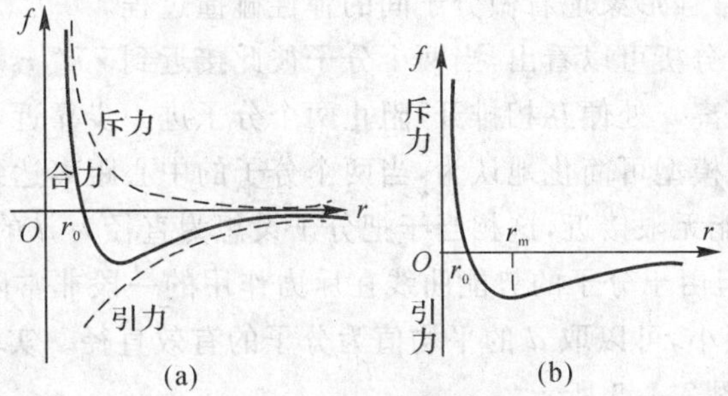

图 2.1.3　分子作用力曲线

3. 分子间的势能曲线

分子力是一种保守力，而保守力所做负功等于势能 E_p 的增量。故当两个分子间的距离改变 $\mathrm{d}r$ 时，分子间势能的微小增量等于分子力 f 在距离 $\mathrm{d}r$ 内所做功的负值，即

$$\mathrm{d}E_p = -f\mathrm{d}r \tag{2.1.2}$$

若令分子间距离 r 趋向无穷远时的势能为零，则

$$E_p(r) = -\int_r^{\infty} f(r)\mathrm{d}r \tag{2.1.3}$$

作出与分子作用力曲线所对应的互作用势能曲线如图 2.1.4 所示。由图可以得出，在平衡位置 $r=r_0$ 处，分子力 $f=0$，$f=-\mathrm{d}E_p/\mathrm{d}r$，在 r_0 处势能有极小值，它是负的。当 $r>r_0$ 时，$f<0$，势能曲线的斜率是正的，这时相当于是吸引力。由于用势能来表示相互作用要比直接用力来表示相互作用方便有用，因此，分子互作用势能曲线常被用到。

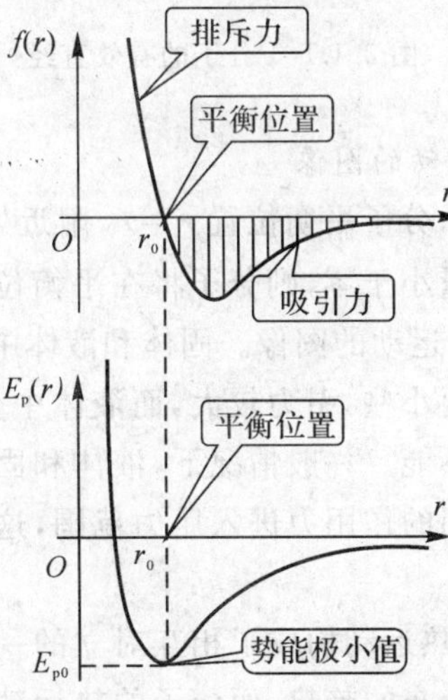

图 2.1.4　分子间的势能曲线

下面根据势能曲线来说明两个分子间的碰撞过程，设一个分子静止不动，其中心固定在图 2.1.4 所示的坐标原点处，另一个分子从极远处以动能 E_{k0}（这时势能为零，所以 E_{k0} 也就是总能量 E）趋近。当距离 $r>r_0$ 时，分子力是引力，因此势能 E_p 不断减小，而动能 E_k 不断增大；

当 $r=r_0$ 时，势能最小，而动能最大；当 $r=d$ 时，势能与分子原来在极远处的动能 E_{k0} 相等，即动能全部转化为势能，分子的速度成为零，分子之间不能再趋近，这时，分子在强大的斥力作用下被排斥开来，这便是通常被形象地看做分子间的弹性碰撞过程。

由上面碰撞过程的分析可以看出，当两个分子彼此接近到 $r<r_0$ 时，由于斥力迅速增大，两个分子在相隔一定距离 d 处便互相排开，阻止两个分子进一步靠近，宛如两个分子都是具有一定大小的刚球。刚球模型可简化地认为，当两个分子的中心距离达到某一值 d 时，斥力变为无穷大，两个分子不可能无限接近，这相当于把分子设想为直径为 d 的刚球。d 的大小显然与原来的动能 E_{k0} 有关，但由于分子的势能曲线在斥力作用的一段非常陡，因此与不同的 E_{k0} 相对应的 d 值实际相差很小，可以取 d 的平均值为分子的有效直径。实验证明，分子有效直径 d 的数量级为 10^{-10} m，如图 2.1.5 所示。

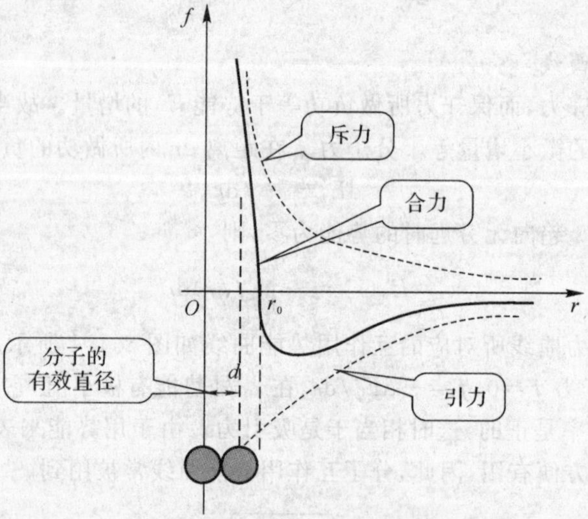

图 2.1.5　分子的有效直经

4. 物质处于凝聚态时分子运动的图像

如果在温度比较低的情况下，分子平衡位置 $r=r_0$ 附近处的动能小于势能的绝对值，也就是说，分子所构成的系统的总能量小于零，则分子将在平衡位置附近作微小振动，这便是物质处在凝聚态（液态或固态）时分子运动的图像。固体和液体中分子间的引力较大，因而能保持一定形状，固体中分子间隙普遍要小些，引力较大，而液体中分子间隙较大，引力较小，所以固体能维持一定的形状，而液体则不能。一般情况下，液体和固体都很难压缩，说明一旦有外力作用，势必减小分子间隙使分子间的作用力进入斥力范围，这个斥力增大，对外界的作用产生较大的抵抗力。

分子间的相互作用与分子的热运动构成了相互对立的一对矛盾：分子力的作用使分子聚集在一起，在空间形成某种规则分布的趋势，而分子的热运动则使分子分散，从而破坏这种规则排列的趋势。事实上，正是由于这两种相互对立的作用，使得物质分子在不同的温度下表现为三种不同的聚集态。在较低的温度下，分子的热运动不够剧烈，分子在相互作用力的影响下被束缚在各自的平衡位置附近作微小的振动，这时物质表现为固态。当温度升高，无规则运动剧烈到某一限度时，分子力的作用已不能把分子束缚在固定的平衡位置附近作微小的振动，但还不能使分子分散远离，这样物质便表现为液态。当温度继续升高，热运动进一步剧烈到一定的程度时，分子力不但无法使分子有固定的平衡位置，连分子间一定的距离也不能维持。这时，分子互相分散远离，分子的运动近似为自由运动，这样便表现为气态。

2.2　理想气体的压强

用牛顿力学的方法求解大量分子无规则热运动，不仅是不现实的，也是不可能的。只有用统计的方法才能求出与大量分子运动有关的一些物理量的平均值，如平均平动动能、平均速度等，从而对与大量气体分子热运动相联系的宏观现象的微观本质作出解释。理想气体的压强公式是要讨论的第一个问题。

理想气体压强公式的推导有代表性地说明了气体动理论的任务和研究方法，这不仅需要记住它的结论，而且还需要知道它的推导步骤。本节将用气体动理论的观点来阐明理想气体的微观结构，根据统计假设，用统计的概念和统计的方法推导出理想气体的压强公式，并讨论理想气体压强的统计意义。

2.2.1 理想气体的微观模型

从气体动理论的观点看来，理想气体与物质分子结构的一定微观模型相对应，理想气体是实际气体在压强趋于零时的极限情况。气体越稀薄就越接近于理想气体。对理想气体的性质可以作以下的假设：

(1) 理想气体分子本身的线度比起分子之间的平均距离来小得多，而且可以忽略不计。这一假设在一般条件下是合理的，例如，在标态下可算出氧分子之间的距离为 3.33×10^{-9} m，而氧分子本身直径约为 4.00×10^{-10} m，即分子间的距离约为分子线度的 10 倍，平均每个氧分子所占的体积约为分子本身体积的 1 000 倍。

(2) 除了碰撞的瞬间外，分子之间以及分子与容器壁之间的相互作用力可以忽略不计。分子之间的相互作用是一种近距作用，由于理想气体分子之间存在较大的间距，除了两分子发生碰撞外，分子之间相互作用力一般非常微弱。

(3) 分子之间以及分子与容器器壁之间的碰撞都是完全弹性碰撞，即气体分子的动能不因碰撞而损失。这一假设表明当分子间发生相互碰撞时，只有分子作为整体产生能量和动量的交换而不导致分子内部能级的跃迁，而当分子与容器壁碰撞时，分子本身没有能量损失。

(4) 气体分子的运动满足经典力学。这一假设的实质，是在一般条件下，理想气体分子的运动可近似用经典理论来表述，而不需要用量子理论。

除了以上分子模型外，由于分子运动的无序性，对处于平衡态下的理想气体，人们还提出以下统计假设。

(1) 在忽略重力和其他外力作用的条件下，每一分子在容器中任意位置出现的概率都是相等的。就大量分子而言，任意时刻分布在任一位置单位体积内的分子数都相等，由此可得**分子数密度**为

$$n=\frac{N}{V} \tag{2.2.1}$$

对于在无外场情况下，在处于平衡状态下的大量作无规则热运动的气体分子的密度处处是均匀的，气体压强在各个方向运动的概率相等，即沿空间各个方向运动的分子数相等，分子

的位置分布是均匀的。由上面的统计假设可以得出推论，分子运动有以下特点：在任一体积元中，速度指向沿上、下、左、右、前、后的分子数各为该体积元内分子总数的1/6。

(2) 分子沿各个方向运动的概率都相同。根据这一假设，分子速度在各个方向上的分量的平均值都相等，特别地，大量分子速度 v 在各个方向上的分量的统计平均值相等。例如，在直角坐标系 $Oxyz$ 中，沿坐标轴正方向的速度分量为正，负方向的速度分量为负，分子速度各个分量的算术平均值为

$$\bar{v}_i=\frac{\sum_{j=1}^{N}v_{ji}}{N} \tag{2.2.2}$$

式中，$i=x,y,z$，N 为分子总数，求和表示对所有分子速度沿 i 方向的分量求和。则有

$$\bar{v}_x=\bar{v}_y=\bar{v}_z=0 \tag{2.2.3}$$

定义分子速度分量二次方的平均值为

$$\overline{v_i^2}=\frac{v_{1i}^2+v_{2i}^2+\cdots+v_{Ni}^2}{N}=\frac{\sum_{j=1}^{N}v_{ji}^2}{N} \tag{2.2.4}$$

则有

$$\overline{v_x^2}=\overline{v_y^2}=\overline{v_z^2} \tag{2.2.5}$$

由于对每个分子都有 $v_j^2=v_{jx}^2+v_{jy}^2+v_{jz}^2$，因此，$\overline{v^2}=\overline{v_x^2}+\overline{v_y^2}+\overline{v_z^2}$，于是就有

$$\overline{v_x^2}=\overline{v_y^2}=\overline{v_z^2}=\frac{1}{3}\overline{v^2} \tag{2.2.6}$$

2.2.2 理想气体压强公式

利用上述理想气体模型，可从微观上推导出处于平衡态下的理想气体的压强。容器中气体对器壁的压强是大量气体分子不断对器壁碰撞的结果。容器中每个分子都在作无规则运动，分子之间及分子与器壁之间不断地发生碰撞。就某一个分子来说，它每次与器壁碰撞时给予器壁的冲量有多大，碰在什么地方，这些都是断续的、偶然的。但对大量分子整体来说，每一时刻都有许多分子与器壁相碰，正是这种碰撞表现出一个恒定的、持续的作用力，对器壁产生一个恒定的压强。这和雨点打在雨伞上的情形很相似：一个个雨点打在雨伞上是断续的力，大量密集的雨点打在雨伞上就感受到一个持续向下的压力。

综上所述，**容器中气体对容器壁的压强，是大量气体分子对器壁的不断碰撞，从而对容器壁产生冲力的集体效应。**

假设有一个边长为 x,y,z 的长方形容器，如图2.2.1所示。其中含有 N 个同类气体分子，每个分子质量均为 m。当平衡时，长方形容器各个面的压强应当是相等的。现在来推导与 x 轴垂直的面 A_1 的压强。

考虑第 i 个分子，速度 $\boldsymbol{v}_i=v_{ix}\boldsymbol{i}+v_{iy}\boldsymbol{j}+v_{iz}\boldsymbol{k}$，它与器壁碰撞受到器壁的作用力。通过碰撞，在此力的作用下，i 分子在 x 轴上的动量由 mv_{ix} 变为 $-mv_{ix}$，i 分子的动量的增量为 $-mv_{ix}-mv_{ix}=-2mv_{ix}$。第 i 个分子对器壁的碰撞是间歇的，它从 A_1 面弹回，飞向 A_2 面与 A_2 面碰撞，又回到 A_1 面再作碰撞。i 分子与 A_1 面碰撞两次，在 x 轴上运动的距离为 $2x$，所需的时间为 $2x/v_{ix}$，于是在单位时间内，i 分子作用在 A_1 面的总冲量为 $2mv_{ix}/(2x/v_{ix})=m{v_{ix}}^2/x$，这也就是容器壁对 i 分子的作用力的大小，由牛顿第二定律知道，i 分子对容器壁的作用力为

$$f_i = mv_{ix}^2/x \tag{2.2.7}$$

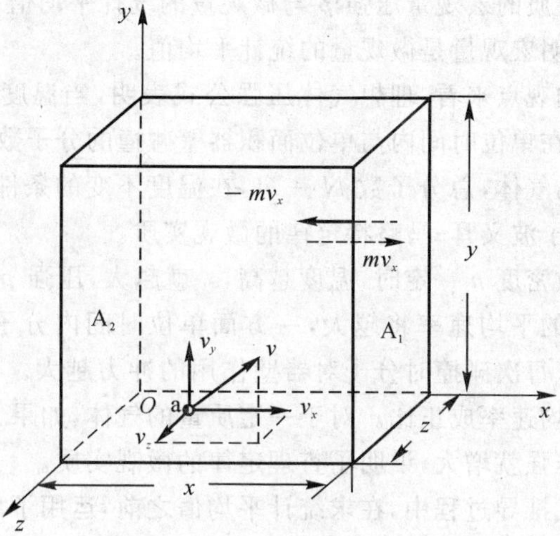

图 2.2.1　压强公式的推导

大量分子对器壁碰撞使器壁受到的力，为上述单个分子给予器壁的冲力的总和，即

$$F = \sum f_i = \sum m \frac{v_{ix}^2}{x} \tag{2.2.8}$$

虽然单个分子给予器壁冲力的大小是各不相同的，但因气体分子的数量十分巨大，所以在平衡态下，容器壁所受的总作用力，即等效平均力可看做是确定的。

由同类气体分子的质量相等并与其运动速率无关的假设，根据压强的定义，有

$$p = \frac{F}{yz} = \frac{m}{xyz} \sum v_{ix}^2 \tag{2.2.9}$$

$$p = m \frac{N}{xyz} \frac{\sum v_{ix}^2}{N} = m \frac{N}{V} \frac{\sum v_{ix}^2}{N} = mn \frac{\sum v_{ix}^2}{N} \tag{2.2.10}$$

由式(2.2.4)可得

$$p = nm\,\overline{v_x^2}$$

由分子沿各个方向运动的机会均相等的假设，利用式(2.2.5)得

$$p = \frac{1}{3} nm\,\overline{v^2} \tag{2.2.11}$$

引入分子的平均平动动能 $\varepsilon_t = \frac{1}{2} m\,\overline{v^2}$，则

$$p = \frac{2}{3} n\,\varepsilon_t \tag{2.2.12}$$

式(2.2.12)就是理想气体的压强公式，它是气体动理论的基本公式之一。

2.2.3　压强公式的统计意义及微观本质

由理想气体压强公式(2.2.12)可知，理想气体的压强与单位体积内的分子数 n 和分子的平均平动动能 ε_t 有关，n 和 ε_t 越大，压强 p 就越大。压强是描述气体状态的状态参量，是可以直接测量的宏观量。它是大量气体分子做无规则热运动的集体效应，具有统计意义。气体的分子数密度 n 是微观量，是一个统计平均量。气体分子的平均平动动能 ε_t 是微观量 ε_t 的统计平

均值，也是一个统计平均量，微观量的统计平均量是不能用实验直接测量的。可见，理想气体的压强公式将描述气体性质的宏观量压强 p 与微观量的统计平均值 n，ε_t 联系起来，从而揭示了压强的微观本质，即说明宏观量是微观量的统计平均值。

从气体动理学理论的观点来看，理想气体压强公式表明，当温度一定时，ε_t 就一定。单位体积内的分子数 n 越大，在单位时间内与单位面积器壁碰撞的分子数就越多，器壁所受的压强就越大。对于一定质量的气体，总分子数 N 一定，在温度不变的条件下，减小体积，n 就增大，因而压强增加，这就说明了波义耳-马略特定律的微观实质。

当理想气体的分子数密度 n 一定时，温度越高，ε_t 就越大，压强 p 就越大。ε_t 越大，表明分子的方均速率越大，分子的平均速率将越大，一方面单位时间内分子碰撞器壁的平均次数越多；另一方面，分子与器壁每次碰撞时分子对器壁作用的冲力越大。因此，压强是与分子方均速率成正比，而不是与平均速率成正比。对于一定质量的气体，如果 n 一定，p 就一定，表明体积不变，此时温度升高，压强就增大，说明了查理定律的微观实质。

在理想气体压强公式推导过程中，在求统计平均值之前，运用了单个气体分子所遵从的力学规律。但是，大量气体分子求统计平均值时运用了统计规律（统计假设、统计平均值的概念和求平均值的方法），理想气体压强公式仅适用于大量气体分子，它是反映统计的规律，而不是力学规律。它不适用于单个分子或少量分子，因单个分子或少量分子与器壁的碰撞是断续的，施于器壁的冲量涨落不定。

压强具有统计意义，是与大量气体分子微观量的统计平均值有关，它等于单位时间内单位面积容器壁所获得的平均冲量，即压强是单位面积器壁上所受的垂直作用力，反映了压强的微观实质。

2.3 温度的微观解释

温度是热学中最基本的概念之一。下面将从气体压强公式导出温度公式，并阐明温度的微观实质，说明温度的统计意义。

2.3.1 理想气体物态方程的分子式表示

设一个分子的质量为 m'，质量为 m 的理想气体的分子数为 N，1mol 气体的质量为 M，则 $m=m'N$，$M=m'N_A$。代入理想气体的物态方程 $pV=\frac{m}{M}RT$，可得

$$pV=\frac{m'N}{m'N_A}RT=\frac{N}{N_A}RT \tag{2.3.1}$$

所以

$$p=\frac{N}{V}\frac{R}{N_A}T \tag{2.3.2}$$

令 $k=R/N_A=1.38\times10^{-23}\,\text{J}\cdot\text{K}^{-1}$，称为玻耳兹曼常数，则

$$p=nkT \tag{2.3.3}$$

式(2.3.3)是理想气体状态方程的分子式表示，表明了宏观量 p 与单位体积内的分子数，即分子数密度 n 及宏观量温度 T 的关系。从微观角度可以说明它的物理意义，参看 2.2 节的压强公式的物理意义和压强的微观本质。

例 2.3.1 在一容积为 $V=1.0\text{m}^3$ 的容器内，装有 $N_1=1.0\times10^{24}$ 个氧分子，$N_2=3.0\times$

10^{24} 个氮分子的混合气体，混合气体的压强为 $p = 2.58 \times 10^4$ Pa。

求：(1) 求分子的平均平动动能；

(2) 求混合气体的温度。

解：(1) 由压强公式，有

$$\varepsilon_t = \frac{3}{2}\frac{p}{n} = \frac{3}{2}\frac{p}{(N_1 + N_2)/V} = 9.68 \times 10^{-21}\text{J} \tag{1}$$

(2) 由理想气体的状态方程，得

$$T = \frac{p}{nk} = \frac{p}{\left(\dfrac{N_1 + N_2}{V}\right)k} = 467\text{K} \tag{2}$$

2.3.2　温度公式及微观解释

将气体动理论的压强公式与理想气体状态方程式(2.3.3)相比较，可得

$$T = \frac{2}{3k}\varepsilon_t \tag{2.3.4}$$

式(2.3.4)揭示了**温度的微观本质：温度是气体分子平均平动动能的度量。**式(2.3.4)可改写为

$$\varepsilon_t = \frac{3}{2}kT \tag{2.3.5}$$

这说明气体分子的平均平动动能只和温度有关，并与热力学温度成正比，而与气体的性质无关，与气体的质量无关。在相同温度下，一切气体分子的平均平动动能都相等。式(2.3.4)**是气体分子动理论的一个基本方程，称为气体动理论的温度公式。**该温度公式的重要物理意义在于它揭示了温度的微观本质：气体的温度标志着气体内部大量分子作无规则热运动的剧烈程度，温度是大量分子平均平动动能的量度。气体的温度越高，气体内部分子的热运动平均地讲越剧烈，分子的平均平动动能就越大。

气体动理论的温度公式反映了大量分子所组成的系统的宏观量 T 与微观量的统计平均值 ε_t 之间的关系。因此，温度和压强一样，也是大量分子作无规则热运动的集体表现，含有统计平均的意义。对于单个分子或少量分子组成的系统，不能够说它们的温度多高，也就是说，对单个分子或由少量分子组成的系统，温度的概念是没有意义的。

温度不相同的两个系统，通过热接触而达到热平衡的微观实质是由于分子与分子之间相互碰撞交换能量引起系统之间能量的交换，而重新分配能量的结果，宏观上表现为有净能量从温度高的系统传递到温度低的系统，直到两个系统的温度相等。两个系统的分子平均平动动能相等，两个系统就达到热平衡，而与这两个系统气体的性质无关，也与这两个系统的分子数无关。

应该指出，上述的概念是建立在经典力学基础上的，随着温度的降低，气体分子的平均平动动能将减少。当达到热力学温度 $T = 0\text{K}$ 时，$\varepsilon_t = 0$，表明理想气体分子的无规则热运动要停息。然而，实际上分子的热运动是永远不会停息的。根据热力学第三定律，不可能通过任何有限的过程达到绝对零度。近代量子理论证明，当 $T = 0\text{K}$ 时，组成固体点阵的粒子还保持着某种振动的能量，称为零点能。在温度还没有达到热力学温度为零度以前，气体已经变成液体或固体，量子规律起主要作用，温度公式早就不适用了。

2.3.3 方均根速率

根据理想气体分子的平均平动动能，应用式(2.3.5)，可得到

$$\sqrt{\overline{v^2}}=\sqrt{\frac{3kT}{m}}=\sqrt{\frac{3RT}{M}} \tag{2.3.6}$$

$\sqrt{\overline{v^2}}$ **表示大量气体分子速率平方的平均值的平方根，称为气体分子的方均根速率。**它表示气体分子微观量的统计平均值。式(2.3.6)表明，气体分子的方均根速率与气体的热力学温度的平方根成正比，而与气体分子质量或摩尔质量的平方根成反比。温度越高或气体分子的质量及摩尔质量越小，分子的方均根速率越大。平均地说，气体分子的速率越大，分子运动就越快。

例 2.3.2 试求氮气分子的平均平动动能和方均根速率。设(1)当温度 $T=1\,273\text{K}$ 时；(2)当温度 $T=273\text{K}$ 时；(3)当温度 $T=123\text{K}$ 时。

解 (1)当 $T=1\,273\text{K}$ 时，有

$$\varepsilon_t=\frac{3}{2}kT=2.63\times10^{-20}\,\text{J} \tag{1}$$

$$\sqrt{\overline{v^2}}=\sqrt{\frac{3kT}{m}}=1.06\times10^{3}\ \text{m}\cdot\text{s}^{-1} \tag{2}$$

(2)同理，当 $T=273\text{K}$ 时，有

$$\varepsilon_t=\frac{3}{2}kT=5.65\times10^{-21}\,\text{J} \tag{3}$$

$$\sqrt{\overline{v^2}}=\sqrt{\frac{3kT}{m}}=493\ \text{m}\cdot\text{s}^{-1} \tag{4}$$

(3)当温度 $T=123\text{K}$ 时，有

$$\varepsilon_t=\frac{3}{2}kT=2.55\times10^{-21}\,\text{J} \tag{5}$$

$$\sqrt{\overline{v^2}}=\sqrt{\frac{3kT}{m}}=331\ \text{m}\cdot\text{s}^{-1} \tag{6}$$

2.4 范德瓦耳斯气体的压强

前面讨论的理想气体是一个近似的模型，它忽略了分子的体积(确切地讲，就是分子间的斥力)和分子间的引力。克劳修斯和荷兰物理学家范德瓦耳斯运用气体分子动理论，考虑了真实气体分子体积和分子间引力的影响，把气体分子看做有相互吸引作用的有引力刚球，采用引力刚性球分子模型，对理想气体状态方程加以修正，从而建立了真实气体的状态方程，即范德瓦耳斯方程。

2.4.1 分子体积所引起的修正

理想气体分子是没有体积的质点，容器的体积就是分子的自由活动空间。如果把分子看做有一定体积的刚球，则每个分子的自由活动空间就不等于容器的体积，而应从容器的体积 V 中减去一个反映气体分子所占体积的修正值 b，这就是克劳修斯对理想气体状态方程的修正(分子体积引起的修正)。那么摩尔理想气体的状态方程 $pV=RT$ 可修正为

$$p=\frac{RT}{V-b} \tag{2.4.1}$$

现在确定修正量 b 的数值。设气体分子的有效碰撞直径为 d。气体内除某一个分子 α 外，其他分子都“冻结”在固定位置，分子在运动过程中，不断与其他分子碰撞。当分子 α 与任一分子 β 相碰时，其中心之间的距离为 d，则 α 分子中心不能进入的空间是以 β 的中心为球心，d 为半径的球体内部。根据碰撞知识，碰撞后两球交换速度，实际上阻碍 α 分子中心进入的部分起作用的仅仅是与 β 正对的一面，β 的另一面不计入体积修正项中。

修正量为

$$b=(N_{\mathrm{A}}-1)\times\frac{1}{2}\times\frac{4}{3}\pi d^{3}\approx N_{\mathrm{A}}\times\frac{16}{3}\pi\left(\frac{d}{2}\right)^{3}\approx 10^{-5}\,\mathrm{m}^{3} \tag{2.4.2}$$

在标准状态下 $V=22.4\times10^{-3}\,\mathrm{m}^{3}$，$\frac{b}{V}\approx\frac{4}{10\,000}$，当压强增大到 $1.013\times10^{8}\,\mathrm{Pa}$ 时，在 $V=22.4\times10^{-6}\,\mathrm{m}^{3}$ 这种情况下，修正量 b 就不可能忽略。

2.4.2　分子间引力所引起的修正

设想气体中任一分子都有一个以其为中心、以 R 为半径的力作用球，当只有其他分子处于此球内才对此分子有吸引作用。分析气体内部任一分子 α 及靠近器壁的分子 β 的变力情况。在平衡态下，周围的分子相对于 α 的引力球对称分布平均说来相互抵消，α 受到的吸引力的合力为零。对于那些处于器壁附近厚度为 R 的表层内的分子 β，β 的力作用球被器壁切割为球缺，β 周围分子的分布不均匀，使 β 平均起来受到一个指向气体内部的合力，所有运动到器壁附近，要与器壁相碰的分子必然通过此区域，则指向气体内部的力，将会减小分子撞击器壁的动量，从而减小对器壁的冲力。**由于这层气体分子受到指向气体内部的力所产生的总效果相当于一个指向内部的压强，叫内压强** p_i，如图 2.4.1 所示，因而器壁实际受到的压强要比上面的值小一些。这就是说，考虑了分子间的引力，气体施与器壁的压强实际为

$$p=\frac{RT}{V-b}-p_i \tag{2.4.3}$$

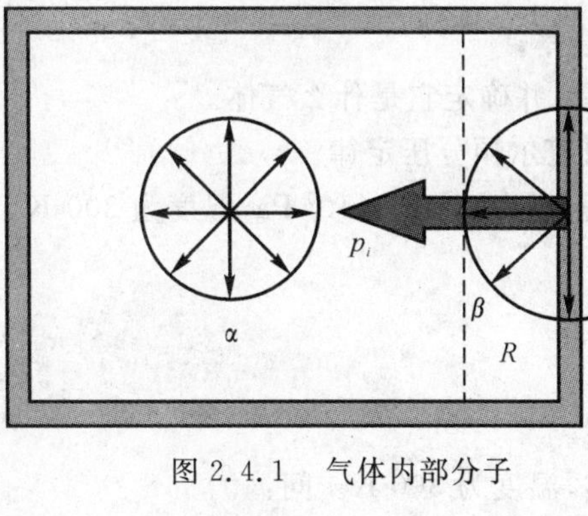

图 2.4.1　气体内部分子

p_i 是表面层分子受到内部分子的、通过单位面积的作用力，它与 V^2 成反比，比例系数为 a，即

$$p_i=\frac{a}{V^2} \tag{2.4.4}$$

因此，当将气体分子视为有吸引力刚球时，摩尔气体范德瓦耳斯方程为

$$\left(p+\frac{a}{V^2}\right)(V-b)=RT \tag{2.4.5}$$

式中，a,b 由实验确定。实际气体在很大范围内近似遵守范德瓦耳斯方程。**理论上把完全遵守此方程的气体称为范德瓦耳斯气体**。若气体的质量为 m，摩尔质量为 M，则范德瓦耳斯方程为

$$\left[p+\left(\frac{m}{M}\right)^2\left(\frac{a}{V^2}\right)\right]\left[V-\left(\frac{m}{M}\right)b\right]=\frac{m}{M}RT \tag{2.4.6}$$

习　　题

2.1　目前可获得的极限真空度为 1.333×10^{-11} Pa，问在此真空度下每立方厘米内有多少空气分子？设空气的温度为 300 K。

2.2　容积为 2.500×10^{-3} m^3 的烧瓶内有 1.0×10^{15} 个氧分子，有 4.0×10^{15} 个氮分子和 3.3×10^{-10} kg 的氩气。设混合气体的温度为 423 K，求混合气体的压强。

2.3　一容器内有氧气，其压强 $p=1.013\times10^5$ Pa，温度为 $T=300$ K，求：

(1) 单位体积内的分子数；

(2) 氧气的密度；

(3) 氧分子的质量；

(4) 分子间的平均距离；

(5) 分子的平均平动动能。

2.4　1 mol 氦气，其分子热运动动能的总和为 3.75×10^3 J，求氦气的温度。容器以 $v=200$ m·s^{-1} 的速率作匀速直线运动。若容器突然静止，定向运动的动能全部转化为分子热运动的动能，则平衡后氦气的温度和压强将各增大多少？

2.5　试计算氢气、氧气和汞蒸气分子的方均根速率，设气体的温度为 300 K，已知氢气、氧气和汞蒸气的相对分子质量分别为 2.02，32.0 和 201。

2.6　气体的温度为 $T=273$ K，压强为 $p=1.013\times10^3$ Pa，密度为 $\rho=1.29\times10^{-3}$ kg·m^{-3}。

(1) 求气体分子的方均根速率；

(2) 求气体的相对分子质量，并确定它是什么气体。

2.7　利用压强和温度证明道尔顿分压定律。

2.8　一容器内储有氢气，压强为 1.013×10^5 Pa，温度为 300 K。求容器中：

(1)单位体积内的分子数；

(2)氢气的质量密度；

(3)氢分子的方均根速率；

(4)氢分子的平均平动动能。

2.9　一容器内储存有气体，温度为 300 K。问：

(1)当压强为 1.013×10^5 Pa 时，在 1 m^3 中有多少个分子？

(2)当在高真空时，压强为 1.33×10^{-5} Pa，在 1 m^3 中有多少个分子？

第 3 章　气体分子热运动速率和能量的统计分布律

第 1 章引入了平衡态和温度的概念，但在热力学范围内不能得到深刻的认识。第 2 章以分子运动论为基础，认识了压强和温度的微观本质，对平衡态下分子热运动的规律有了初步认识。因为那时只有一个基本的统计公理，这个公理只解决了分子热运动速度方向的概率问题，并没有涉及分子热运动速率大小取值的概率，无法作进一步的定量分析。分子热运动情况是分子物理的重要研究对象，必须讨论速率大小取值的概率问题。由于分子数目如此巨大，速率的取值从 0 到∞，这个取值区间非常大，分子在任何一个微小速率范围内的取值其概率都不会大，但到底有多小却不易判断。因此，这是一个大数量偶然微观运动的集体效应的问题，即统计的问题，对应的规律就是一个统计规律。一般地，研究这个问题比较复杂，现以理想气体为基础来开展讨论。

3.1　麦克斯韦速率分布律

气体分子处于无规则的热运动之中，由于碰撞，每个分子的速度都在不断地改变，因此在某一时刻，对某个分子来说，其速度的大小和方向完全是偶然的。然而就大量分子整体而言，在一定条件下，分子的速率分布遵守一定的统计规律——气体速率分布律。

气体分子按速率分布的统计规律，最早是由麦克斯韦于 1859 年在概率论的基础上导出的，1877 年玻耳兹曼由经典统计力学中导出。1920 年斯特恩从实验中证实了麦克斯韦分子按速率分布的统计规律。

3.1.1　速率分布函数的概念

在一定温度的平衡态下，气体分子速率分布的统计规律，称为麦克斯韦速率分布律。从大量气体分子整体来看，它的速率分布遵从一定的统计规律。如果不限制气体分子速度的方向，而只研究大量气体分子处于平衡状态下，气体分子的速率在某一速率 v 到 $v+\mathrm{d}v$ 的速率区间 $\mathrm{d}v$ 内的概率大小，可得出麦克斯韦速率分布律。

设 N 为总分子数，$\mathrm{d}N_v$ 为速率取值在区间 v 到 $v+\mathrm{d}v$ 中的分子数。于是 $\mathrm{d}N_v/N$ 就是速率分布于区间 v 到 $v+\mathrm{d}v$ 内的分子数占总分子数的百分比，或者就某单个分子来说，它以区间 v 到 $v+\mathrm{d}v$ 内的某一速率运动的概率。显然，这一百分比在不同的速率区间是不同的，即它应是速率 v 的函数；而且，当在速率区间 $\mathrm{d}v$ 足够小时，它还应与区间的大小成正比，于是有

$$\frac{\mathrm{d}N_v}{N}=f(v)\mathrm{d}v \tag{3.1.1}$$

其中

$$f(v)=\frac{\mathrm{d}N_v}{N\mathrm{d}v} \tag{3.1.2}$$

表示速率 v 附近单位速率区间内的分子数占分子总数的比,称为速率分布函数。将式(3.1.2)对速率积分,就可得到所有速率区间内的分子数(等于分子总数 N)占总分子数 N 的百分比,显然它等于1,即

$$\int_0^N \frac{dN_v}{N} = \int_0^\infty f(v)\,dv = 1 \tag{3.1.3}$$

式(3.1.3)叫做**速率分布函数的归一化条件**。

3.1.2 麦克斯韦速率分布律

1859年,英国物理学家麦克斯韦运用统计物理的方法从理论上导出了平衡态下理想气体分子按速率分布的统计规律。其结果为处于平衡态下的理想气体系统,分子速率在区间内的分子数占总分子数的百分比,即

$$\frac{dN_v}{N} = 4\pi\left(\frac{m}{2\pi kT}\right)^{3/2} e^{-mv^2/2kT} v^2\,dv \tag{3.1.4}$$

式中,T—— 系统的温度;

m—— 分子的质量。

比较式(3.1.1)与式(3.1.4)可得

$$f(v) = 4\pi\left(\frac{m}{2\pi kT}\right)^{3/2} e^{-mv^2/2kT} v^2 \tag{3.1.5}$$

式(3.1.5)给出的函数 $f(v)$ **称为麦克斯韦速率分布函数**。麦克斯韦速率分布函数的物理意义:$f(v)$ 既表示分布在速率 v 附近单位速率区间内的分子数 $\frac{dN_v}{dv}$ 与总分子数 N 的比率(百分比),也表示任意一分子的速率出现在 v 附近单位速率区间内的概率。对于某一给定的速率值来说,它是一个比例常数;对于处在一定温度 T 下的气体,它是速率 v 的单值连续函数,$f(v)$ 只与气体的种类及温度 T 有关。

如果以速率 v 为横坐标轴,速率分布函数 $f(v)$ 为纵坐标轴,画出的一条表示 $f(v)$-v 之间关系的曲线,称为气体分子的麦克斯韦速率分布曲线,它形象地描绘出气体分子按速率分布的情况。如图3.1.1所示就是氮气在不同温度下的速率分布曲线。

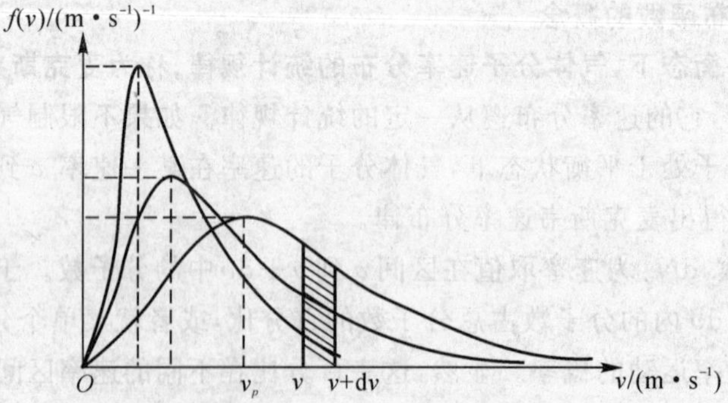

图3.1.1 速率分布曲线

当 v 趋于0时,$f(v)$ 趋于0;当 v 趋于 ∞ 时,$f(v)$ 趋于0,反映了分子在这两种速率上出现的概率最小,即具有这两种速率的分子数量少。$f(v)$ 随 v 由0值增大而增大,经过一个极大值 $f_m(v)$ 后,$f(v)$ 又随速率 v 增大而减小,当 v 趋于 ∞ 时,$f(v)$ 趋于0,这表明气体分子的速率可

以取由 0 到 ∞ 整个速率范围的一切值，而速率很大和速率很小的分子数占总分子数的比率小，具有中等速率的分子数占总分子数的比率却很大。$f_m(v)$ 对应的速率记为 v_p，称为最概然速率，在速率分布曲线极大值两边的曲线上各有一个拐点，表明速率分布曲线不是一条抛物线。

速率分布曲线下的整个面积，表示分子在由 $0 \sim \infty$ 的整个速率范围内的概率，这是必然事件，其概率应当等于 1。这表明：全部分子 N 百分之百地分布在由 $0 \sim \infty$ 的整个速率范围内，所以从 $0 \sim \infty$ 积分结果应该等于 1，它是由速率分布函数 $f(v)$ 本身的物理意义所决定的，它应是速率分布函数 $f(v)$ 必须满足的条件，这就是速率分布函数的归一化条件 $\int_0^{\infty} f(v)\mathrm{d}v = 1$。

曲线下的面积所表达的物理意义为在速率分布曲线中，任一速率区间 $v \sim v + \mathrm{d}v$ 内曲线下的窄条面积表示速率分布在这一区间内（即 v 处 $\mathrm{d}v$ 范围内）的分子数 $\mathrm{d}N_v$ 占总分子数的比率 $\mathrm{d}N_v/N$。在速率分布曲线中，任一有限范围速率区间 $v_1 \sim v_1 + \Delta v$ 内曲线下的面积表示分布在这一有限速率区间 Δv 内的分子数 ΔN 与总分子数 N 的比率。必须指出，气体分子的速率不是按速率的大小均匀分布的，即在 $v_1 \sim v_2$，且 $v_2 = v_1 + \Delta v$，及 $v_3 \sim v_4$，且 $v_4 = v_3 + \Delta v$，即 $\Delta v = v_2 - v_1 = v_4 - v_3$ 的有限速率区间内（见图 3.1.2），有

$$\frac{\Delta N}{N} = \int_{v_1}^{v_2} f(v)\mathrm{d}v \neq \frac{\Delta N}{N} = \int_{v_3}^{v_4} f(v)\mathrm{d}v \qquad (3.1.6)$$

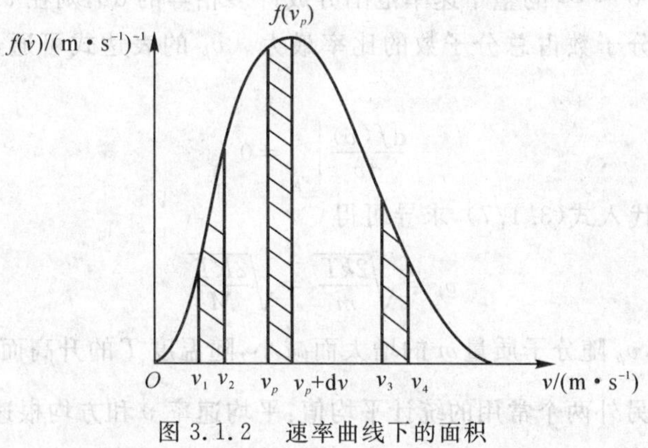

图 3.1.2　速率曲线下的面积

1. 当气体种类一定（即分子质量 m 一定或摩尔质量 M 一定）时的速率分布曲线

对于一定种类的气体来说，由于温度的高低反映了气体分子做无规则运动的剧烈程度，当温度升高时，气体中速率较小的分子数减少，而速率较大的分子数增多，最概然速率变大，因此，曲线的峰值移向速率大的一方。但由于速率分布函数所满足的归一化条件，曲线下的总面积应恒等于 1，因此，温度升高时曲线变得较为平坦。从图 3.1.3 可见，温度越高，最概然速率越大，$f(v_p)$ 越小。这是由于根据归一化条件式(3.1.3)，每条曲线下的面积都等于 1，温度升高时曲线将变得平坦些，并向速率大区域扩展。这表明，温度越高，速率较大的分子数就越多。

2. 当温度一定时速率分布曲线与气体种类的关系

对于不同种类的气体（m 不同），由于最概然速率 v_p 与气体分子质量的平方根 $\sqrt{m}$ 成反比，因此，分子质量较小的气体有着较大的最概然速率 v_p，随着气体分子质量的减小，最概然速率

v_p 变大，曲线的峰值应移向速率大的一方。但是，由于速率分布函数须满足的归一化条件，曲线下的总面积应恒等于1，因此，气体分子质量减小时曲线变得平坦。在同一温度 T 下，不同种类气体的速率分布曲线如图 3.1.3 所示。

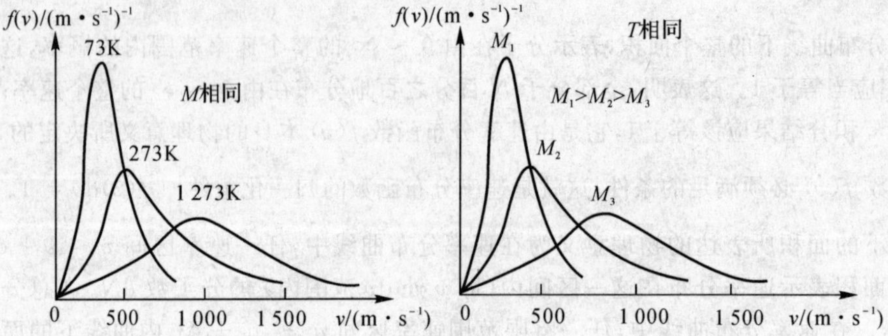

图 3.1.3　气体分子速率在不同温度、不同种类的分布曲线

3.1.3　三种统计速率

1. 最概然速率(最可几速率)

速率分布曲线中与 $f(v)$ 极大值对应的速率 v_p 称为最概然速率。从图 3.1.2 可以看出，它的物理意义是如果将 $0 \sim \infty$ 的整个速率范围分成许多相等的 $\mathrm{d}v$，则在 $v_p \sim v_p + \mathrm{d}v$ 内的概率最大，即在该区间内分子数占总分子数的比率最大。v_p 的表达式可通过对速率分布函数求极值

$$\left.\frac{\mathrm{d}f(v)}{\mathrm{d}v}\right|_{v_p} = 0 \tag{3.1.7}$$

得到。将式(3.1.5)代入式(3.1.7)，求导可得

$$v_p = \sqrt{\frac{2kT}{m}} = \sqrt{\frac{2RT}{M}} \tag{3.1.8}$$

式(3.1.8)表明，v_p 随分子质量 m 的增大而减小，随温度 T 的升高而增大。利用速率分布函数 $f(v)$，还可求出另外两个常用的统计平均值：平均速率 $\bar{v}$ 和方均根速率 $\sqrt{\overline{v^2}}$。

2. 平均速率 $\bar{v}$

大量分子的速率的算术平均值叫做分子的平均速率 $\bar{v}$。平均速率 $\bar{v}$ 的定义为

$$\bar{v} = \frac{\int_0^\infty vNf(v)\mathrm{d}v}{N} = \int_0^\infty vf(v)\mathrm{d}v = \int_0^\infty v \cdot 4\pi\left(\frac{m}{2\pi kT}\right)^{3/2} \mathrm{e}^{-mv^2/2kT} v^2 \mathrm{d}v \tag{3.1.9}$$

将式(3.1.5)代入式(3.1.9)，可求得平衡态时理想气体分子的平均速率：

$$\bar{v} = \sqrt{\frac{8kT}{\pi m}} = \sqrt{\frac{8RT}{\pi M}} \tag{3.1.10}$$

3. 方均根速率 $\sqrt{\overline{v^2}}$

气体分子速率平方的平均值的平方根叫做方均根速率，$\sqrt{\overline{v^2}}$ 的定义为

$$\overline{v^2} = \int_0^\infty v^2 f(v)\mathrm{d}v = 4\pi\left(\frac{m}{2\pi kT}\right)^{3/2}\int_0^\infty \mathrm{e}^{-mv^2/2kT} v^4 \mathrm{d}v \tag{3.1.11}$$

对式(3.1.11)积分并开平方，可求得平衡态时理想气体分子的方均根速率为

$$\sqrt{\overline{v^2}}=\sqrt{\frac{3kT}{m}}=\sqrt{\frac{3RT}{M}} \tag{3.1.12}$$

关于这三个速率 v_p，$\bar{v}$ 和 $\sqrt{\overline{v^2}}$，其值都与 $\sqrt{T}$ 成正比，与 $\sqrt{m}$ 成反比；其大小关系为 $v_p<\bar{v}<\sqrt{\overline{v^2}}$（见图 3.1.4）三个速率各有不同的应用。在讨论速率分布时要用最可几速率 v_p；讨论与分子的平均平动动能有关的温度、压强等时要用方均根速率 $\sqrt{\overline{v^2}}$；在讨论分子的平均自由程、平均碰撞频率时要用到平均速率 $\bar{v}$。

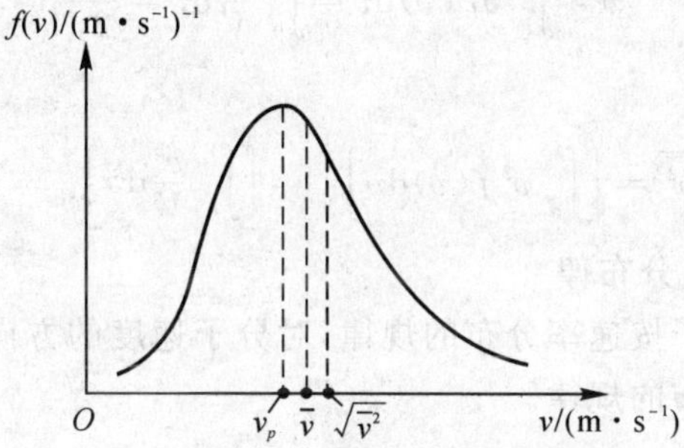

图 3.1.4　v_p，$\bar{v}$ 和 $\sqrt{\overline{v^2}}$ 的曲线图

例 3.1.1　已知容器中装有 10^5 mol 的空气，温度为 300K。假设可将空气看做理想气体，试求 v_p 附近单位速率区间 $\Delta v=1\ \mathrm{m\cdot s^{-1}}$ 内的分子数占总分子数的百分比及该区间内的分子数。取空气的摩尔质量为 $M=29\times10^{-3}\mathrm{kg\cdot mol^{-1}}$。

解　利用

$$v_p=\sqrt{\frac{2RT}{M}}=\sqrt{\frac{2\times8.31\times300}{29\times10^{-3}}}=415\ \mathrm{m\cdot s^{-1}} \tag{1}$$

根据麦克斯韦速率分布率式(3.1.4)有

$$\frac{\Delta N_v}{N}=4\pi\left(\frac{m}{2\pi kT}\right)^{3/2}\mathrm{e}^{-mv^2/2kT}v^2\Delta v=\frac{4}{\sqrt{\pi}}\frac{v^2}{v_p^2}\mathrm{e}^{-v^2/v_p^2}\Delta v \tag{2}$$

按题意 $v=v_p$，$\Delta v=1\ \mathrm{m\cdot s^{-1}}$ 代入式(2)可得 v_p 附近单位速率区间内的分子数占总分子数的百分比为

$$\frac{\Delta N_{v_p}}{N}=4\pi\left(\frac{m}{2\pi kT}\right)^{3/2}\mathrm{e}^{-mv^2/2kT}v^2\Delta v=0.2\% \tag{3}$$

该区间内的分子数为

$$\Delta N_{v_p}=N4\pi\left(\frac{m}{2\pi kT}\right)^{3/2}\mathrm{e}^{-mv^2/2kT}v^2\Delta v=1.2\times10^{26}\ 个 \tag{4}$$

例 3.1.2　设 N 个粒子系统的速率分布函数为 $\mathrm{d}N_v=k\mathrm{d}v(V>v>0,k$ 为常数)，$\mathrm{d}N_v=0(v>V)$。试求：

(1) 用 N 和 V 定出常数 k；(2) 用 V 表示出算术平均速率和方均根速率。

解　(1) 因为

$$f(v)=\frac{\mathrm{d}N_v}{N\mathrm{d}v}=\frac{k}{N} \tag{1}$$

$$\int_0^{\infty} f(v)\mathrm{d}v = \int_0^V \frac{k}{N}\mathrm{d}v = \frac{kV}{N} = 1 \Rightarrow k = \frac{N}{V} \tag{2}$$

所以

$$f(v) = \begin{cases} \dfrac{1}{V} & (0 < v < V) \\ 0 & (v > V) \end{cases} \tag{3}$$

(2) 算术平均速率为

$$\bar{v} = \int_0^{\infty} vf(v)\mathrm{d}v = \int_0^V \frac{v}{V}\mathrm{d}v = \frac{1}{2}V \tag{4}$$

方均根速率为

$$\sqrt{\overline{v^2}} = \left[\int_0^{\infty} v^2 f(v)\mathrm{d}v\right]^{\frac{1}{2}} = \left[\int_0^V \frac{v^2}{V}\mathrm{d}v\right]^{\frac{1}{2}} = \frac{\sqrt{3}}{3}V \tag{5}$$

3.1.4 麦克斯韦速度分布律

上面讨论的是气体分子按速率分布的规律，对分子速度的方向未作任何确定。下面进一步介绍气体分子按速度分布的规律。

1. 速度空间的概念

气体分子无规则热运动，速度各异，但总体上表现为分子数按速度统计分布。为描述这一分布，首先在经典物理能量变化为连续性的基础上引入速度空间的概念，即

$$\boldsymbol{v} = v_x\boldsymbol{i} + v_y\boldsymbol{j} + v_z\boldsymbol{k} \tag{3.1.13}$$

$\boldsymbol{v}$ 的连续变化对应空间的连续变化，一个矢量 $\boldsymbol{v}$ 对应一组 (v_x, v_y, v_z)。**以 v_x, v_y, v_z 为直角坐标轴架构起来的"空间"叫做速度空间**，如图 3.1.5(a) 所示。在速度空间里，每个分子的速度矢量都可用一个坐标原点为起点的箭头表示，如它们的速度矢量的端点都在一定的体积元 $\mathrm{d}v_x\mathrm{d}v_y\mathrm{d}v_z$ 内，如图 3.1.5(a) 所示。因为点 $P(v_x, v_y, v_z)$ 同 $\boldsymbol{v}$ 一一对应，这样速度为 $\boldsymbol{v}$ 的所有分子可认为其代表点都处于 P 点，这样对分子数按速度分布的描述就可转化为在速度空间中分子代表点的分布。如图 3.1.5(b) 所示为球坐标系中速度体积元 $\mathrm{d}\Omega = v^2\sin\theta\mathrm{d}v\mathrm{d}\theta\mathrm{d}\varphi$。

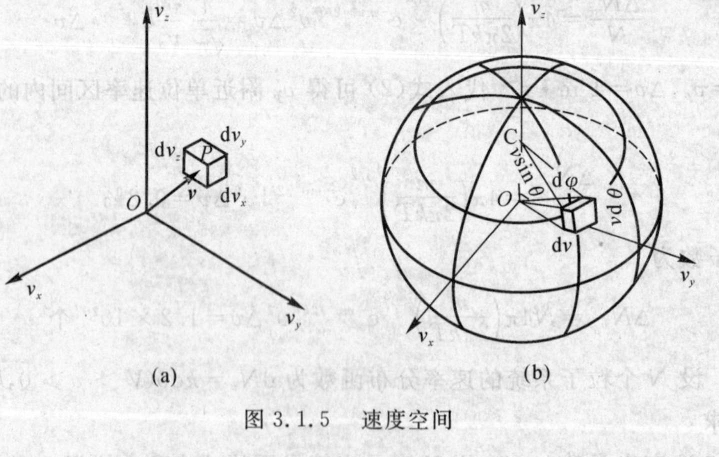

图 3.1.5 速度空间

2. 速度分布函数

借助速度空间概念，分子数按速度分布就可形象地描述为分子代表点在速度空间的分布。在速度空间内任意点 $P(v_x, v_y, v_z)$ 处取体积元 $\mathrm{d}v_x\mathrm{d}v_y\mathrm{d}v_z$，设此体积元内分子代表点的个

数为 $\mathrm{d}N$，则任一个分子的速度取在该体积元内的概率为

$$\frac{\mathrm{d}N}{N}=f(v_x,v_y,v_z)\,\mathrm{d}v_x\mathrm{d}v_y\mathrm{d}v_z \tag{3.1.14}$$

其中，$f(v_x,v_y,v_z)$ 称为速度分布函数，其物理意义是速度空间点 $P(v_x,v_y,v_z)$ 处单位体积元内分子出现的概率。速度分布函数的归一化条件为

$$\int_{-\infty}^{+\infty}\int_{-\infty}^{+\infty}\int_{-\infty}^{+\infty}f(v_x,v_y,v_z)\,\mathrm{d}v_x\mathrm{d}v_y\mathrm{d}v_z=1 \tag{3.1.15}$$

任一与速度分布有关的物理量的统计平均值为

$$\overline{Q}=\iiint Q(v_x,v_y,v_z)\,f(v_x,v_y,v_z)\,\mathrm{d}v_x\mathrm{d}v_y\mathrm{d}v_z \tag{3.1.16}$$

麦克斯韦统计假设：在热平衡态下，分子按速度的任一分量的分布应与其他分量的分布无关，即按速度三个分量分布是独立的。用 $f(v_x)$，$f(v_y)$，$f(v_z)$ 分别表示分子数各自按 v_x，v_y，v_z 分布的分布函数，满足 $f(v_x)=\dfrac{\mathrm{d}N}{N\mathrm{d}v_x}$，$\mathrm{d}N$ 为 $v_x\sim v_x+\mathrm{d}v_x$ 内分子数；$f(v_y)=\dfrac{\mathrm{d}N}{N\mathrm{d}v_y}$，$\mathrm{d}N$ 为 $v_y\sim v_y+\mathrm{d}v_y$ 内分子数；$f(v_z)=\dfrac{\mathrm{d}N}{N\mathrm{d}v_z}$，$\mathrm{d}N$ 为 $v_z\sim v_z+\mathrm{d}v_z$ 内分子数；由麦克斯韦基本假设，有

$$\mathrm{d}f(v_x,v_y,v_z)=\mathrm{d}f(v_x)\mathrm{d}f(v_y)\mathrm{d}f(v_z) \tag{3.1.17}$$

进而

$$f(v_x,v_y,v_z)\,\mathrm{d}v_x\mathrm{d}v_y\mathrm{d}v_z=f(v_x)\,\mathrm{d}v_xf(v_y)\,\mathrm{d}v_yf(v_z)\,\mathrm{d}v_z \tag{3.1.18}$$

对气体，速度的分布应是各向同性的，这样 $f(v_x,v_y,v_z)$ 就具有球对称性。

$$f(v_x,v_y,v_z)=f(v^2)=f(v_x^2+v_y^2+v_z^2) \tag{3.1.19}$$

因此

$$f(v_x^2+v_y^2+v_z^2)=f(v_x)\,f(v_y)\,f(v_z) \tag{3.1.20}$$

对式(3.1.20)取对数，得

$$\ln f(v_x^2+v_y^2+v_z^2)=\ln f(v_x)+\ln f(v_y)+\ln f(v_z) \tag{3.1.21}$$

式(3.1.21)解的形式为

$$\left.\begin{aligned}f(v_x)&=C_x\mathrm{e}^{-Bv_x^2}\\f(v_y)&=C_y\mathrm{e}^{-Bv_y^2}\\f(v_z)&=C_z\mathrm{e}^{-Bv_z^2}\end{aligned}\right\} \tag{3.1.22}$$

令 $C=C_xC_yC_z$，$C_x=C_y=C_z$，有

$$f(v_x,v_y,v_z)=C\mathrm{e}^{-Bv^2} \tag{3.1.23}$$

由归一化条件，得

$$\int_{-\infty}^{+\infty}\int_{-\infty}^{+\infty}\int_{-\infty}^{+\infty}f(v_x,v_y,v_z)\mathrm{d}v_x\mathrm{d}v_y\mathrm{d}v_z=1 \tag{3.1.24}$$

由 $\varepsilon_t=\dfrac{3}{2}kT$，有

$$\frac{1}{2}m\int_{-\infty}^{+\infty}\int_{-\infty}^{+\infty}\int_{-\infty}^{+\infty}v^2f(v_x,v_y,v_z)\,\mathrm{d}v_x\mathrm{d}v_y\mathrm{d}v_z=\frac{3}{2}kT \tag{3.1.25}$$

球坐标系中体积元 $\mathrm{d}\Omega=v^2\sin\theta\mathrm{d}v\mathrm{d}\theta\mathrm{d}\varphi$，如图 3.1.5(b) 所示，归一化方程变为

$$\int_0^{2\pi} d\varphi \int_0^{\pi} \sin\theta d\theta \int_0^{+\infty} v^2 f(v_x, v_y, v_z)\, dv = 1 \tag{3.1.26}$$

积分,得

$$\int_0^{+\infty} 4\pi v^2 f(v_x, v_y, v_z)\, dv = 1 \tag{3.1.27}$$

式(3.1.25)为

$$\frac{1}{2} m \int_0^{+\infty} 4\pi v^2 f(v_x, v_y, v_z)\, dv = \frac{3}{2} kT \tag{3.1.28}$$

将式(3.1.23)代入式(3.1.27)、式(3.1.28)得

$$C = \left(\frac{m}{2\pi kT}\right)^{\frac{3}{2}}, \quad B = \frac{m}{2kT} \tag{3.1.29}$$

因此,麦克斯韦速度分布函数为

$$f(v_x, v_y, v_z) = \left(\frac{m}{2\pi kT}\right)^{\frac{3}{2}} e^{-\frac{m}{2kT}v^2} \tag{3.1.30}$$

麦克斯韦速度分量分布函数分别为

$$f(v_x) = \left(\frac{m}{2\pi kT}\right)^{\frac{1}{2}} e^{-\frac{m}{2kT}v_x^2} \tag{3.1.31}$$

$$f(v_y) = \left(\frac{m}{2\pi kT}\right)^{\frac{1}{2}} e^{-\frac{m}{2kT}v_y^2} \tag{3.1.32}$$

$$f(v_z) = \left(\frac{m}{2\pi kT}\right)^{\frac{1}{2}} e^{-\frac{m}{2kT}v_z^2} \tag{3.1.33}$$

3.2 用分子射线实验验证麦克斯韦速度分布律

1920年,斯特恩最早用实验方法测出了银蒸气分子的速率分布。其后又有很多人,包括我国物理学家葛正权,对不同物质的蒸气分子进行了更为精确的测定。精确度最高的是1956年进行的密勒-库什实验。下面分别介绍密勒-库什实验和葛正权实验。

3.2.1 密勒-库什实验

如图3.2.1所示,S是炽热的钍分子射线源,狭缝非常窄,少量分子的逸出将不会破坏容器气体的平衡态。这样获得的分子射线,是容器中平衡态下气体分子的取样,因而可测定射线中分子的速率分布就可以验证麦克斯韦分布律。C是一个可绕中心轴旋转的铝合金圆柱体,上面沿纵向刻有一系列长螺距的螺旋形细槽(图中只画出了一条),圆柱体的半径为r,长为L,在侧视图上,细槽两端对圆柱体轴线的张角为φ。S′是根据电离计原理制成的分子射线探测器,它可以通过钍分子电离空气产生的电流大小,测出进入探测器的钍分子射线的强度。

整个装置都放在抽成高真空的容器内。实验时,圆柱体以一定的角速度ω旋转,从加热的蒸气源逸出后进入沟槽的分子中,只有那些沿轴向通过距离L所用时间恰好等于圆柱体转动角度φ所需时间的分子,即速率满足式(3.2.1)的分子才能沿着沟槽进入探测器,即

$$\Delta t = \frac{L}{v} = \frac{\varphi}{\omega} \quad 或 \quad v = \frac{L\omega}{\varphi} \tag{3.2.1}$$

而其他速率的分子都会先后沉积在沟槽的侧壁上。事实上,由于沟槽有一定的宽度,相当于张

角 φ 有一定的偏差范围。实际进入探测器的分子的速率，将包含在 $v \sim v+\mathrm{d}v$ 的范围内。改变 ω 的大小，就能测出不同速率范围的钍分子射线强度，从而得到不同速率范围的分子数比率。实验表明，如果根据实验条件对实验数据进行必要的拟合，那么实验结果与麦克斯韦速率分布是符合得相当好的。

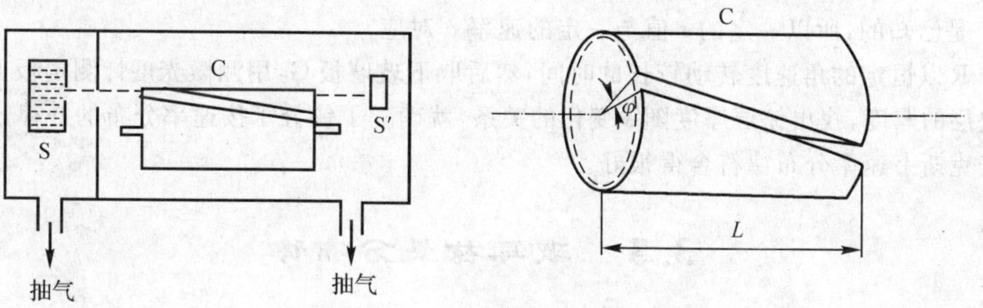

图 3.2.1　密勒-库什实验

3.2.2　葛正权实验

葛正权是在 1934 年测定铋(Bi)蒸气分子的速率分布的。其装置如图 3.2.2 所示，整个装置放置在真空中。实验时，如果圆桶 R 不动，则铋分子通过狭缝 S_3 进入 R 后，将沿着直线射向装在 R 内壁上的弯曲玻璃板 G 上，结果沉积在板上正对着 S_3 的 P 处，使那里全镀上一窄条铋。

当 R 以一定的角速度转动时，由于铋分子由 S_3 到达 G 需用一段时间，而在这段时间内，R 也转过一定角度，因而，铋分子不再沉积在板上 P 处。显然，不同速率的分子将沉积在不同的地方，速率大的分子由 S_3 到 G 所需的时间短，沉积在距 P 较近的地方，而速率小的分子则沉积在距 P 较远的地方 P′。

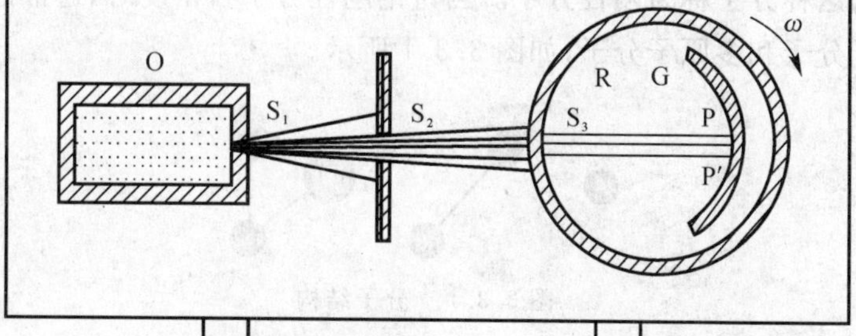

图 3.2.2　葛正权实验装置

设速率为 v 的分子沉积在 $\overset{\frown}{PP'}$ 处，以 s 表示弧长 $\overset{\frown}{PP'}$ 的长度，ω 表示 R 的角速度，D 表示 R 的直径，则铋分子由 S_3 到达 P' 处所需时间为

$$t=\frac{D}{v} \tag{3.2.2}$$

在这段时间内，R 所转过的角度为 $\theta=\omega t$，而弧长 $\overset{\frown}{PP'}$ 的长度为

$$s=\frac{D}{2}\theta=\frac{1}{2}D\omega t \tag{3.2.3}$$

由式(3.2.2)和式(3.2.3)中消去 t,即得

$$v=\frac{D^2\omega}{2s} \tag{3.2.4}$$

ω 和 D 是已知的,所以一定的 s 值与一定的速率 v 对应。

令 R 以恒定的角速度转动较长的时间,然后取下玻璃板 G,用测微光度计测定板上各处沉积的铋层的厚度,找出铋层厚度随 s 变化的关系,就确立了铋分子按速率分布的规律。实验结果与麦克斯韦速率分布律符合得很好。

3.3 玻耳兹曼分布律

在前面的讨论中,把分子假设为质点,只研究了分子的平均平动动能。实际上,气体分子具有一定的大小和内部结构,其运动形式可能既有平动,也有转动,构成分子的原子可能还有振动。这些运动形式都对应一定的能量,分子热运动的能量就包括这些运动形式的能量。

当研究气体的能量时,气体分子不能再看成质点,微观模型要修改,因为分子不仅有平动动能,还有转动动能和振动动能。将理想气体模型稍作修改,即将气体分为单原子分子气体、双原子分子气体和多原子分子气体。这样,气体分子除平动外,还有转动和分子内原子之间的振动。为用统计方法计算分子动能,首先介绍自由度的概念。

3.3.1 自由度

自由度是描述物体运动自由程度的物理量,例如,质点在三维空间的运动就比在一维直线上的运动来得自由。在力学中,**自由度是指决定一个物体的空间位置所需要的独立坐标数。**

一个分子的自由度与分子的具体结构有关。**如果不考虑组成分子的原子之间的相对运动(通常叫做振动),这种分子称为刚性分子。**当讨论刚性分子自由度时,通常把分子结构分为单原子分子、双原子分子和多原子分子,如图 3.3.1 所示。

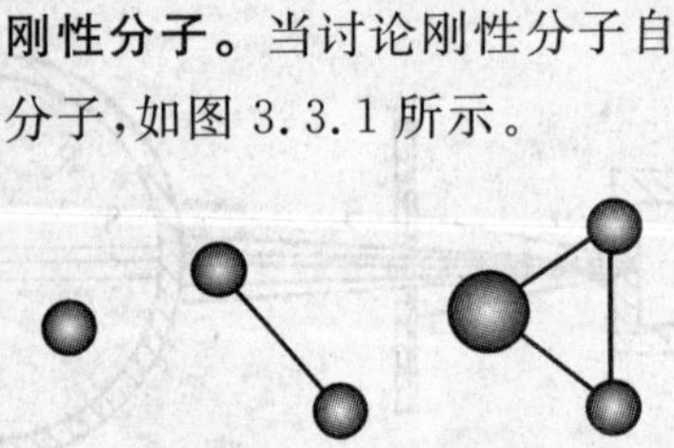

图 3.3.1 分子结构

在热力学中一般不涉及原子内部的运动,仍将原子当做质点而将分子当做是由原子质点构成的。要确定一个自由运动质点的空间位置需要 3 个独立坐标,因此,单原子分子的自由度是 3,即它有 3 个平动自由度 $t=3$,所以,自由度 $i=3$(见图 3.3.2)。

对于刚性双原子分子气体,其分子可看做两个原子(质点)被一条几何线连接,需要用 3 个坐标确定其中一个原子的位置,再用 2 个坐标确定两原子间的相对方位,因此,刚性双原子分子气体的自由度为 5:平动自由度 $t=3$,转动自由度 $r=2$,总自由度 $i=t+r=5$(见图 3.3.3)。

如果涉及更高的能量,则分子的振动自由度也可以激发,这时原子间能发生相对振动,双原子分子变成非刚性的。对于非刚性双原子分子,要加上一个坐标轴来确定两原子间的距离,

即增加一个振动自由度，质心的平动自由度 $t=3$，绕质心的转动自由度 $r=2$，（相对质心）振动自由度 $s=1$，$i=t+r+s=6$（见图 3.3.4）。

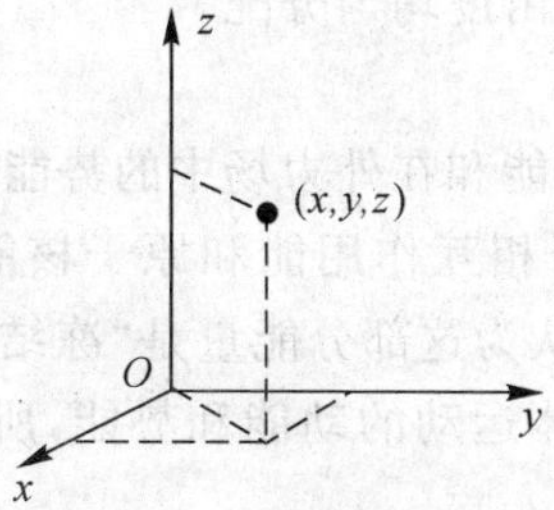

图 3.3.2　单原子分子

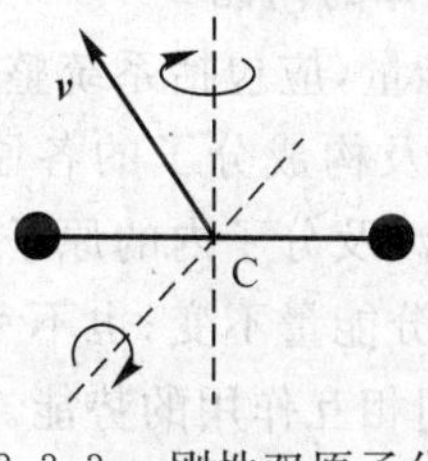

图 3.3.3　刚性双原子分子

对于刚性多原子分子，具有 3 个平动自由度和 3 个转动自由度，质心的平动自由度 $t=3$，绕质心的转动自由度 $r=3$，所以对多原子分子 $i=t+r=6$（见图 3.3.5）。

图 3.3.4　非刚性双原子分子

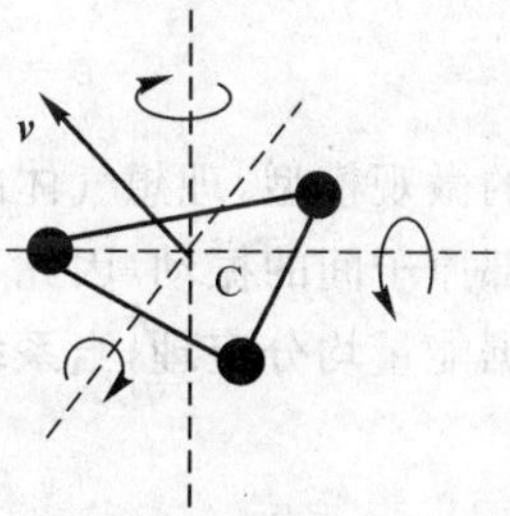

图 3.3.5　刚性多原子分子

3.3.2　能量均分定理

3.3.1 节讨论得到的理想气体的温度公式为

$$\varepsilon_t=\frac{1}{2}m\overline{v^2}=\frac{1}{2}m\overline{v_x^2}+\frac{1}{2}m\overline{v_y^2}+\frac{1}{2}m\overline{v_z^2}=\frac{3}{2}kT \tag{3.3.1}$$

根据分子热运动的等概率假设 $\overline{v_x^2}=\overline{v_y^2}=\overline{v_z^2}$，由式(3.3.1)可得

$$\frac{1}{2}m\overline{v_x^2}=\frac{1}{2}m\overline{v_y^2}=\frac{1}{2}m\overline{v_z^2}=\frac{1}{2}kT \tag{3.3.2}$$

式(3.3.2)表示，每一平动自由度上具有相同的平均平动动能，其值为 $kT/2$，这个结论虽然是对平动而言的，但可以推广到转动和振动。经典统计力学证明，**对于处于温度 T 的热平衡态下的物质系统（固、液、气），分子的每一个自由度都具有相同的平均动能，其值为 $kT/2$，这称为能量按自由度均分原理（此原理为统计规律）。**

自由度为 i 的分子的平均动能为

$$\varepsilon=ikT/2 \tag{3.3.3}$$

能量均分定理是关于分子热运动动能的统计规律，是对大量分子统计平均的结果。对于个别分子来说，在任一瞬时，它的各种形式动能之和完全可能与根据能量均分定理所确定的平均值有很大的差别，而且每一种形式动能也不可能按自由度均分。

对于大量分子整体来说，动能所以会按自由度均分是依靠分子的无规则碰撞实现的。在碰撞的过程中，一个分子的能量可以传递给另一个分子，一种形式的能量可以转化为另一种形式的能量，而且能量可以从一个自由度转移到另一个自由度。分配于某一种形式或某一个自由度上的能量多了，则在碰撞时能量由这种形式、这一自由度转到其他形式或其他自由度的概率就比较大，因此，当达到平衡状态时，能量就按自由度均匀分配。

3.3.3 理想气体的内能

一个系统的总能量，应包括系统整体的平动动能和在外力场中的势能，系统内部分子运动动能、分子间势能以及构成分子的各原子能、原子相互作用能和原子核能量等，情况比较复杂。但在热学中，不涉及分子内的原子能和核能，认为这部分能量是“冻结”的，即当热力学系统状态改变时，这部分能量不变；也不考虑系统整体运动的动能和势能，所涉及的仅是其中分子运动能量和分子间相互作用的势能。

热运动系统的内能定义为系统内热运动能量的总和。对于实际气体来说，它的内能通常包括所有分子的平动动能、转动动能、振动动能及振动势能。由于分子间存在着相互作用的保守力，因此还具有**分子之间的势能，所有分子的各种形式的动能和势能的总和称为气体的内能。**

$$\varepsilon=\frac{(t+r+2s)}{2}kT \tag{3.3.4}$$

根据理想气体的微观模型，理想气体的分子间无相互作用，因此，分子之间没有势能。又由于不考虑分子内部原子间的振动，因此，其**理想气体平衡态的内能只是所有分子平动动能和转动动能之和。**根据能量均分定理，当系统处在温度为T的平衡态时，每个分子的平均总能量为

$$\bar{\varepsilon}=\frac{i}{2}kT \tag{3.3.5}$$

1mol 分子平均总能量为

$$u=N_A\bar{\varepsilon}=iRT/2 \tag{3.3.6}$$

质量为m，摩尔质量为M的理想气体的内能为

$$U=\frac{m}{M}u=\frac{m}{M}\ \frac{i}{2}RT \tag{3.3.7}$$

应当指出，能量均分定理是对大量分子统计平均的结果。就某单个分子或少数分子来说，其能量并不一定按自由度平均分配。式(3.3.7)表明，内能仅与自由度和温度有关，所以将“理想气体的内能只是温度的单值函数”作为理想气体的定义。在平衡态下一定质量的某种理想气体的内能，仅取决于系统的温度，与压强和体积无关。当气体的温度改变ΔT时，内能的变化为

$$\Delta U=\frac{m}{M}\ \frac{i}{2}R\Delta T \tag{3.3.8}$$

例 3.3.1 一种理想气体，在温度为 273 K，压强为 1.013×10^3 Pa 时，密度为 1.24×10^{-2} kg·m^{-3}。

试问：(1) 这是什么气体？

(2) 分子的平均平动动能和平均转动动能是多少？

(3) 单位体积内分子的平均平动动能和平均转动动能是多少？

(4) 1mol 这种气体的内能是多少？

解 (1) 气体的摩尔质量为

$$M=\frac{mRT}{pV}=\frac{\rho RT}{p}=\frac{1.24\times10^{-2}\times8.31\times273}{1.013\times10^{3}}=2.8\times10^{-3}\text{kg}\cdot\text{mol}^{-1} \tag{1}$$

故这是氮气(N_2)。

(2)N_2 是双原子分子，自由度为 $i=5$，其中，平动自由度为 3，转动自由度为 2，故根据能量均分定理有

$$\varepsilon_t=3kT/2=1.5\times1.38\times10^{-23}\times273=5.651\ 1\times10^{-21}\text{J} \tag{2}$$

$$\varepsilon_r=2kT/2=1.38\times10^{-23}\times273=3.767\ 4\times10^{-21}\text{J} \tag{3}$$

(3) 设 n 为单位体积内的分子数，则单位体积内分子的平均平动动能和转动动能分别为

$$n\varepsilon_t=3nkT/2=3p/2=1.519\ 5\times10^{5}\ \text{J}\cdot\text{m}^{-3} \tag{4}$$

$$n\varepsilon_r=2nkT/2=p=1.013\ 6\times10^{5}\ \text{J}\cdot\text{m}^{-3} \tag{5}$$

(4)1mol 这种气体的内能为

$$u=iRT/2=2.5\times8.31\times273=5.671\ 6\times10^{3}\text{J} \tag{6}$$

例 3.3.2　当温度为 273K 时，分别求氦、氢、氧、氨、氯和二氧化碳等气体各 1mol 的内能。问温度升高 1K 时，内能各增加多少？(双原子以上分子均视为刚性分子)

解　按题意，对单原子气体的分子按 3 个平动自由度计算分子的平均动能，对双原子或多原子气体按 6 个自由度计算分子平均动能。按上述公式，1mol 理想气体的内能为

$$u=\frac{1}{2}(t+r+s)RT \tag{1}$$

可算 273 K 时，1 mol 理想气体的内能分别为

$$u=\frac{3}{2}\times8.31\times273=3.41\times10^{3}\ \text{J} \tag{2}$$

双原子气体：

$$u=\frac{5}{2}\times8.31\times273=5.68\times10^{3}\ \text{J} \tag{3}$$

三原子以上的气体：

$$u=\frac{6}{2}\times8.31\times273=6.81\times10^{3}\ \text{J} \tag{4}$$

由内能量变化 $\Delta u=\frac{1}{2}(t+r+s)R\Delta T$，可得到温度每升高 1K 时，1mol 理想气体的内能增加 $(t+r+s)R/2$。

单原子气体：

$$\Delta u=\frac{3}{2}\times8.31\times1=12.5\ \text{J} \tag{5}$$

双原子气体：

$$\Delta u=\frac{5}{2}\times8.31\times1=20.8\ \text{J} \tag{6}$$

三原子以上气体：

$$\Delta u=\frac{6}{2}\times8.31\times1=24.9\ \text{J} \tag{7}$$

习　　题

3.1　设有一群粒子按速率分布如下：

粒子数 N_i	2	4	6	8	2
速率 $v_i/(\mathrm{m\cdot s^{-1}})$	1.00	2.00	3.00	4.00	5.00

试求：

(1) 平均速率 $\bar{v}$；

(2) 方均根速率 $\sqrt{\overline{v^2}}$。

(3) 最可几速率 v_p。

3.2　计算当温度为 300K 时，氧分子的最可几速率、平均速率和方均根速率。

3.3　计算氧分子的最可几速率，设氧气的温度分别为 100K，1 000K 和 10 000K。

3.4　某种气体分子在温度 T_1 时的方均根速率等于温度 T_2 时的平均速率，求 T_2/T_1 的值。

3.5　求 273K 时 $1.0\times10^{-6}\mathrm{m^3}$ 氮气中速率在 $500\mathrm{m\cdot s^{-1}}$ 到 $501\mathrm{m\cdot s^{-1}}$ 之间的分子数(在计算中可将 $\mathrm{d}v=1\mathrm{m\cdot s^{-1}}$)。

3.6　设氮气的温度为 573K，求速率在 $3\,000\mathrm{m\cdot s^{-1}}$ 到 $3\,010\mathrm{m\cdot s^{-1}}$ 之间的分子数 ΔN_1 与速率在 $1\,500\ \mathrm{m\cdot s^{-1}}$ 到 $1\,510\ \mathrm{m\cdot s^{-1}}$ 之间的分子数 ΔN_2 之比。

3.7　试就下列几种情况，求气体分子数占总分子数的比率是多少：

(1) 速率在区间 $1\ v_p\sim1.01\ v_p$ 内；

(2) 速度分量 v_x 在区间 $1\ v_p\sim1.01v_p$ 内；

(3) 速度分量 v_x,v_y,v_z 同时在区间 $1\ v_p\sim1.01v_p$ 内。

3.8　根据麦克斯韦速率分布函数，计算足够多的点，以 $\mathrm{d}N/\mathrm{d}v$ 为纵坐标，v 为横坐标，作 1mol 氧气在 100K 和 400K 时的分子速率分布曲线。

3.9　根据麦克斯韦速率分布律，求速率倒数的平均值 $\overline{\frac{1}{v}}$。

3.10　一容器的器壁开有一直径为 $2.0\times10^{-4}\mathrm{m}$ 的小圆孔，容器内储存有 373K 的水银，容器外被抽成真空，已知水银在此温度下的蒸气压为 37Pa，求：

(1) 容器内水银蒸气分子的平均速率是多少；

(2) 每小时有多少克水银从小孔逸出。

3.11　一容器被一隔板分成两部分，其中气体的压强、分子数密度分别为 p_1,n_1,p_2,n_2。两部分气体的温度相同，都等于 T。摩尔质量均为 M。试证明，如隔板上有一面积为 A 的小孔，则每秒通过小孔的气体质量为 $m=\sqrt{\dfrac{M}{2\pi RT}}A(p_1-p_2)$。

3.12　有 N 个粒子，其速率分布函数为

$$\begin{cases}f(v)=\dfrac{\mathrm{d}N}{N\mathrm{d}v}=C & (v_0>v>0)\\ f(v)=0 & (v>v_0)\end{cases}$$

(1) 作速率分布曲线。

(2) 由 N 和 v_0 求常数 C 的值。

(3) 求粒子的平均速率是多少。

3.13　证明:麦克斯韦速率分布函数可以写为 $\frac{\mathrm{d}N}{\mathrm{d}x}=F(x^2)$,其中,$x=\frac{v}{v_p}$,$v_p=\sqrt{\frac{2KT}{m}}$,$F(x^2)=\frac{4N}{\sqrt{\pi}}x^2\mathrm{e}^{-x^2}$。

3.14　求速度分量 v_x 大于 $2v_p$ 的分子数占总分子数的比率。

3.15　设气体总分子数为 N,求速率大于某一给定值的分子数。设:

(1)$v=v_p$;

(2)$v=2v_p$。

具体算出结果。

3.16　求速率大于任一给定值 v 的气体分子每秒与单位面积器壁的碰撞次数。

3.17　1mol 温度为 T_1 的氢气与 2mol 温度为 T_2 的氦气混合后的温度为多少?

3.18　某刚性双原子理想气体,处于 273K。试求:

(1) 分子平均平动动能;

(2) 分子平均转动动能;

(3) 分子平均动能;

(4) 分子平均能量;

(5) 1/2mol 的该气体内能。

第 4 章　气体内的输运过程

前面三章，详细分析讨论了有关理想气体系统平衡态的若干问题，可以说对平衡态的统计特性已有了较全面的了解。平衡态是一种理想状态，因为有能量的转换，受到力的作用有动量改变，有热的传递和热量的转换，甚至系统开放直接交换物质，这样一来，系统要实现早期平衡就不太容易了。当然也可以这样设想，例如，热量交换，损失了多少热量就补充多少热量，系统仍能维持平衡吗？姑且不论这是否与平衡态的概念相等，首先损失热量的地方和补充热量的地方不会在同一位置，这就有一个热量输运的过程问题，这时显然不能作平衡态处理，而是平衡态被打破，属于非平衡的问题了。所以只要有动量、热量和质量等的转换，平衡态就不成立，就是非平衡态问题。那么非平衡态就是一个过程，最终可以在新的条件下达到新的平衡。因此，实际有价值的问题，是系统在外界的作用下，出现了不平衡，从而成为从一个平衡态转变成另一个平衡态的过程，即输运过程，这是应当树立的第一个观念。输运过程的问题是非平衡态的问题，这类问题无非有两种情况：其一，过程进行得非常剧烈和迅速，例如，氢氧混合而发生爆炸，内燃机汽缸内气体的爆炸膨胀，这些过程中每时每刻的状态都极大地偏离了平衡态，称为远离平衡态问题。人们对这类问题的研究无论是在方法上还是理论上都是不成熟的。20世纪 70 年代的比利时科学家普里高津提出了耗散结构理论以及西德激光专家哈肯的协同学对解决这些问题取得了一些建设性的突破，但是由于涉及较深的物理机制和深奥的数学理论，这里的重点是放在第二种情况。其二，过程进行得相对缓慢和微弱，这时每时每刻仍不是平衡态，但可认为大系统内的各局部区域近似为平衡态，从而可以把平衡态中的一些理论加以推广应用，所以称近平衡态问题或近平衡态过程，有时又叫非线性平衡过程。这样一来，解决这类问题就不难了，物理意义明确，定律形式简单，但因为用到了平衡态的一些知识来解决不是平衡态的问题，所以其结果也不是很准确的。

4.1　气体分子的平均自由程

室温下气体分子热运动的平均速率 v 大约为 $10^2 \sim 10^3\,\mathrm{m \cdot s^{-1}}$。根据这个速率来判断，气体中的扩散、热传导等过程似乎都应进行得很快。但实际情况并非如此，气体的混合（扩散过程）就进行得相当缓慢。例如，香水喷出后，香味要经过几分钟的时间才能传过几米的距离。其原因是，在分子由一处（如图 4.1.1 所示的 A 点）移至另一处的过程中，它要不断地与其他分子碰撞，这就使分子沿着迂回的折线前进。因此，气体的扩散、热传导过程等进行的快慢都与分子相互碰撞的频繁程度有关。

4.1.1　平均碰撞频率与平均自由程

气体分子在与其他分子的频繁碰撞中，在连续两次碰撞之间所经过的自由路程的长短是不同的，经历的时间也不同，如图 4.1.1 所示。虽然不可能也没有必要一个一个地求出这些距离和时间，但可以用统计的方法求出在 1 s 内，一个分子与其他分子的平均碰撞次数及连续两次碰撞间自由运动的平均路程。**单位时间内一个气体分子与其他分子碰撞的平均次数叫做分子的平均碰撞频率**，用 $\bar{Z}$ 表示。**分子在相继两次碰撞之间能自由通过的路程叫自由程，分子在两次碰撞之间自由运动的平均路程叫做分子的平均自由程**，用 $\bar{\lambda}$ 表示。若用 $\bar{v}$ 表示分子的平均速率，显然有

$$\bar{\lambda}=\frac{\bar{v}}{\bar{Z}} \tag{4.1.1}$$

平均自由程和碰撞频率的大小反映了分子间碰撞的频繁程度。在分子平均速率一定的情况下，分子间的碰撞越频繁，则碰撞频率越大，平均自由程越小。平均自由程和碰撞频率的大小是由气体的性质和状态决定的。

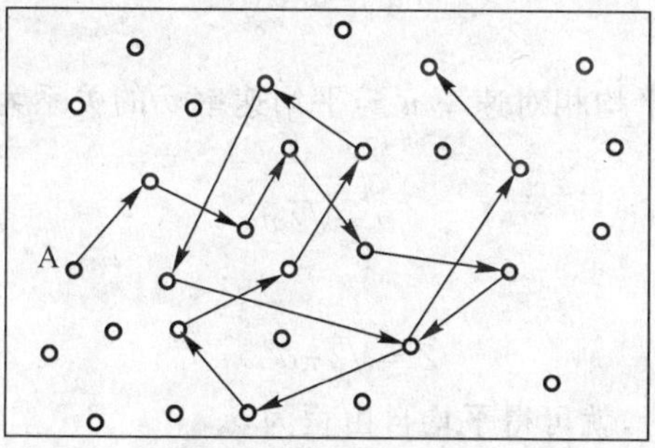

图 4.1.1　分子运动

4.1.2　平均碰撞频率与平均自由程的关系

下面，推导平均碰撞频率 $\bar{Z}$ 的表达式。将气体分子看做是具有一定直径 d 的刚球，现在假设其他分子静止不动，跟踪分子 A，A 以平均相对速率 $\bar{u}$ 运动。在分子 A 的运动过程中，所有能与 A 相碰的分子，它们的中心与 A 的中心之间的距离必定等于分子的有效直径 d。于是，若以 A 的中心的运动轨迹为轴线，以分子有效直径 d 为半径，作一个曲折的圆柱体，则凡是中心在圆柱体内的分子都会与 A 相碰（见图 4.1.2）。**这个柱体的截面积 $\sigma=\pi d^2$ 叫做分子的碰撞截面。**

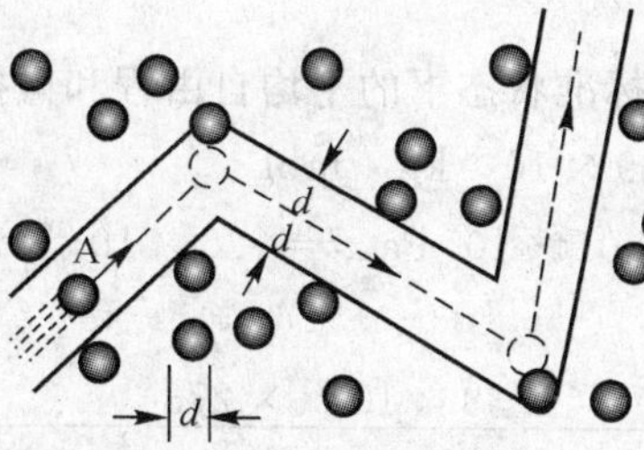

图 4.1.2　分子碰撞

在时间 dt 内，分子 A 所走过的路程为 $\bar{u}dt$，相应的圆柱体的体积为 $\sigma\bar{u}dt$，若以 n 表示气体单位体积内的分子数，则体积为 $\sigma\bar{u}dt$ 的圆柱体的分子数为 $n\sigma\bar{u}dt$，这个数也就是 dt 时间内 A 分子与其他分子碰撞的次数。所以，单位时间内 A 分子与其他分子碰撞的平均次数即碰撞频率

$\overline{Z}$ 为

$$\overline{Z}=n\sigma\overline{u}=\pi d^2\overline{u}n \tag{4.1.2}$$

利用麦克斯韦速度分布律可以证明 u 与 $\overline{v}$ 关系，设任意两分子的速度为 $\boldsymbol{v}_1$，$\boldsymbol{v}_2$，相对运动速度为 $\boldsymbol{u}=\boldsymbol{v}_1-\boldsymbol{v}_2$，有

$$u^2=\boldsymbol{u}\cdot\boldsymbol{u}=v_1^2+v_2^2-2v_1v_2\cos\theta \tag{4.1.3}$$

取统计平均值

$$\overline{u^2}=\overline{v_1^2}+\overline{v_2^2}-2v_1v_2\cos\bar{\theta} \tag{4.1.4}$$

碰撞夹角 θ 有各种可能（$0\sim180°$），而平均来说是 $90°$，取 $\bar{\theta}=90°$，$v_1v_2\cos\bar{\theta}=0$，$\overline{v_1^2}=\overline{v_2^2}=\overline{v^2}$ 因此

$$\overline{u^2}=2\,\overline{v^2} \tag{4.1.5}$$

又 $\dfrac{\overline{v}}{\overline{u}}=\dfrac{\sqrt{\overline{v^2}}}{\sqrt{\overline{u^2}}}$ 得气体分子的平均相对速率 $\overline{u}$ 与平均速率 $\overline{v}$ 的关系为

$$\overline{u}=\sqrt{2}\,\overline{v} \tag{4.1.6}$$

于是平均碰撞频率为

$$\overline{Z}=\sqrt{2}\,\pi d^2\overline{v}n \tag{4.1.7}$$

利用式(4.1.7)与式(4.1.1)，就可得平均自由程为

$$\bar{\lambda}=\frac{\overline{v}t}{\overline{Z}t}=\frac{1}{\sqrt{2}\,\pi d^2 n} \tag{4.1.8}$$

4.1.3 平均自由程与压强、温度的关系

再利用理想气体状态方程 $p=nkT$，$\bar{\lambda}$ 又可表示为

$$\bar{\lambda}=\frac{kT}{\sqrt{2}\,\pi d^2 p} \tag{4.1.9}$$

当温度不变时，压强越大，分子间碰撞越频繁。平均自由程与平均速率无关，与分子有效直径及分子数密度有关。在标准状态下，多数气体平均自由程 $\bar{\lambda}$ 的数量级为 10^{-8} m，只有氢气约为 10^{-7} m。一般 d 的数量级为 10^{-10} m，故 $\bar{\lambda}\gg d$。可求得 $\overline{Z}\sim10^{9}\ \mathrm{s^{-1}}$。每秒钟一个分子竟发生几十亿次碰撞！

例 4.1.1 计算空气分子在标准状态下的平均自由程和碰撞频率，取分子的有效直径 $d=3.5\times10^{-10}$ m，摩尔质量为 $M=29\times10^{-3}\ \mathrm{kg\cdot mol^{-1}}$。

解 已知，$T=273\mathrm{K}$，$p=1.01\times10^5$ Pa，$d=3.5\times10^{-10}$ m，$k=1.38\times10^{-23}\ \mathrm{J\cdot K^{-1}}$ 代入式(4.1.9)，得

$$\bar{\lambda}=\frac{kT}{\sqrt{2}\,\pi d^2 p}=\frac{1.38\times10^{-23}\times273}{\sqrt{2}\times3.14\times(3.5\times10^{-10})^2\times1.01\times10^5}=6.9\times10^{-8}\ \mathrm{m} \tag{1}$$

另由 $\overline{v}=\sqrt{\dfrac{8RT}{\pi M}}$ 可得 $\overline{v}=448\ \mathrm{m\cdot s^{-1}}$，有

$$\overline{Z}=\frac{\overline{v}}{\bar{\lambda}}=\frac{448}{6.9\times10^{-8}}=6.5\times10^{9}\ \mathrm{s^{-1}} \tag{2}$$

可见，平均地讲每个分子每秒与其他分子碰撞 65 亿次。

4.2　输运过程的宏观规律

平衡态只是物体系的一种特殊态，是一种暂时现象。在许多实际问题中，都牵涉到气体在非平衡态下的变化过程，这种过程是由气体内部的某种不均匀性造成的。

系统各部分的物理性质，如流速、温度或密度不均匀时，系统处于非平衡态。非平衡态问题是至今没有完全解决的问题。**在孤立系统中，由于动量、能量、质量等的传递，各部分之间的宏观相对运动，其温度差异、密度差异将逐渐消失，系统将从非平衡态过渡到平衡态，这些过程统称为输运过程。**当气体各层流速不同时，发生黏滞现象；当气体各处温度不均匀时，发生热传导过程；当气体各处密度不均匀时，发生扩散过程。这三种过程统称为**气体内的输运过程。**下面介绍黏滞现象、热传导现象和扩散现象三种输运过程的基本规律。从表面上看黏滞现象、热传导现象和扩散现象这三种输运过程是不相同的，引起的原因和转移的内容都不一样，但实际上有形式类似的宏观规律。

4.2.1　黏滞现象

1. 黏滞现象

在力学中就已讨论过黏滞现象，例如，搅动清水比搅动食物油容易，这是黏滞现象；河流中的水，中间湍急，岸边逐渐减缓，就是因为邻近不同部分的水因流速不同而内部存在着相互作用力，其结果是速度小的部分阻碍速度大的部分，而速度大的部分又带动了速度小的邻近部分缓慢流动，即快的部分将动量转移给缓的邻近部分，最终形成了水流的流速分布，即流速在不同地方其值不等、不均匀，这是黏滞现象。对于气体也有同样的现象，如图 4.2.1 所示，不妨认为是大气的情况，在 z_0 处考虑一横截面 dS 把大气分成 A 和 B 上、下两部分，设 A 流动较慢，宏观速度 u 较小，B 流动较快，宏观速度 u 较大，为叙述方便，认为宏观速度只沿着 y 轴正向，同样，其他地方的流速 u 也有差异，易见，B 部分企图拖动 A 部分让 A 加速，而 A 部则对 B 部有一阻力，可见，也存在着因宏观速度不同而在内部存在着相互作用力，这也是黏滞现象。**当气体各层流速不同时，通过任一平行于流速的截面，相邻两部分气体将沿平行于截面方向互施作用力，结果使得流动慢的气层加速，使流动快的气层减速。这种相互作用力称为内摩擦力，也叫做黏滞力。这种现象称为内摩擦现象，也叫做黏滞现象。**

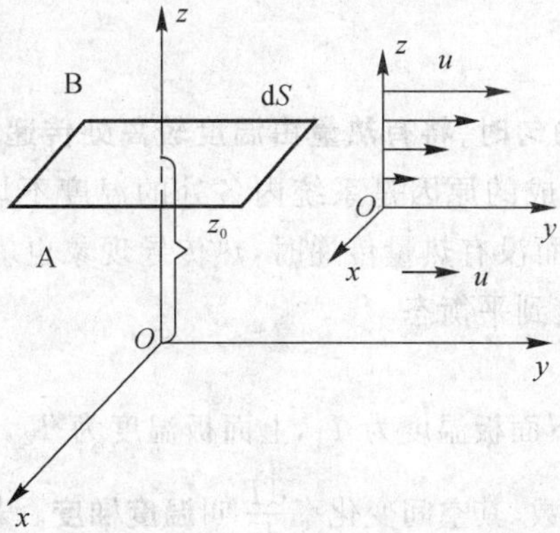

图 4.2.1　黏滞现象

不难看到，宏观速度的不均匀分布是形成黏滞现象的原因，而动量的定向转移是现象，当各处的速度再度分布而没有动量转移时，黏滞现象就终止了。因此，输运的结果，是使系统从一个平衡态过渡到另一个平衡态的过程。为了反映形成黏滞现象的原因，即速度不均匀性，用速度梯度来描述。

2. 牛顿黏滞定律

设气体平行于 xOy 平面沿 y 轴正方向流动，流速 u 随 z 逐渐增大，如图 4.2.1 所示。如在 $z=z_0$ 处垂直于 z 轴作一截面将气体分成 A，B 两部分，则 A 部将施予 B 部一平行于 y 轴负方向的力，而 B 部将施予 A 一大小相等、方向相反的力。如用 $\mathrm{d}S$ 表示所取截面积的大小，速度 u 是位置 z 的函数，其空间**变化率 $\frac{\mathrm{d}u}{\mathrm{d}z}$ 叫做速度梯度**。若速度均匀一致，则 $\frac{\mathrm{d}u}{\mathrm{d}z}=0$；若速度随空间位置作线性变化，则 $\frac{\mathrm{d}u}{\mathrm{d}z}$ 为一常数；若速度的变化是非线性的，则不同点处有不同的 $\frac{\mathrm{d}u}{\mathrm{d}z}$ 值。为使这一规律有普遍的意义，记点 z_0 处的速度梯度为 $\left(\frac{\mathrm{d}u}{\mathrm{d}z}\right)_{z_0}$。

在气体流动中，流动较慢的 A 层和流动较快的 B 层互施摩擦力，这个力是阻碍 B 层流动的，就好像要使 B 黏在 A 层上一样，所以内摩擦力叫黏滞力，记为 f，根据实验分析，以 $\mathrm{d}S$ 为截面积 z_0 处的梯度为 $\left(\frac{\mathrm{d}u}{\mathrm{d}z}\right)_{z_0}$，则 z_0 处的两部分之间的黏滞力为

$$f=\eta\left(\frac{\mathrm{d}u}{\mathrm{d}z}\right)_{z_0}\mathrm{d}S \tag{4.2.1}$$

式(4.2.1)**称为牛顿黏滞定律。η 称为黏滞系数**，其单位是 $\mathrm{N\cdot s\cdot m^{-2}}$，代表单位截面积单位速度梯度的黏滞力。

从力学知道，力的作用结果是使系统的动量发生变化，因此，这个定律常以动量的形式表示。如果用 $\mathrm{d}K$ 表示在 $\mathrm{d}t$ 时间内通过 $\mathrm{d}S$ 面沿 z 轴正方向输运的动量，则根据动量定理 $\mathrm{d}K=f\mathrm{d}t$，可得

$$\mathrm{d}K=f\mathrm{d}t=-\eta\left(\frac{\mathrm{d}u}{\mathrm{d}z}\right)_{z_0}\mathrm{d}S\mathrm{d}t \tag{4.2.2}$$

负号表明动量沿着速度减小的方向输运。

4.2.2 热传导现象

1. 热传导现象

当物体内各部分温度不均匀时，将有热量由温度较高处传递到温度较低处，这种现象叫做热传导现象。显然，热传导形成的原因是系统内各处的温度不均匀，热传导的热量转移是现象，而当各处的温度再度分布而没有热量传递时，热传导现象也就终止了。这进一步说明输运的结果是系统由非平衡态过渡到平衡态。

2. 傅里叶热传导定律

设气体装在两平板之间，下面板温度为 T_1，上面板温度为 T_2，上面板温度高，各层气体的温度不同。温度 T 是位置 z 的函数，其空间变化率 $\frac{\mathrm{d}T}{\mathrm{d}z}$ 叫**温度梯度**。若温度各处一致，则 $\frac{\mathrm{d}T}{\mathrm{d}z}=0$；若温度随空间位置作线性变化，则 $\frac{\mathrm{d}T}{\mathrm{d}z}$ 为一常数；若温度变化是非线性的，则不同点处有不同的 $\frac{\mathrm{d}T}{\mathrm{d}z}$

值。为使这一规律有普遍意义，记点 z_0 处的温度梯度为 $\left(\frac{\mathrm{d}T}{\mathrm{d}z}\right)_{z_0}$。在气层 z_0 处取一平面 $\mathrm{d}S$，上、下两部分的温度不等，则有热量从 $\mathrm{d}S$ 传递，在 $\mathrm{d}t$ 时间内通过 $\mathrm{d}S$ 面沿 z 轴输运的热量为

$$\mathrm{d}Q=-\kappa\left(\frac{\mathrm{d}T}{\mathrm{d}z}\right)_{z_0}\mathrm{d}S\mathrm{d}t \tag{4.2.3}$$

称为**傅里叶热传导定律**。负号表示热量向温度减小的方向输运。**κ 称为导热系数，或叫热传导系数**，其单位是 $\mathrm{W\cdot m^{-1}\cdot K^{-1}}$。$\kappa$ 表示单位时间、单位面积、单位温度梯度上所输运的热量。气体内的热传导过程是分子热运动平均动能输运的宏观表现。

4.2.3　扩散现象

1. *扩散现象*

当两种物质混合时，如果其中一种物质在各处的密度不均匀，这种物质将从密度大的地方向密度小的地方散布，这种现象叫做扩散。扩散也是常见的现象，但人们不像对前两种输运过程的现象那样作细致的推想，因此，有必要重新认识一下这类现象，我们只考虑气体的扩散。在房间里打开一瓶氨水，瓶附近氨分子密集，远处暂时没有氨分子，这时氨分子的密度不均匀，所以氨气向远处扩散，整个房间都充满氨气，这是最常见的扩散现象。这里研究的是纯扩散 —— 仅仅是由于分子的无规则运动和碰撞引起的扩散过程，即混合气体各处的密度、压强、温度都相同，只是组成混合气体的各组分密度不均匀。

2. *斐克扩散定律*

如图 4.2.2 所示，$C^{12}O_2$ 和 $C^{14}O_2$ 先隔开，两边的 p，T 相同（n 也相同），但是因 $\rho=mn$ 不同而引起的扩散就是单纯的扩散。将隔板抽开，密度梯度就形成了。在限制的体积内，$C^{14}O_2$ 或 $C^{12}O_2$ 的密度不均匀，往上 $C^{14}O_2$ 减少，$C^{12}O_2$ 增多，反之亦然。为反映密度与高度的关系，用密度梯度来描述。密度 ρ 是高度的函数，以 $\frac{\mathrm{d}\rho}{\mathrm{d}z}$ 来表示其变化的程度，叫做**密度梯度**，在高度 $z=z_0$ 处的密度记为 $\left(\frac{\mathrm{d}\rho}{\mathrm{d}z}\right)_{z_0}$。

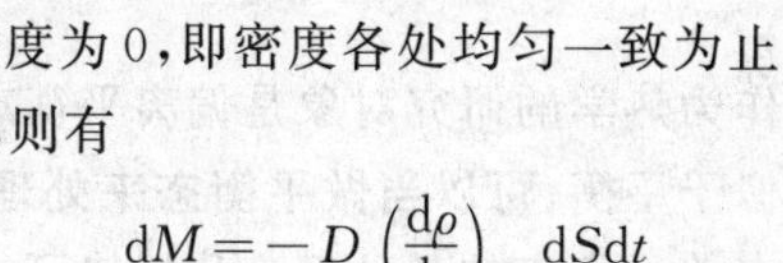

图 4.2.2　扩散过程

在封闭的系统中不受外界的影响，密度不均匀的状态不能维持下去，密度低的区域内密度增大，反之亦然，最后到密度梯度为 0，即密度各处均匀一致为止，由实验知道，以 $\mathrm{d}M$ 表示在 $\mathrm{d}t$ 时间内通过 $\mathrm{d}S$ 面变换的质量，则有

$$\mathrm{d}M=-D\left(\frac{\mathrm{d}\rho}{\mathrm{d}z}\right)_{z_0}\mathrm{d}S\mathrm{d}t \tag{4.2.4}$$

这就是**斐克扩散定律**。**D 称为扩散系数**，其单位为 $\mathrm{m^2\cdot s^{-1}}$，表示 z_0 处单位梯度、单位时间、单位面积上转移的质量。

三个输运过程都有相似的宏观规律，某个物理量的空间不均匀性是形成输运过程的原因，梯度就是这种不均匀性的定量反应。什么量的梯度就是什么量的不均匀性，而输运的结果就是消除这些不均匀性，从而使系统达到新的平衡态，所以，当梯度为零的时候输运过程就结束

了。公式中的梯度既反映了输运的起因,又反映了输运的趋势和最终结果。具体地说,负号表示输运沿梯度的负方向进行,或者说是向少量方向进行。而输运系数则反映了输运进行的快慢程度,它是由气体系统本身的性质和外界提供的条件所决定的。三个系数和三个梯度一起表现了三种过程的物理本质。

4.3 输运过程的微观解释

当气体内部存在着不均匀性时,一般可以说,各处的分子就具有不同的特点,热运动使分子由一处转移到另一处,结果就使各处的特点不断混合起来。因此,原来存在着不均匀性的气体,由于各处气体的这种不断的相互混合,就会逐渐趋于均匀一致。

在研究输运过程中,还必须注意到分子间碰撞的越频繁,分子运动所遵循的路线就越曲折,分子由一处转移到另一处所需的时间也就越长,分子的混合就进行得越缓慢,因此,分子间相互碰撞的频繁程度直接决定着输运过程的强弱。

4.3.1 三种输运过程的实质

1. 输运过程的宏观规律

$$dY = -\alpha\left(\frac{dX}{dz}\right)_{z_0} dSdt \tag{4.3.1}$$

式(4.3.1)适用于黏滞现象、热传导现象和扩散现象,这里的不均匀性 X 指速度 u、温度 T 和密度 ρ,输运的量 Y 指动量 dK、热量 dQ 和质量 dM。

2. 输运过程的实质

这三种输运过程可以说是输运的共性反映在三个具体过程之中,这三种过程的宏观规律的形式完全相似,意义也相似。**黏滞现象**是因为**宏观速度**的不均匀性造成**动量**的定向转移。**热传导现象**是因为**宏观温度**的不均匀性造成**热量**的定向转移。**扩散现象**是因为**宏观密度**的不均匀性造成**质量**的定向转移。

4.3.2 四个基本假设

分子热运动和分子间的碰撞是进行输运过程的内部动因,热运动的曲折路线和碰撞的频率程度决定了系统内搅拌的强弱,从而影响着输运过程的快慢,因此,必须首先考虑分子的热运动和碰撞。但这里严格地讲已不属于平衡态的问题,所以首先要对这种情况进行说明和限制。这就是四个基本假设:局域平衡假设、统计性假设、一次碰撞“同化”假设和分子的有效直径 d(或有效截面 σ) 恒定不变假设。

1. 局域平衡假设

系统内部是非平衡态,但作为热学的研究对象是偏离平衡态不远的情况。这时,**系统内部整体不平衡,但局部区域内近似于平衡,可以当做平衡态来处理,称之为局域平衡。**当然这也就成了近似的初级理论,这时有关平衡态的各种理论和规律可以推广到局域平衡区域内,因此有第二个假设。

2. 统计性假设

在局域内,可当做平衡态处理,由热运动的无规律性,则向各个方向运动的概率均等,所以气体在空间的六个方向运动的分子数目相同,都等于分子总数的 1/6,因此,以下统计结果可以成立。描述分子无规则运动的某些物理量如自由程、速度、能量、动量等在初级理论中都可取统计平均值。具体地说，所有的分子都以平均速率 $\bar{v}$ 运动；所有的分子的平均自由程等于平均自由程 $\bar{\lambda}$；所有的分子的能量都等于平均能量 $\bar{E}$。在 $\mathrm{d}t$ 时间内，截面 $\mathrm{d}S$ 把大气分成 A 和 B 上、下两部分，两部分分子的数密度和平均速率分别为 n_A，n_B 和 $\bar{v}_\mathrm{A}$，$\bar{v}_\mathrm{B}$，于是通过 $\mathrm{d}S$ 面的分子数则为

$$\mathrm{d}N_\mathrm{A}=\frac{1}{6}n_\mathrm{A}\bar{v}_\mathrm{A}\mathrm{d}S\mathrm{d}t,\quad \mathrm{d}N_\mathrm{B}=\frac{1}{6}n_\mathrm{B}\bar{v}_\mathrm{B}\mathrm{d}S\mathrm{d}t \tag{4.3.2}$$

即位于以 $\bar{v}\mathrm{d}t$ 为底的体积内的分子数的 $\frac{1}{6}$。在黏滞现象中各处温度、压强均匀，即有 $n_\mathrm{A}=n_\mathrm{B}=n$，$\bar{v}_\mathrm{A}=\bar{v}_\mathrm{B}=\bar{v}$，所以 $\bar{v}_\mathrm{A}n_\mathrm{A}=\bar{v}_\mathrm{B}n_\mathrm{B}=n\bar{v}$，则

$$\mathrm{d}N=\frac{1}{6}n\bar{v}\mathrm{d}S\mathrm{d}t \tag{4.3.3}$$

3. 一次碰撞"同化"假设

各局域的平衡态不完全相同，一个分子从一个局域到另一个局域，要经过若干次碰撞才会丢掉原来局域的特征，从而具有后来局域的特征。在初级理论中为了简化，假定**分子从一个局域只要经过一次碰撞就会具有后来局域的特征，这叫做一次碰撞"同化"。**

4. 分子的有效直径 d(或有效截面 σ) 恒定不变假设

因为一次碰撞"同化"只注意碰撞的结果而不追究过程的细节，使问题大为简化，而物理意义仍是清楚的。但是，这"一次"碰撞发生在什么地方呢？在初级理论中认为，由于局域的边界是两个局域的过渡区域，因此，碰撞应当发生在这个区域中；由于参考面 $\mathrm{d}S$ 的选取是任意的，所以就把 $\mathrm{d}S$ 作为两个相邻局域的边界，因此，碰撞就发生在这里。而由第二假设，分子在 $\mathrm{d}S$ 处碰撞前，距 $\mathrm{d}S$ 的一个自由程 $\bar{\lambda}$ 处远，且具有速率 $\bar{v}$。要考虑 $\mathrm{d}S$ 处附近的物理量的变化，应当以在 $\mathrm{d}S$ 处上、下各 $\bar{\lambda}$ 的高度内来考虑，而在距 $\mathrm{d}S$ 的 $\bar{\lambda}$ 宽度内，只在 $\mathrm{d}S$ 处发生了突变，$\bar{\lambda}$ 区域以内没有梯度，梯度变化是不连续的。

从大数量分子的统计特性来看，统计平均地讲以 $\mathrm{d}S$ 为中间，上、下各一个 $\bar{\lambda}$，相当于上、下要在 $\mathrm{d}S$ 处碰撞的分子或交换的分子，都整齐地排列在距 $\mathrm{d}S\bar{\lambda}$ 远处。

在 A 区 $z_0-\bar{\lambda}$ 处，设特征物理量为 φ，z_0 处的梯度为 $\left(\frac{\mathrm{d}\varphi}{\mathrm{d}x}\right)_{z_0}$，则此处特征物理量的值为 $\varphi_{z_0}-\bar{\lambda}\left(\frac{\mathrm{d}\varphi}{\mathrm{d}z}\right)_{z_0}$，在 B 区 $z_0+\bar{\lambda}$ 处，其特征物理量的值为 $\varphi_{z_0}+\bar{\lambda}\left(\frac{\mathrm{d}\varphi}{\mathrm{d}z}\right)_{z_0}$（即是说，由于 $\bar{\lambda}$ 很小，在局域内，可近似地认为物理量的变化是线性的。$\Delta\varphi=kz+b,k\sim\varphi\Big|_{z_0}$），则在 $\mathrm{d}S$ 处碰撞后，该特征物理量的增值（即每一对分子交换输运的量）为

$$\varphi_{z_0-\bar{\lambda}}-\varphi_{z_0+\bar{\lambda}}=-2\bar{\lambda}\left(\frac{\mathrm{d}\varphi}{\mathrm{d}z}\right)_{z_0} \tag{4.3.4}$$

4.3.3　输运过程的微观解释

1. 黏滞现象的微观解释

黏滞现象的本质是宏观动量的定向转移，物理性质不均匀的特征是宏观速度 u，动量是气体动理论的观点，微观上认为黏滞力是动量传递的结果。气体既作整体运动，又作分子热运动。同一时间，平均来看，有等量的气体分子从上、下两个方向穿过 $\mathrm{d}S$ 面，这些分子既带有热运动的能量和动量，还带有定向运动动量。由于上层分子动量大于下层，故上层定向动量减少，下层定向动量增加，类似摩擦力。定向动量在垂直于流速的方向上向流速较小的气层的净

迁移，这就是气体黏性的起源。在时间 $\mathrm{d}t$ 内，沿 z 轴正方向输运的总动量 $\mathrm{d}K$ 等于 A，B 两部分在此时间内交换的分子数乘以每交换一对分子所引起的动量改变。在 $\mathrm{d}t$ 时间内通过 $\mathrm{d}S$ 交换的分子数为 $\mathrm{d}N=\frac{1}{6}n\bar{v}\mathrm{d}S\mathrm{d}t$。设分子最后一次受碰处与 $\mathrm{d}S$ 面的距离为平均自由程，则每交换一对分子沿 z 轴正方向输运的动量为

$$\mathrm{d}k=mu_{z_0-\bar{\lambda}}-mu_{z_0+\bar{\lambda}}=-2\bar{\lambda}m\left(\frac{\mathrm{d}u}{\mathrm{d}z}\right)_{z_0} \tag{4.3.5}$$

沿 z 轴输运的总动量为

$$\mathrm{d}K=\mathrm{d}k\cdot\mathrm{d}N=-\frac{1}{6}n\bar{v}\bar{\lambda}\times2m\left(\frac{\mathrm{d}u}{\mathrm{d}z}\right)_{z_0}\mathrm{d}S\mathrm{d}t=$$

$$-\frac{1}{3}\rho\bar{v}\bar{\lambda}\left(\frac{\mathrm{d}u}{\mathrm{d}z}\right)_{z_0}\mathrm{d}S\mathrm{d}t\qquad(\rho=mn) \tag{4.3.6}$$

与式 $\mathrm{d}K=f\mathrm{d}t=-\eta\left(\frac{\mathrm{d}u}{\mathrm{d}z}\right)_{z_0}\mathrm{d}S\mathrm{d}t$ 比较可得

$$\eta=\frac{1}{3}\rho\bar{v}\bar{\lambda} \tag{4.3.7}$$

可见气体的黏滞系数 η 与 ρ，$\bar{v}$ 和 $\bar{\lambda}$ 有关，因而决定于气体的性质和状态。气体黏滞现象的机理本质上是因不同流层间的分子交换而导致了分子定向动量的输运，而液体的黏滞却完全不是这样，所以式(4.3.7)对液体是不适用的。

2. 热传导现象的微观解释

热传导现象的本质是热量的传递，其物理性质不均匀的特征物理量是温度。气体动理论认为温度较高的热层分子平均动能大，温度较低的冷层分子平均动能小；由于两层分子碰撞和掺和，从热层到冷层出现热运动能量的净迁移。微观推导与黏滞力情况相似，只是动量换成平均动能。每交换一对分子，沿 z 轴传输的热量为

$$\mathrm{d}q=\frac{1}{2}(t+r+2s)k(T_{z_0-\bar{\lambda}}-T_{z_0+\bar{\lambda}})=-2\bar{\lambda}\left(\frac{\mathrm{d}T}{\mathrm{d}z}\right)_{z_0}\times\frac{1}{2}(t+r+2s)k \tag{4.3.8}$$

交换的分子对数 $\mathrm{d}N=\frac{1}{6}n\bar{v}\mathrm{d}S\mathrm{d}t$，沿 z 轴传输的总热量为

$$\mathrm{d}Q=-\frac{1}{3}n\bar{v}\bar{\lambda}\,\frac{(t+r+2s)}{2}k\left(\frac{\mathrm{d}T}{\mathrm{d}z}\right)_{z_0}\mathrm{d}S\mathrm{d}t \tag{4.3.9}$$

与傅里叶热传导定律 $\mathrm{d}Q=-\kappa\left(\frac{\mathrm{d}T}{\mathrm{d}z}\right)_{z_0}\mathrm{d}S\mathrm{d}t$ 相比较可得

$$\kappa=\frac{1}{3}n\bar{v}\bar{\lambda}\,\frac{(t+r+2s)}{2}k \tag{4.3.10}$$

气体的定容热容量为

$$C_V=\frac{\mathrm{d}U}{\mathrm{d}T}=\frac{(t+r+2s)}{2}Nk \tag{4.3.11}$$

定容比热容为

$$c_V=\frac{C_V}{M}=\frac{(t+r+2s)Nk/2}{M} \tag{4.3.12}$$

则导热系数为

$$\kappa=\frac{1}{3}\rho\bar{v}\bar{\lambda}c_V \tag{4.3.13}$$

上边的推导及所得结果只近似适用于温差不太大的气体热传导过程。

3. 扩散现象的微观解释

扩散现象的本质是物质的传递，其物理性质不均匀的特征物理量是密度。扩散现象是分子无规则热运动的结果，分子从密度高处向密度低处运动，也可反方向运动，由于高密度处分子多，从密度高处向密度低处运动的分子多，造成质量的净迁移。只限于讨论因分子数密度 n 不同引起的扩散，这时 $n_A \neq n_B$，但仍有 $\bar{v}_A = \bar{v}_B$。在 dt 时间内通过 dS 面交换的分子对数为 $dN = \frac{1}{6}\bar{v}(n_A - n_B)dSdt$。

沿 z 轴正方向输运的气体质量为

$$dM = m dN = -\frac{1}{3}\bar{v}\bar{\lambda}\left(\frac{d\rho}{dz}\right)_{z_0} dSdt \tag{4.3.14}$$

将式(4.3.14)与宏观规律 $dM = -D\left(\frac{d\rho}{dz}\right)_{z_0} dSdt$ 相比较，可得扩散系数为

$$D = \frac{1}{3}\bar{v}\bar{\lambda} \tag{4.3.15}$$

可见，以微观分子的运动出发很容易推导出这三个输运定律，并且得到了三个输运系数的具体形式，从而看到了影响输运过程的因数。

推导中的某些细节也有一定的实际意义。例如，每交换一对分子所输运的物理量则由在 dS 下各 $\bar{\lambda}$ 处的情况决定，$\varphi_{z_0-\bar{\lambda}} - \varphi_{z_0+\bar{\lambda}} = -2\bar{\lambda}\left(\frac{d\varphi}{dz}\right)_{z_0}$。在黏滞现象中，宏观速度为 $v_A - v_B = -2\bar{\lambda}\left(\frac{dv}{dz}\right)_{z_0}$。在热传导现象中，温度为 $T_A - T_B = -2\bar{\lambda}\left(\frac{dT}{dz}\right)_{z_0}$，由此，可以很方便地解决一些问题。

4.3.4　理论和实验的比较

从上面分析结果易见，三个输运系数实际上并不是常数，它们要受到状态参量的影响，因为 $\bar{v}$,$\bar{\lambda}$ 是受状态参量影响的，能反映出局域状态对输运过程宏观规律的影响。

1. η,κ,D 与状态参量的关系

将 $\rho = mn$，$n = \frac{p}{kT}$，$\bar{v} = \sqrt{\frac{8kT}{\pi m}}$，$\bar{\lambda} = \frac{1}{\sqrt{2}\sigma n}$ 代入各自的表达式，得

$$\eta = \frac{1}{3}\rho\bar{v}\bar{\lambda} = \frac{1}{3}\sqrt{\frac{4km}{\pi}}\ \frac{T^{1/2}}{\sigma} \tag{4.3.16}$$

$$\kappa = \frac{1}{3}\rho\bar{v}\bar{\lambda}c_V = \frac{1}{3}\sqrt{\frac{4km}{\pi}}\ c_V\ \frac{T^{1/2}}{\sigma} \tag{4.3.17}$$

$$D = \frac{1}{3}\bar{v}\bar{\lambda} = \frac{1}{3}\sqrt{\frac{4kT}{\pi m}}\ \frac{1}{\sigma n} = \frac{1}{3}\sqrt{\frac{4k^3}{\pi m}}\ \frac{T^{1/2}}{\sigma p} \tag{4.3.18}$$

可见在一定的温度下，黏滞系数 η 和导热系数 κ 与压强 p 或单位体积内的分子数 n 无关，扩散系数 D 与 p 或 n 成反比；在一定的压强下，η,κ 和 D 都随温度 T 的升高而加大，η,D 和 κ 与 $T^{1/2}$ 成正比。实验证明，当 T 升高时，η,κ 和 D 的增大都比理论预期的结果更加显著，η 和 κ 约与 $T^{0.7} \sim T^2$ 成正比，D 约与 $T^{1.75} \sim T^2$ 成正比。理论与实验所以有偏差，是因为在理论推导中，把分子看做刚球，认为 $\bar{\lambda}$ 不随 T 改变，而这是与实际不尽相同的。

2. η,κ 和 D 之间的关系

由式(4.3.16)、式(4.3.17)和式(4.3.18)可得

$$\frac{\kappa}{\eta}=c_V \quad \text{或} \quad \frac{\kappa}{\eta c_V}=1 \tag{4.3.19}$$

$$\frac{D}{\eta}=\frac{1}{\rho} \quad \text{或} \quad \frac{D\rho}{\eta}=1 \tag{4.3.20}$$

根据实验结果$\frac{\kappa}{\eta c_V}$介于1.3到1.5之间,$\frac{D\rho}{\eta}$介于1.3到1.5之间,具体数值都因气体的不同而异。理论值与实验值出现了较大的偏差在于理论中未考虑分子按速率分布,而是认为分子是刚球模型;认为分子受到一次碰撞就完全"同化"了。

3. η,κ 和 D 的数量级

理论计算在288K时氮气的黏滞系数,其中氮分子的有效直径取$d=3.8\times10^{-10}$ m,已知氮的相对分子质量为28,氮的分子的质量为$m=\frac{28\times10^{-3}}{6.02\times10^{23}}=4.6\times10^{-26}$ kg,氮气的黏滞系数为$\eta=\frac{1}{3}\sqrt{\frac{4mkT}{\pi^3}}\frac{1}{d^2}=1.1\times10^{-5}\,\mathrm{N\cdot s\cdot m^{-2}}$。实验测得,当在288K时,氮气的黏滞系数为$1.73\times10^{-5}\,\mathrm{N\cdot s\cdot m^{-2}}$。可见,$\eta$的理论值与实验值的数量级相同,对于$\kappa$和$D$情况也是这样。因此,根据输运过程的简单理论还可估计η,κ和D的数量级。

4.3.5 低压下的热传导和黏滞现象

上面得到的η,κ与压强p无关的结论,仅在常压下成立,实验指出,当气体的压强很低时,η,κ都与p成正比。如图4.3.1所示,设有两块平行的板1,2。它们之间的距离为L,温度分别保持在T_1和T_2,并设$T_1>T_2$,当两板间气体的压强很低,以至分子的平均自由程$\bar{\lambda}\geqslant L$时,气体热传导的机构与上面讲的有所不同。在这种情形下,任一分子与板1相碰时就获得与温度T_1对应的平均热运动能量ε_1,然后这个分子将无碰撞地跑到板2,与板2相碰,能量变为与温度T_2对应的平均能量ε_2,即将一部分能量传递给板2,分子就这样彼此无碰撞地往返于两板之间,不断地将能量由板1输运到板2。

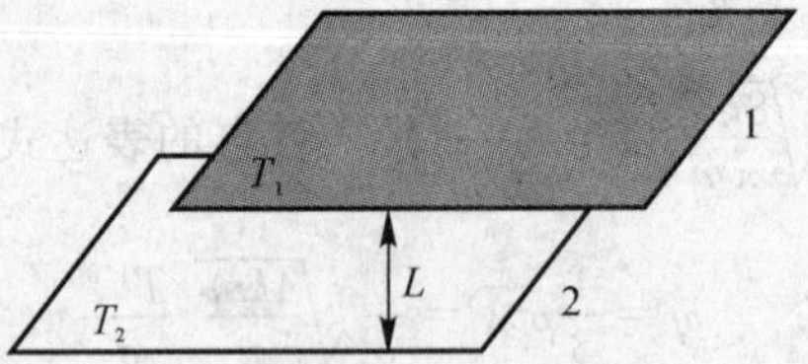

图 4.3.1 杜瓦瓶原理

如果继续降低压强,则单位体积内的分子数n,亦即参与输运能量的分子数减小,而分子的自由程仍被限制为两板间的距离L,即分子仍旧彼此无碰撞地往返于两板之间,所以气体的导热性能将减弱。

可见,当气体的压强很低,分子的平均自由程实际上被限制为两板间的距离时,气体的导热系数随压强的降低而减小,即与压强成正比。同理,当压强很低时,气体的黏滞系数对压强有依赖关系。

如果将这两板做成有镀银的玻璃板圆瓶,并将夹板抽成较高的真空,从而形成上述散热性

极差的传热机制，这就是能够保温的开水瓶，即杜瓦瓶。如果夹板一旦漏入空气，则上述机制不成立，导热性大幅提高，开水瓶就不再具有保温作用。

习　题

4.1　氢气在压力为 1.013×10^5 Pa，温度为 285 K 时的平均自由程为 1.18×10^{-7} m，求氢分子的有效直径。

4.2　氮分子的有效直径为 3.8×10^{-10} m，求其在标准状态下的平均自由程和连续两次碰撞间的平均时间。

4.3　氧分子的有效直径为 3.6×10^{-10} m，求其碰撞频率。已知：

(1) 氧气的温度为 300K，压强为 1.013×10^5 Pa；

(2) 氧气的温度为 300K，压强为 1.013×10^{-1} Pa。

4.4　某种气体分子在 298K 温度时的平均自由程为 2.63×10^{-7} m。

(1) 已知分子的有效直径为 2.6×10^{-10} m，求气体的压强是多少。

(2) 求分子在 1.0m 的路程上与其他分子的碰撞次数是多少。

4.5　若在 1.013×10^5 Pa 下，氧分子的平均自由程为 6.8×10^{-8} m，问在什么压强下，其平均自由程为 1.0mm？设温度保持不变。

4.6　求氢在标准状态下，在 1s 内分子的平均碰撞次数是多少。已知氢分子的有效直径为 2×10^{-10} m。

4.7　真空管的线度为 10^{-2} m，其真空度为 1.33×10^{-3} Pa，若空气分子的有效直径为 3×10^{-10} m，真空管内的温度为 300K，试求此时真空管内的分子数密度、空气分子的平均自由程和平均碰撞频率分别是多少。

4.8　今测得当温度为 288K，压强为 1.013×10^5 Pa 时，氩分子和氖分子的平均自由程分别为 $\bar{\lambda}_{Ar}=6.7\times10^{-8}$ m 和 $\bar{\lambda}_{Ne}=13.2\times10^{-8}$ m。问：

(1) 氩分子和氖分子的有效直径之比是多少？

(2) 当 $T=293$K，$p=2.0\times10^4$ Pa 时，$\bar{\lambda}_{Ar}$ 为多大？

(3) 当 $T=233$K，$p=1.0\times10^4$ Pa 时，$\bar{\lambda}_{Ne}$ 为多大？

4.9　在气体放电管中，电子不断与气体分子相碰，因电子的速率远远大于气体分子的平均速率，所以后者可以认为是静止不动的，设电子的“有效直径”比起气体分子的有效直径 d 来可忽略不计。

(1) 试问电子与气体分子的碰撞截面 σ 为多大？

(2) 试证明电子与气体分子碰撞的平均自由程为 $\bar{\lambda}_e=1/\sigma^n$，$n$ 为气体分子的数密度。

4.10　设气体分子的平均自由程为 $\bar{\lambda}$。试证明一个分子在连续两次碰撞之间所走路程至少为 x 的概率是 $e^{-x/\bar{\lambda}}$。

4.11　某种气体分子的平均自由程为 10 cm，试问在 10 000 段自由程中：

(1) 有多少段长于 10cm？

(2) 有多少段长于 50cm？

(3) 有多少段长于 5cm 而短于 10cm？

(4) 有多少段长度在 9.9cm 到 10cm 之间？

(5) 有多少段长度刚好为10cm?

4.12　今测得氮气在 $T=293K$ 时的导热系数为 $23.7\times10^{-3}W\cdot m^{-1}\cdot K^{-1}$，定容摩尔热容量为 $20.9J\cdot mol^{-1}\cdot K^{-1}$，试计算氮分子的有效直径。

4.13　氧气在标准状态下的扩散系数为 $1.9\times10^{-5}m^2\cdot s^{-1}$，求氧分子的平均自由程是多少。

4.14　已知氦气和氩气的原子量分别为4和40，它们在标准状态下的黏滞系数分别为 $\eta_{He}=18.8\times10^{-6}N\cdot s\cdot m^{-2}$ 和 $\eta_{Ar}=21.0\times10^{-6}N\cdot s\cdot m^{-2}$，求：

(1) 氩分子和氦分子碰撞截面之比 σ_{Ar}/σ_{He}。

(2) 氩气与氦气的导热系数之比 κ_{Ar}/κ_{He}。

(3) 氩气与氦气的扩散系数之比 D_{Ar}/D_{He}。

第 5 章 热力学第一定律

本章要进一步讨论系统从一个平衡态变化到另一个平衡态的过程，在这一过程中状态参量的变化规律是什么，系统的能量以及热力学性质会发生什么样的变化，这种变化在实际中有何意义。这些重要的问题可以用热力学的方法加以讨论，从而给出满意的回答。

本章是本书的重点之一，重点是阐明热力学第一定律的意义、各热力学过程中能量和状态参量的变化、热机及制冷机的原理及其应用。

5.1 热力学过程

热力学主要研究**热力学系统的某一平衡态变化到另一平衡态的转变过程，即热力学系统(大量微观粒子组成的气体、固体、液体)的状态随时间变化的过程，称为热力学过程(以下简称过程)**。如果从不同的角度出发对热力学过程进行分类，将有如下几种分类法：根据研究对象与外界的关系，可以分为自发过程、非自发过程；根据过程本身的特点可以分为等容过程、等压过程、等温过程、绝热过程；根据过程所经历的状态的性质，可以分为准静态过程(理想过程)、非准静态过程(实际过程)。

5.1.1 非静态过程

所谓静态是相对于运动和变化而言的，热力学不涉及系统内部分子的热运动，所以静态是相对于状态的变化而言的，即将平衡态看做是静止的。**系统由一个平衡态过渡到另一个平衡态，必然是原来的平衡态被打破，从而处于一系列前后相继的非平衡态，这显然是一个不同于平衡态的过程，所以称非静态过程。**

如图 5.1.1 所示，一个带活塞的容器里面的气体起初处于平衡态，若急剧压缩活塞，体积减小，破坏了原来的平衡。在压缩的过程中，各处的温度和压强是不均匀的。例如，靠近活塞的地方压强大，远离活塞的地方压强小，而各处要均匀一致需要一定的时间，但由于压缩很快，在新的平衡没有形成以前又开始了变化，系统的状态处于一系列前后相继的非平衡态，所以迅速下压活塞的过程是一个非静态过程。

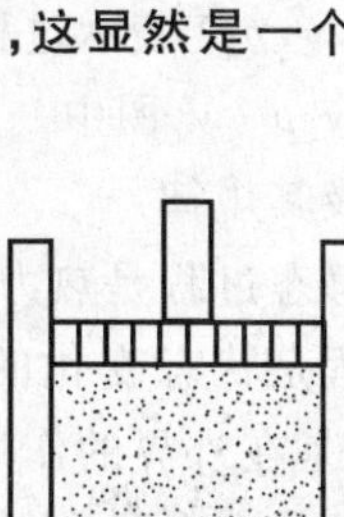
图 5.1.1 非静态过程

非静态过程有一个驰豫时间 τ，**系统从非平衡态到达新的平衡态所用的时间称为驰豫时间**。不同的物理量其驰豫时间是不同的。例如，在上述压缩活塞的过程中，压强的驰豫时间比温度的驰豫时间短。在非静态过程中往往包含有耗散因素，例如，上例中活塞和器壁之间存在的不可消除的摩擦力，它要消耗的能量做无用功，也会干扰系统平衡态的形成，这是研究非静态过程的最大困难之一，因为耗散因素是难以作定量分析的。非静态过程不能用 $p-V$ 图表示，由于平衡态中各状态参量之间有确定的联系，即状态方程，从而在 $p-V$ 图中态和点一一对应，可以在 $p-V$ 图中加以图示。非静态也是系统所处的一种状态，但由于它不是平衡态各状态参量之间没有确定的联系，点和态不能对应，因而不能在 $p-V$ 图中表示，这是两种状态的一个显著区别。非静态过程是由一系列前后相继的非平衡态组成的，所以非静态过程也不能在 $p-V$ 图中表示。这给研究非静态过程带来了困难，既不能普遍研究这个问题而又不得不对它加以限制。这类似于第 4 章的情形，在有些简单情况下，非静态过程可以转化为近似于静态过程来研究，这样就可以利用平衡态的各种理论来解决一些问题。

5.1.2 准静态过程

为了抓住热力学过程的主要特点，人们将过程处理如下：没有耗散因素，过程进行得足够缓慢，可以有充足的时间让系统无限接近平衡状态。这样再研究这些热力学过程，就是由一系列前后相继的平衡态组成的，相邻的平衡态只有很微小的差异，而对于平衡态的问题，是有能力加以解决的。

可见，这种方法的实质，就是把大尺度的不均匀性(非平衡）转化为小尺度的均匀性(平衡态）的问题来研究，说到底，这仍是微元法的思想。因此，定义**由一系列无限接近平衡态组成的热力学过程叫准静态过程。**这里，不能指望是严格的平衡态而只能是无限接近的平衡态，若为前者，就不能实现状态的变化，也就没有热力学过程，这与实际情况相关太大。

准静态过程是有实际意义的，例如，在上述的例子中，如果没有耗散因素，下压的过程又非常缓慢，可以有充足的时间让 $t>\tau$，到达平衡态后又在这个基础上发生变化，直至到达终态平衡，这就是一个准静态过程。

准静态过程的特点是没有摩擦，本书除非特别指明，都认为是无摩擦的准静态过程。但是，要 $f=0$ 是不可能的，过程进行得足够缓慢也认为是一种理想极限。准静态过程是一个理想过程，准静态过程可以图示，态对应点、过程对应曲线。由于在准静态过程中，系统随时都无限接近平衡态，可以认为系统的状态参量之间的联系随时都是确定的，因此，系统任一时刻的一个状态都对应于 $p-V$ 图中的一个点，而下一个状态又对应于另一个点，将这一系列状态的代表点连接起来构成的曲线，就代表了整个热力学过程。如图 5.1.2 所示，在 $p-V$ 图上，(V_1, p_1) 和 (V_2, p_2) 表示过程的始末态，描出了两个点，过程中任一时刻系统都无限接近平衡态，从而也对应 $p-V$ 图中一个点 (V, p)，将这些点连接起来构成一个曲线，就代表了整个热力学变化过程及其规律。

准静态过程是热力学中具有重要意义的过程。系统的热力学过程是状态变化的过程，孤立系统是不能有热力学过程的，必定是在外界的作用下发生变化的。但对于非静态过程，由于系统的态参量和外界的联系是不确定的，无规律的，无法估计外界作用的强度和对系统的影响，一时成为热力学理论的大难题。但在引入准静态过程之后，由于系统随时都无限接近平衡态，说明外界作用和系统随时也无限接近平衡，因此，可用系统的状态参量来表示外界的作用，从而实现系统和外界的有机联系。反映这种联系的常常是力学参量 p，由于系统和外界的作用随时都无限接近平衡。所以有

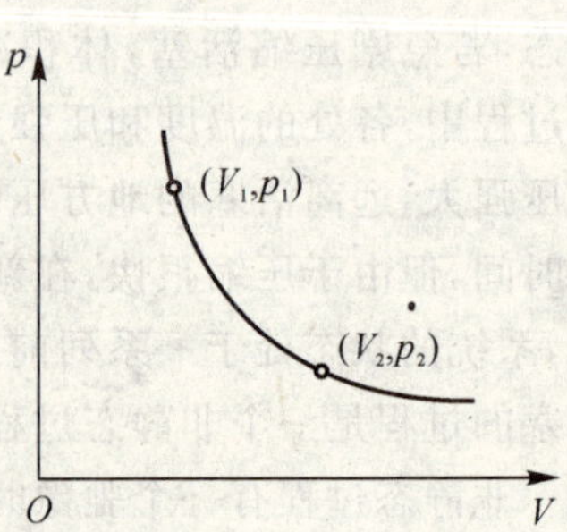

图 5.1.2　$p-V$ 图

$$p_{内}=p_{外} \tag{5.1.1}$$

这是一个非常重要的结论，不仅将系统和外界的联系显示出来了，而且还量化了，只有最后定量了的东西才是最可靠的东西。

5.1.3　非静态过程和准静态过程的关系

实际过程都是非静态过程，由于过程都是在有限时间内进行的，并不是无限缓慢的，摩擦力实际上是不可消除的，所以严格地讲，实际过程一般都不能当做准静态过程来处理，但是当 f 可忽略，而 $t > \tau$，则可当做准静态过程。后面除非特别声明，提及的各种过程都认为是准静态过程。

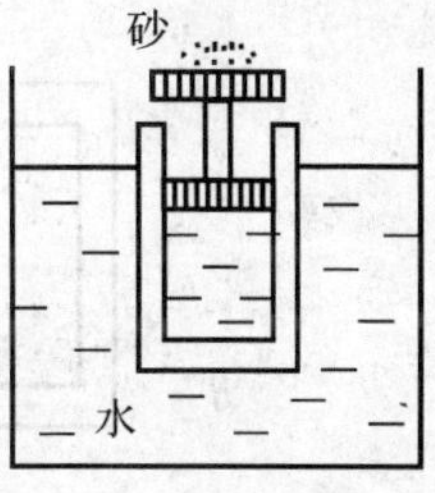

图 5.1.3　准静态过程

如图 5.1.3 所示的装置，将活塞上方托盘中的砂缓慢地一点点增加，不计摩擦，这至少是一个准静态过程。由于水和系统有足够的时间交换热量，保持热平衡，水的热容量很大，因此为等温过程。但是实际过程当做准静态过程来处理毕竟是有误差的，当精确度要求较高的时候，必须进行修正。而有的过程则根本不能当做准静态过程来处理。

5.2　功

外界对系统的作用使系统的状态发生了变化，这种相互作用的情况用力来反映是不方便的，有的时候甚至是不可能的，但是作用的结果是使系统的能量发生了改变，作为能量变化的量度是功，作为能量变化的主要形式之一是热量的交换，因此，外界的作用就是功和热的转移，使系统的状态发生改变。为此，以后就以功和热为两条主要线索来反映系统和外界的相互作用。具体地说，系统状态发生变化与外界做功的关系要用系统的状态参量表示出来，当然以准静态过程为基础。

5.2.1　体积功

当热力学系统体积改变时对外所做的机械功称为体积功。

1. 体积功的计算

以气体膨胀过程为例，如图 5.2.1 所示，设理想气体盛在一圆柱形的筒内，圆筒装有活塞，可无摩擦地左右移动。气体膨胀推动活塞做功，气体压强为 p，活塞的面积为 S，当活塞移动距离为 $\mathrm{d}l$ 时，气体对外界做元功为

$$\mathrm{d}A = pS\,\mathrm{d}l \tag{5.2.1}$$

另外，由于气体体积变化为 $\mathrm{d}V = S\mathrm{d}l$，因此，式(5.2.1) 可写作

$$\mathrm{d}A = p\mathrm{d}V \tag{5.2.2}$$

式中，p，V 都是描写气体平衡状态的参量。式(5.2.2) 用描述系统平衡态的参量把准静态过程的功定量地表示出来。这样，具体计算准静态过程功的时候，就可以用系统状态的方程所给出的 T，p，V 之间的关系。这个公式没有涉及做功的具体方式，只要是准静态过程中的体积变化都适用。

式(5.2.2) 是通过图 5.2.1 的特例导出的，但它适合于任何准静态过程。当系统被压缩时 $\mathrm{d}V < 0$，外界对系统做功 $\mathrm{d}A > 0$，系统获得能量。当系统膨胀时 $\mathrm{d}V > 0$，外界对系统做负功，即系统对外界做功 $\mathrm{d}A > 0$，系统损失能量。

当系统经历一个准静态过程，体积从 V_1 变到 V_2 时，气体对活塞所做的功为

$$A = \int_{V_1}^{V_2} p\mathrm{d}V \tag{5.2.3}$$

2. 体积功的图示

如图 5.2.2 所示，在 $p-V$ 图上，元功 $\mathrm{d}A$ 对应于 $p-V$ 图中过程曲线下系统体积在 V 到

$V+dV$ 间的窄条面积，体积从 V_1 变到 V_2 时气体做的总功就等于过程曲线下从 V_1 到 V_2 的总面积。由积分意义可知，功的大小等于 $p-V$ 图上过程曲线 $p(V)$ 下的面积。

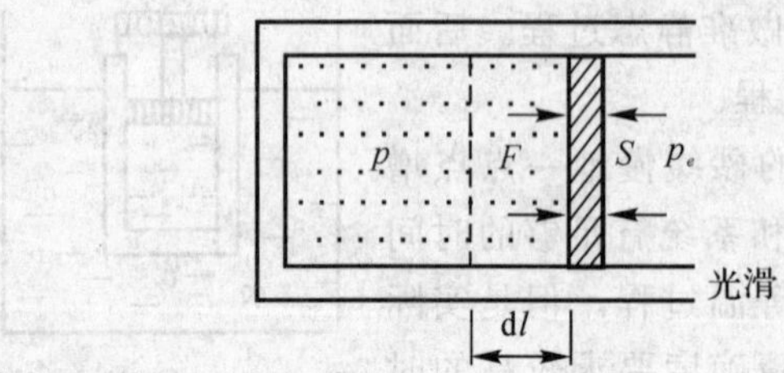

图 5.2.1 体积功

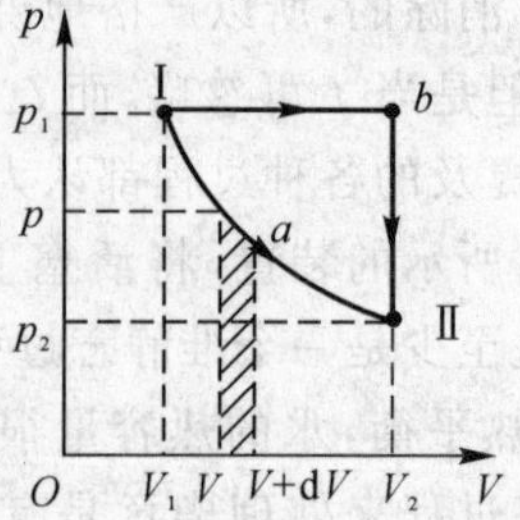

图 5.2.2 过程曲线和功

从图 5.2.2 所示还可看出，功是一个与过程有关的量。系统从同一初态 Ⅰ 出发，经过两个不同的准静态过程 ⅠbⅡ 和 ⅠaⅡ，到达同一末状态 Ⅱ，显然，两过程曲线下的面积不同，这表明在这两个不同的过程中，系统对外界做的功不同。这充分说明功是过程的特征，而不是状态的特征。准静态过程的功反映了该过程中系统和外界之间的能量交换，但是不同过程其能量的交换情况不一样，功的大小也不一样，同样的始末态，不同的过程可以做不同的功。所以只有指明了过程，才能最后确定功。

如图5.2.3所示，对应于相同的始末态有三种不同的过程：图5.2.3(a)表示先等压后等容的过程；图5.2.3(b)表示等温过程；图5.2.3(c)表示先等容再等压的过程，显然三者的面积不等。总之，功的数值不仅与初态和末态有关，而且还依赖于所经历的中间状态，功与过程的路径有关 —— 功是过程量。

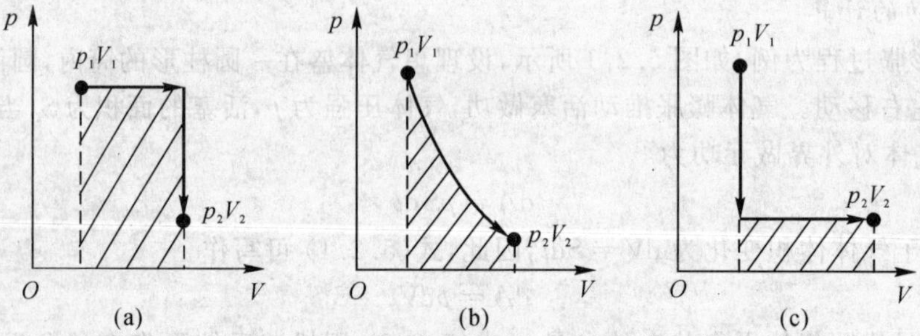

图 5.2.3 三种不同的过程

功是能量转换的标志，或者说是能量变化的量度，所以说“系统含有多少功”是不对的说法。再者这种说法本身把功视为“状态量”而没有当成过程量，这更是原则性的错误。功是有各种类型的，体积功只是其中的一种，体积变化与否不能作为是否有准静态过程的功的唯一标志。

5.2.2 其他形式的功

除了体积功外，还有许多其他形式的功。

1. 表面张力的功

在长方形铁丝框架上张有液体薄膜，**表面上单位长度直线两侧液面的相互拉力叫表面张力系数**，用 α 表示。液体薄膜有两个表面，液体薄膜受到张力作用为

$$F = 2\alpha l \tag{5.2.4}$$

如图 5.2.4 所示，张力使液体薄膜收缩了 $\mathrm{d}x$，表面张力做元功 $\mathrm{d}A$ 为

$$\mathrm{d}A = F \cdot \mathrm{d}x = 2\alpha l\,\mathrm{d}x = \alpha\,\mathrm{d}S \tag{5.2.5}$$

$\mathrm{d}S = 2l\mathrm{d}x$ 是面积元，相当于功中的广义位移。

2. 可逆电池移动电荷的功

若电源电动势为 ε，电荷增量为 $\mathrm{d}q$，那么元功为

$$\mathrm{d}A = \varepsilon\,\mathrm{d}q \tag{5.2.6}$$

电动势是广义力，电荷增量 $\mathrm{d}q$ 就是广义位移。

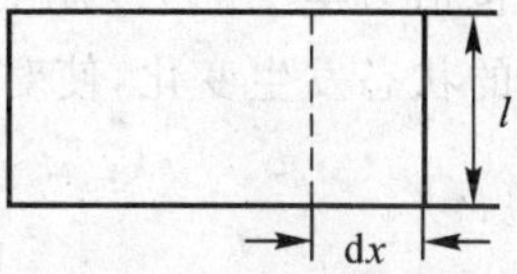

图 5.2.4　液体薄膜

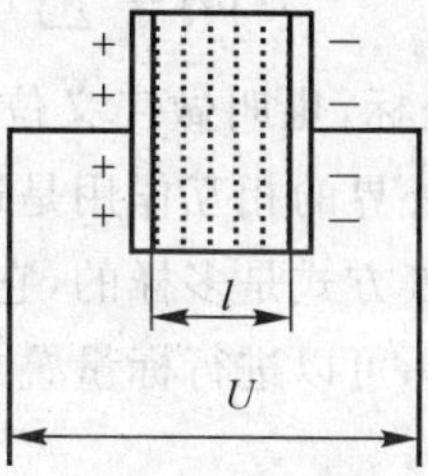

图 5.2.5　电介质

3. 电介质

设在两板距离为 l 的电容器内充满了电介质，如图 5.2.5 所示，两板的电位差为 U，电场强度为 E，板的面积为 S，面电荷密度为 σ，若电量的增加为 $\mathrm{d}q$，则外界所做的功为

$$\mathrm{d}A = U\mathrm{d}q \tag{5.2.7}$$

但 $U = El$，$\mathrm{d}q = S\mathrm{d}\sigma$，则

$$\mathrm{d}A = ElS\,\mathrm{d}\sigma = EV\mathrm{d}\sigma \tag{5.2.8}$$

式(5.2.8)中，V 是电介质的体积。由高斯定律可知 $\sigma = D$(电位移)，且 $D = \varepsilon_0\varepsilon + P$，这里，$\varepsilon_0$ 是真空介电常数，P 是电极化强度。最后可得

$$\mathrm{d}A = EV\mathrm{d}\left(\frac{\varepsilon_0\varepsilon^2}{2}\right) + VE\,\mathrm{d}P \tag{5.2.9}$$

式中等号右边第一项为激发电场的功，第二项为使介质极化的功。

4. 磁介质

当螺线管中的电流改变时(见图 5.2.6)，外电源将克服感生(反)电动势做功：

$$\mathrm{d}A = \varepsilon i\,\mathrm{d}t \tag{5.2.10}$$

式中，ε 是感生电动势；i 是电流强度。由法拉第定律，得

$$\varepsilon = N\frac{\mathrm{d}}{\mathrm{d}t}(BS) \tag{5.2.11}$$

式中，N 是螺线管的匝数；S 是介质横截面积；B 是磁感应强度。由安培环路定律，得

$$Hl = Ni \tag{5.2.12}$$

式中，H 是磁场强度；l 是介质长度。则有

$$\mathrm{d}A = N\frac{\mathrm{d}}{\mathrm{d}t}(BS)\frac{Hl}{N}\mathrm{d}t = VH\,\mathrm{d}B \tag{5.2.13}$$

式中，V 是介质体积。由电磁学可知

$$B=\mu_0(H+m) \tag{5.2.14}$$

式中，μ_0 是真空磁导率；m 是磁化强度。最后得

$$\mathrm{d}A=V\mathrm{d}\left(\frac{\mu_0 H^2}{2}\right)+\mu_0 VH\,\mathrm{d}m \tag{5.2.15}$$

式中等号右边第一项是激发磁场的功，第二项是使介质磁化所做的功。

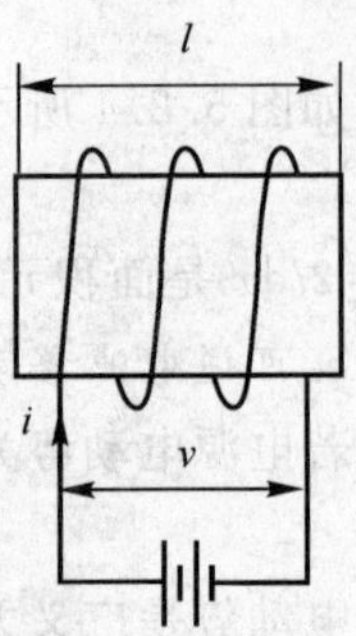

图 5.2.6　磁介质

5.2.3　功的一般表达式

一般情况下，准静态过程的元功可更广泛地写为

$$\mathrm{d}A=\sum Y_i\mathrm{d}y_i \tag{5.2.16}$$

式中，y_i 叫做广义坐标，也叫做广义位移；Y_i 称为广义力，有几种形式的广义力就有对几个元功的求和。系统和外界的相互作用是通过广义力（也包括力学中的力）进行的，广义力是多样的，因为，能量的交换方式是多样的，它们都可使系统的状态发生变化，使对应的功的表示形式不一样，但功是标量，可以进行标量叠加。

5.3　热　　量

做功和热传递都是系统和外界作用的方式，其结果都是使系统的状态发生改变。研究了功，自然要讨论热量，由于两者有不少相同之处，通过比较热量与功来加深对热量概念的理解。

5.3.1　热量的本质

大量的实验表明，外界和热力学系统之间相互作用，系统和外界进行能量交换，使系统的状态发生变化，一种方式是通过外界对系统做功，或系统对外界做功；另外一种方式是外界向系统传递热量，或系统向外界传递热量；以及两种方式都存在，使系统的状态发生变化。两种方式的本质是不同的，但对于系统状态的改变二者是等效的。例如，将一杯水放在电炉上，可以通电加热，用传递热量方式，使水温从某一温度升高到另一温度；也可以通过搅拌做功的方式，使水温从某一温度升高到另一温度。第一种方式是通过外界对系统传递热量来完成的，第二种方式是通过外界对系统做功来完成的，二者方式不同，却都可以使系统发生相同的状态变化，表明热传递和做功使系统状态的变化是等效的。由于系统的内能是状态的单值函数，传热和做功使系统内能的变化是等效的，所以它们都是系统能量发生转化的量度。

由于系统和外界温度不相同而进行交换或传递的能量称为热量，用 Q 表示。即热量是两个温度不相同的物质系统相互接触所完成的能量转化的量度，它用来表示在热传递这种特定过程中传递能量的多少。大量实验结果表明，在一般情况下，对于给定的初态和末态，对不同的过程，传递的能量是不同的，因而热量是过程量而非状态量。热量和功一样是过程量，因此，不能说系统处于某一状态时具有多少热量。**热量本质上是传递给一个物体的能量。**它以分子热运动的形式储存在物体中。热量与过程有关，只有当两物体存在温差接触时才发生热传递。

热不是传递着的物质，而是物质大量微粒机械运动的宏观表现，热量不是物质所含热质的多少，而是传递着的能量。

5.3.2　功和热的类比

一般情况下物理过程是显著的，能给人明确的信息，因此，虽然热传递是最古老的问题之一，但对热的认识尤其是正确的认识要缓慢得多，历史上还有过漫长而曲折的历程。为此这里把功和热进行类比联想。

做功和传递热量本质上是有区别的，做功是通过物体做宏观位移来完成的，做功的结果是使系统内部的微观运动状态发生了变化，是通过物体的有规则运动，使分子间产生碰撞，转换为系统内部分子的无规则运动和相互之间作用，**使宏观的机械运动能量转换为分子的热运动能量。传递热量是通过分子之间的相互碰撞，使系统外物体内部分子的无规则运动转化为系统内部分子的无规则运动，使系统的能量发生改变。**热功转换是系统内分子无规则热运动能量与系统有规则整体运动能量之间转换，这种转换不仅在总量上满足能量守恒定律的热力学第一定律，而且，还必须在转换的方向上和限度上受到制约。

由于做功和热传递都能使系统的状态发生变化，那么同一过程，以这两种方式作用于同一系统，使系统的能量改变是一定的，那么，做功的多少和热传递的多少应当是相当的，简言之，热功当量，热和功一样也只能是过程量了。

5.4　热力学第一定律

自然界中的一切物质（实物和场）都具有能量，能量有各种不同的形式。大量实验事实表明，**能量既不能消灭，也不能创造，它只能由一种形式转化为另一种形式，对孤立系统，能量在传递和转化过程中，其总量保持不变。这一规律称为能量守恒定律，**它是自然界中最基本的定律之一，也是自然界中各种形式的运动相互转化时所遵从的普遍规律。把能量守恒定律用于热力学系统所得到的热量、功和内能改变量三者之间的关系就是热力学第一定律，它是在一切涉及热现象的宏观过程中能量守恒定律的具体表现。

5.4.1　态函数　内能

过程量是与系统变化过程有关的物理量。例如，系统对外界所做的功（或外界对系统所做的功）、系统传给外界的热量（或外界传给系统的热量）。**态函数是由系统的平衡态状态参量单值地确定的物理量。**例如，系统的内能、焓、熵等，它们都是由系统的状态单值确定的，而与系统所经历的过程无关。

根据焦耳的热功当量实验可以得到：做功可以改变系统另一种形式的能量 —— 内能。**在系统状态改变的过程中，不从外界吸热，也不放热，这种系统称为绝热系统，这个过程称为绝热过程。**焦耳实验结果表明，当系统的状态从确定的一个平衡态改变到另一个平衡态时，在各种不同的绝热过程中，实验测得的功的数值都相等。即功与实施绝热过程的途径无关，而由初态和末态完全决定。也就是说，绝热过程的最大特点，就是做功只与过程的始末状态有关，与实施绝热过程的途径无关，而由初始状态和末状态完全决定。

仿照力学中重力所做的功只由物体的起点和终点位置决定，而与运动的路径无关，并由此引入重力势能 E_P，E_P 的终点值减起点值等于物体沿任意路径由起点移到终点时物体克服重力所做的功。只要始末位置一定，不论运动的轨迹如何，做的功都是确定的，并且做功的大小是始末位置的重力势能之差。绝热功与此完全类似，焦耳由绝热功定义出一个状态能 —— 内能，它是态函数。与力学中这种情况类似，由上述焦耳实验的能量可以看到**任何一个系统在平**

衡态都有一个由状态本身所决定的物理量，用 U 表示，叫做系统的内能，当系统从平衡态 1 经过一个绝热过程到平衡态 2 时内能的增加量为

$$U_2 - U_1 = A_a \tag{5.4.1}$$

式中，A_a 表示绝热过程的功。U_1，U_2 分别表示系统在平衡态 1，2 时的内能，它们由平衡态状态参量单值地确定，所以说内能是态函数。内能的变化只决定于初末两个状态，与所经历的过程无关，即内能是系统状态的单值函数。

理想气体平衡态下能量的计算 $U = \frac{m}{M}\frac{i}{2}RT$，它就是理想气体的内能，它只由态参量温度唯一确定。对于真实的热力学系统，内能的具体表达式可能要复杂些，但是都由状态参量来确定。

由绝热过程的功所确定的是两个平衡态的内能差，而系统在某一个平衡态所具有的内能则还要视某一参考态的选定才能确定其数值。内能主要由四部分组成：分子热运动动能（平动加转动）；分子间的相互作用势能（理想气体无此项）；原子、分子内部的能量；原子核内部的能量。此外，系统所处的外部条件不同，还会有其他形式的能量。内能是广延量，具有可加性。例如，一个大的热力学系统还没有实现热力学平衡，但局部是热平衡的。此时，可以计算局部的内能 $U_1, \cdots, U_n$，相加后就是整个系统的内能，即

$$U = U_1 + U_2 + \cdots + U_n \tag{5.4.2}$$

若局部也不平衡，可进一步再划分，直到微小区域可当成平衡为止。

5.4.2 热力学第一定律

在一般情况下，系统与外界并没有绝热隔离，系统与外界的相互作用可有做功与传热两种方式。设经过某一过程系统从平衡态 1 到平衡态 2，在这个过程中，外界对系统做功为 A，系统从外界吸收热量为 Q，那么根据能量转化和守恒定律，由传热和做功两种方式所提供的能量应转化为系统内能的态函数 U 的增量，即

$$U_2 - U_1 = Q + A \tag{5.4.3}$$

对于无限小过程，则有

$$\mathrm{d}U = \mathrm{d}Q + \mathrm{d}A \tag{5.4.4}$$

式(5.4.3)和式(5.4.4)是热力学第一定律的数学表示式。该定律是热力学的基本定律之一，它就是能量守恒与转换定律。**热力学第一定律的内容是系统内能的变化等于外界对系统所做的功和系统从外界所吸收的热量。**由于功和热量都是过程量，也即 $\mathrm{d}A$ 和 $\mathrm{d}Q$ 不是全微分，态函数的微小改变必须是一个全微分，其实质是能量守恒与转化定律。

历史上很多人曾试图研制一种装置，**这种装置不要动力和燃料，但可以不断地对外做功，这种装置称为第一类永动机。**根据热力学第一定律，这种机器是不可实现的，所以，热力学第一定律又可表述为第一类永动机是不可能制成的。

功是过程量，一般不对应于始末状态的态函数差值，完全相同的理由，热量也是过程量，也不对应于始末状态的态函数差值，但根据引入和定义内能的过程可知，内能是态函数，热力学过程的内能改变只由对应于始末状态的态函数差值确定。内能、功和热量三个量在地位上不等价。

关于热力学第一定律中内能、功和热量三个量的符号规定：为讨论方便，内能写成增量的形式 $\Delta U = Q + A$，ΔU 的符号是由计算结果确定的。热量 Q 正负号的规定：$Q > 0$ 表示系统从

外界吸收了热量；$Q<0$ 表示系统向外界放出了热量。功 A 正负号的规定：$A>0$ 表示外界对系统做正功，$A<0$ 表示系统对外界做正功。理解一个简单例子，气体作等温膨胀，系统对外所做的功 $A<0$，对外做功需要有动力，就要从外界吸收热量，所以，$Q>0$。

5.5　热容量　焓

熟悉了热量和热力学第一定律，下面介绍热容量和焓，热容量在计算热量时经常用到。

5.5.1　热容量

下面介绍比热容、热容量和摩尔热容量等概念。

1. 比热容　热容量　摩尔热容量

比热容(c)：单位质量的某种物质，当温度升高(或降低)1K 时所吸收(或放出)的热量叫做这种物质的比热容。 比热容用符号 c 表示，比热容的单位是 $J\cdot kg^{-1}\cdot K^{-1}$，读做焦耳每千克每开。如果物质的质量为 m，温度的变化量为 ΔT，热量的变化量为 Q，那么物质的比热容为

$$c=\frac{Q}{m\Delta T}\tag{5.5.1}$$

热容量(C')：当温度升高(或降低)1K 时，物体所吸收(或放出)的热量叫做物体的热容量。 如果物体的质量为 m，物体的比热容为 c，则物体的热容量为

$$C'=mc\tag{5.5.2}$$

摩尔热容量(C)：当 1mol 物质温度升高(或降低)1K 时，物体所吸收(或放出)的热量叫做物质的摩尔热容量。 摩尔热容量用符号 C 表示，其单位是 $J\cdot mol^{-1}\cdot K^{-1}$。如果物质的摩尔质量为 M，则物质的摩尔热容量为

$$C=Mc\tag{5.5.3}$$

2. 定压摩尔热容量 定容摩尔热容量

上面所述是对液体或固体而言的，对于气体，对给定系统的初态、末态，它们之间可发生的过程有无数多种。在不同的过程中，系统从外界吸收的热量一般是不相等的，因而热容量对不同的过程是不相同的。这表明热容量不仅决定于系统的初、末态，而且也决定于具体的过程，是过程的函数。对于一个热力学系统，在给定的过程中，当温度升高 ΔT，系统从外界吸收的热量为 ΔQ 时，系统在给定的该过程中的热容量为

$$C'=\lim_{\Delta T\to 0}\frac{\Delta Q}{\Delta T}=\frac{dQ}{dT}\tag{5.5.4}$$

式(5.5.4)是热容量的一般定义式。此式对于任意过程都成立，对于一些具体的过程，可以由该式给出特定的定义式。下面对于理想气体的等容过程中的定容热容量及等压过程中的定压热容量作一简介。

对于质量为 m 的理想气体，在体积 V 保持一定的条件下($\Delta V=0$)，由热力学第一定律可得 $\Delta Q_V=\Delta U$，根据热容量的一般定义式，得

$$C'_V=\lim_{\Delta T\to 0}\frac{\Delta Q_V}{\Delta T}=\left(\frac{dQ}{dT}\right)_V\tag{5.5.5}$$

理想气体的内能只是温度 T 的单值函数，所以有

$$C'_V=\left(\frac{dQ}{dT}\right)_V=\frac{dU}{dT}\tag{5.5.6}$$

对于质量为 m 的某种理想气体，在压强 p 保持一定的条件下（$\Delta p=0$），由热力学第一定律可得 $\Delta Q_p=\Delta U+p\Delta V$，根据热容量的一般定义式，得

$$C'_p=\lim_{\Delta T\to 0}\frac{\Delta Q_p}{\Delta T}=\frac{\mathrm{d}U}{\mathrm{d}T}+\frac{p\mathrm{d}V}{\mathrm{d}T} \tag{5.5.7}$$

因为理想气体的内能只是温度 T 的单值函数，所以有

$$C'_p=\frac{\mathrm{d}U}{\mathrm{d}T}+p\frac{\mathrm{d}V}{\mathrm{d}T} \tag{5.5.8}$$

1mol **物质的定压热容量，称为定压摩尔热容量**，记为 C_p，如果物质的摩尔数为 n，显然

$$C_p=\frac{1}{n}C'_p=\frac{1}{n}\left(\frac{\mathrm{d}Q}{\mathrm{d}T}\right)_p \tag{5.5.9}$$

同样，1mol **物质的定容热容量，称为定容摩尔热容量**，记为 C_V，则

$$C_V=\frac{1}{n}C'_V=\frac{1}{n}\left(\frac{\mathrm{d}Q}{\mathrm{d}T}\right)_V \tag{5.5.10}$$

对于1mol理想气体，如果温度为 T，气体的温度由于加热升高了1K，则该气体内能的增量为

$$\Delta U=U_2-U_1=\frac{i}{2}R \tag{5.5.11}$$

对于等容过程，内能的增量等于吸收的热量，由摩尔热容量的定义可知它应该等于该气体的定容摩尔热容量，则有

$$C_V=\frac{i}{2}R \tag{5.5.12}$$

式(5.5.12)表明，由于理想气体的内能是温度的单值函数，理想气体的定容摩尔热容量仅决定于气体分子的自由度，而与气体的温度无关。

对于单原子分子理想气体，$C_V=3R/2=12.5\ \mathrm{J\cdot mol^{-1}\cdot K^{-1}}$；对于刚性双原子分子理想气体 $C_V=5R/2=20.8\ \mathrm{J\cdot mol^{-1}\cdot K^{-1}}$。对于1mol的理想气体，由式(5.5.8)和理想气体状态方程 $pV=RT$ 可得

$$C_p=C_V+R \tag{5.5.13}$$

式(5.5.13)称为**迈耶公式**。迈耶公式表明，理想气体的定压摩尔热容量比定容摩尔热容量要大 R。这是因为升高相同的温度，等容过程中吸收的热量全部转化为内能的增量，而等压过程中吸收的热量，除了转化为与等容过程增量相同的内能外，还需要对外做功。

所以理想气体的定压摩尔热容量为

$$C_p=\frac{i+2}{2}R \tag{5.5.14}$$

定义**定压摩尔热容量与定容摩尔热容量之比为比热容比**，用 γ 表示，即

$$\gamma=\frac{C_p}{C_V}=\frac{i+2}{i} \tag{5.5.15}$$

对于单原子分子理想气体，$\gamma=5/3\approx 1.67$；对于刚性双原子分子理想气体，$\gamma=7/5\approx 1.40$。

3. 经典理论的缺陷

表5.5.1列出了一些气体摩尔热容量和比热容比的实验值和理论值。将理论值与实验数据相比可以看出，对单原子分子、双原子分子气体，理论值与实验值符合较好，而对多原子分子

气体，理论值与实验值差别较大。这种差别表明，理想气体模型只能近似地模拟实际气体。

表 5.5.1　气体摩尔热容量(T=300K)

分子种类	气体	理论值			实验值		
		C_V	C_p	γ	C_V	C_p	γ
单原子	He Ar	$1.5R$	$2.5R$	1.67	$1.5R$	$2.5R$	1.67
双原子	H_2	$2.5R$	$3.5R$	1.4	$2.45R$	$3.46R$	1.41
	N_2				$2.49R$	$3.50R$	1.41
	CO				$2.53R$	$3.53R$	1.40
多原子	CO_2	$3R$	$4R$	1.33	$3.42R$	$4.44R$	1.30
	H_2O				$3.25R$	$4.26R$	1.31
	CH_4				$3.26R$	$4.27R$	1.31

虽然经典理论给出的定压热容量、定容热容量都和温度无关，但实验测得的热容量是随温度变化的。根据经典理论，一切双原子气体应该具有完全相同的 C_V，但实际上不同双原子气体的 C_V 是有差别的，更重要的是，根据经典理论，气体的 C_V 应与温度无关，然而实验表明，一切双原子气体的 C_V 都随温度的升高而增大，例如，氢的 C_V 在低温时约为 $3R/2$，在常温时约为 $5R/2$，只有在高温时才接近 $7R/2$。如图 5.5.1 所示氢气的定压摩尔热容量对温度的关系，定压摩尔热容量随温度的变化明显地表现出三个台阶，这反映了经典理论的缺陷。按照量子理论，分子转动能量和振动能量都是量子化的，并且这些自由度只能在较高的温度下才被激发，对热容量才有贡献。在低温情况下，这些自由度是被"冻结"的。其次上述经典理论完全不能解释金属的比热问题，所有这些结果只能用量子理论解释。

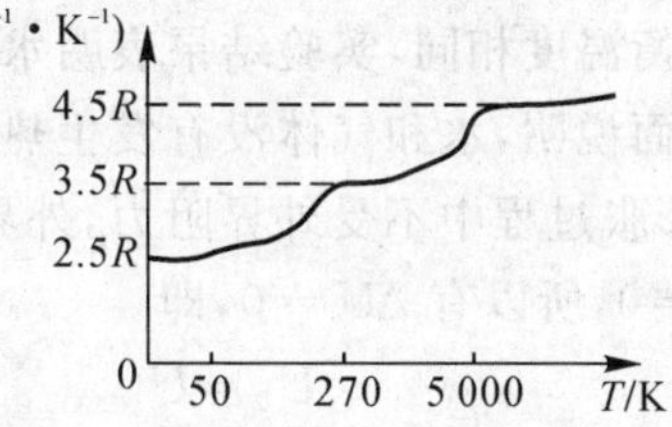

图 5.5.1　氢气的定压摩尔热容量和温度的关系

5.5.2　焓

对于定压过程，系统对外界所做的功为

$$A = p(V_2 - V_1) \tag{5.5.16}$$

在定压过程中，系统从外界吸收的热量为

$$Q_p = U_2 - U_1 + p(V_2 - V_1) = (U_2 + pV_2) - (U_1 + pV_1) \tag{5.5.17}$$

内能是态函数，乘积 pV 是态参量的乘积，也是态函数，所以，$U + pV$ 也是态函数，表明等压过程的热量交换是两个态函数之差，仿照定义内能，定义 $H = U + pV$ **称为焓，焓也是态函数**，它具有能量的单位。这样，等压过程，系统与外界交换的热量简单表示为

$$Q_p = H_2 - H_1 \tag{5.5.18}$$

对于微小的过程，则有

$$\Delta Q_p = \Delta H \tag{5.5.19}$$

这就是说，在定压过程中，系统所吸收的热量等于系统态函数焓的增加。可得定压热容量为

$$C'_p = \lim_{\Delta T \to 0} \frac{\Delta Q_p}{\Delta T} = \lim_{\Delta T \to 0} \left(\frac{\Delta H}{\Delta T}\right)_p = \left(\frac{\partial H}{\partial T}\right)_p \tag{5.5.20}$$

式(5.5.20)把C'_p与态函数H联系起来了。一般说来，C'_p也是(p, T)的函数，即

$$C'_p = \frac{\mathrm{d}H}{\mathrm{d}T} \tag{5.5.21}$$

同理可得定压摩尔热容量$C_p = C'_p / n$也是(p, T)的函数，即

$$C_p = \frac{\mathrm{d}H}{n\mathrm{d}T} \tag{5.5.22}$$

引入焓比较方便地解决了定压过程热量交换的计算，与定容过程有了较强的类比性。态函数内能有明确的物理意义，但焓却没有明确的物理意义，这是人为引入的一个辅助量，其差值的物理意义也很窄。尽管如此，这个量在化学和热过程技术中还是很有用的，因为，不少过程都可以控制为定压过程。在热力学中，还有其他态函数，也有不同的用途。

5.6 气体的内能　焦耳-汤姆逊实验

1845年，焦耳用自由膨胀实验研究了气体的内能，得到了焦耳定理。

5.6.1 焦耳实验

如图5.6.1所示，整个容器放在水中，将C打开后，气体将整个容器(A+B)充满。这里，**气体进行的过程叫做自由膨胀过程。**焦耳用温度计测量膨胀前、后水和气体的平衡温度，发现膨胀前、后水和气体的平衡温度相同，实验结果表明水温不变。这一方面说明，膨胀前、后气体的温度没有改变；另一方面说明，水和气体没有发生热量交换$Q=0$，即气体进行的是绝热自由膨胀。气体向真空自由膨胀过程中不受外界阻力，外界不对气体做功$A=0$。根据$\Delta U = A + Q$，结合该过程中$A=0$，$Q=0$，所以有$\Delta U = 0$，即

$$U_2 = U_1 \tag{5.6.1}$$

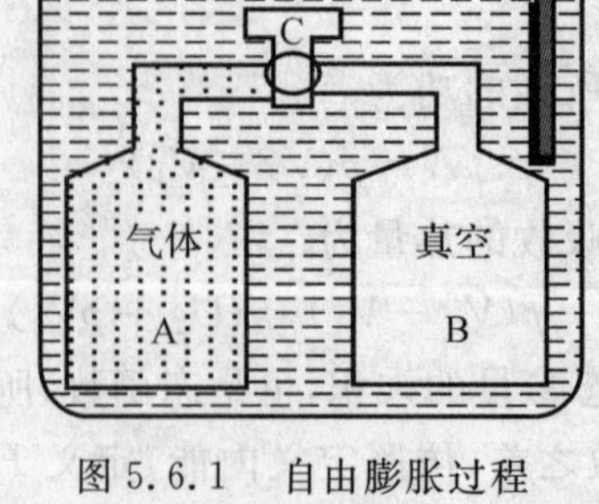

图5.6.1　自由膨胀过程

A—被压缩气体；B—真空；C—阀门

在这个过程中，气体膨胀前、后体积 V 发生了变化，温度 T 未变。而式(5.6.1)表明，在这种情况下态函数内能 U 未变，当体积改变时，内能不变；而当体积改变时，温度不变，焦耳实验结果说明气体的内能仅是温度的函数而与体积无关。焦耳的结果只适用于理想气体，只有在实际气体压强趋于零的极限情形下，气体的内能才只是温度的函数而与体积无关。**在实际气体压强趋于零的极限情形下，内能只是温度的函数，与体积无关，即 $U=U(T)$，这个结论称为焦耳定理。**

事实上，焦耳的实验并不精确，原因是水的热容比气体要大上千倍，气体膨胀前、后即使会有微小的温度变化，也不足以引起水的温度发生可观察的变化，焦耳无法检测到水温变化。后来，在 1852 年，焦耳和汤姆逊做了节流过程实验，才较好地测得气体温度的变化。

5.6.2　焦耳-汤姆逊实验

气体节流的过程是 1852 年焦耳和汤姆逊做的多孔塞实验中所发生的过程，在一个绝热的双汽缸中间固定一个多孔塞。

1. 焦耳-汤姆逊实验

焦耳-汤姆逊实验装置如图 5.6.2 所示，图中 L 是管子，T_1，T_2 是温度计，p_1，p_2 是压强计，H 是多孔塞，多孔塞对气体有较大的阻滞作用，使气体不容易很快通过它，能够在两边维持一定的压强差。设多孔塞左边压强维持在较高的数值 p_1，气体经过多孔塞后压强降为右边的 p_2，在稳定状态下，用温度计 T_1 和 T_2 分别测量两边的温度。**这种在绝热条件下高压气体经过多孔塞流到低压一边的过程叫做绝热节流过程，或焦耳-汤姆逊过程。**

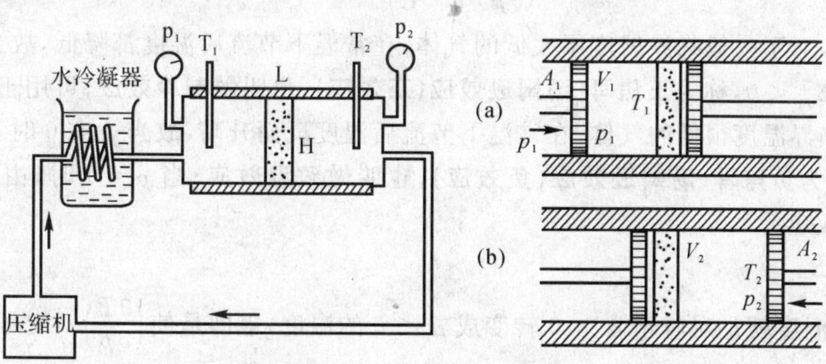

图 5.6.2　焦耳-汤姆逊实验

设在 Δt 时间内，有一定量的高压气体通过多孔塞，原来的压强、体积和温度分别为 p_1，V_1 和 T_1，通过多孔塞后压强、体积和温度分别为 p_2，V_2，T_2。当体积为 V_1 的气体（即研究的气体）通过多孔塞前，其左边气体对它所做的功为

$$A_1 = p_1 S_1 l_1 = p_1 V_1 \tag{5.6.2}$$

当这一定量的气体通过多孔塞后，它要推动其右边的气体（即外界）做功，于是外界对它所做的功为

$$A_2 = -p_2 S_2 l_2 = -p_2 V_2 \tag{5.6.3}$$

这样，外界对气体所做的净功为

$$A = p_1 V_1 - p_2 V_2 \tag{5.6.4}$$

设这一定量的气体在 p_1 边内能为 U_1，在 p_2 边内能为 U_2，并注意到绝热过程，$Q=0$，于是由热力学第一定律得

$$U_2 - U_1 = p_1V_1 - p_2V_2 \text{或} U_1 + p_1V_1 = U_2 + p_2V_2 \tag{5.6.5}$$

即

$$H_1 = H_2 \tag{5.6.6}$$

这就是说气体经绝热节流过程后焓不变。如果气体的内能是温度的函数，而气体又遵从理想气体的状态方程 $pV = nRT$，那么 $H = U + pV$ 也只是温度的函数，与压强无关。但实验的结果并不是这样，所以，实际气体的内能就不仅仅是温度的函数，而应该是 $U = U(T,V)$。

2. 焦-汤系数

引入**焦-汤系数**，即

$$\mu = \left(\frac{\partial T}{\partial p}\right)_H \tag{5.6.7}$$

焦-汤系数表示在焓不变的情况下，节流前、后气体温度随压强的变化率。

由 $H = H(T,p)$，得

$$\left(\frac{\partial T}{\partial p}\right)_H \left(\frac{\partial p}{\partial H}\right)_T \left(\frac{\partial H}{\partial T}\right)_p = -1 \tag{5.6.8}$$

$$\left(\frac{\partial T}{\partial p}\right)_H = -\frac{\left(\frac{\partial H}{\partial p}\right)_T}{\left(\frac{\partial H}{\partial T}\right)_p} = \frac{1}{C_p}\left[T\left(\frac{\partial V}{\partial T}\right)_p - V\right] \tag{5.6.9}$$

$$\mu = \left(\frac{\partial T}{\partial p}\right)_H = \frac{V}{C_p}(T\alpha - 1) \tag{5.6.10}$$

实验表明，对于一般临界温度不太低的气体，在常温下节流后温度都降低，故当 $\mu > 0$ 时，由 $\Delta p < 0$，有 $\Delta T < 0$，称为**正焦耳-汤姆逊效应(正效应)，也叫做制冷效应**，可用于使气体降温和液化；对于临界温度很低的气体，在常温下节流后温度反而升高，故当 $\mu < 0$ 时，由 $\Delta p < 0$，有 $\Delta T > 0$，称为**负焦耳-汤姆逊效应(负效应)，也叫做致温效应**；当 $\mu = 0$ 时，由 $\Delta p < 0$，有 $\Delta T = 0$，为零效应。

3. 转变温度

所谓转变温度就是对应于 $\mu > 0$ 转变成 $\mu < 0$ 的温度，也即是使 $\left(\frac{\partial T}{\partial p}\right)_H$ 变号的温度。显然，此时的温度对应于 $\left(\frac{\partial T}{\partial p}\right)_H = 0$，也即 $\mu = 0$，因此，$T = \frac{1}{\alpha}$。由于 α 一般为 T，p 的函数，故 $T = \frac{1}{\alpha}$ 应为 p 的函数，它将对应于 $T-p$ 图中一条曲线，**称为转换曲线**，如图 5.6.3 所示。

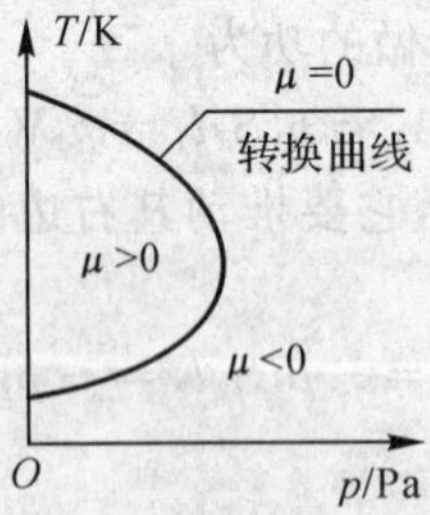

图 5.6.3　转换曲线

例如，对于理想气体，因为 $\alpha=1/T$，所以 $\mu=\left(\frac{\partial T}{\partial p}\right)_H=\frac{V}{C_p}[T\alpha-1]=0$，只能产生零效应。如图 5.6.4 所示，对实际气体，取昂尼斯方程的二级近似，有

$$p=\left(\frac{nRT}{V}\right)\left[1+\frac{n}{V}B(T)\right]=\left(\frac{nRT}{V}\right)\left[1+\frac{p}{RT}B(T)\right] \tag{5.6.11}$$

$$V=\left(\frac{nRT}{p}\right)\left[1+\frac{p}{RT}B(T)\right]=n\left[\frac{RT}{p}+B\right] \tag{5.6.12}$$

$$\alpha=\frac{1}{V}\left(\frac{\partial V}{\partial T}\right)_p=\frac{n}{V}\left(\frac{R}{p}+\frac{\mathrm{d}B}{\mathrm{d}T}\right) \tag{5.6.13}$$

$$\mu=\left(\frac{\partial T}{\partial p}\right)_H=\frac{V}{C_p}(T\alpha-1)=\frac{n}{C_p}\left(T\frac{\mathrm{d}B}{\mathrm{d}T}-B\right) \tag{5.6.14}$$

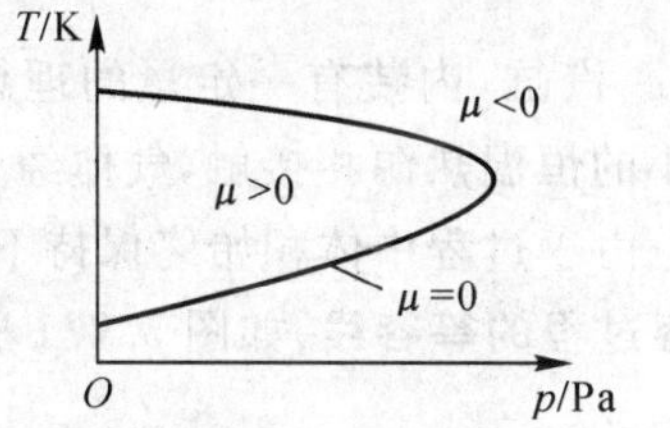

图 5.6.4　昂尼斯方程的转换曲线

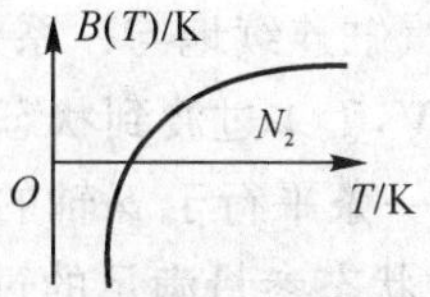

图 5.6.5　$B(T)-T$ 曲线

如图 5.6.5 所示，当温度较低时，$T\frac{\mathrm{d}B}{\mathrm{d}T}>0, B<0, \mu>0$，实际气体节流后产生致冷效应；温度较高时，$T\frac{\mathrm{d}B}{\mathrm{d}T}>0, B>0, \mu<0$，实际气体节流后产生致温效应；反转温度的存在是分子间吸力和斥力的影响相互竞争的表现。气体经节流后产生的致冷效应或致温效应可以看做实际气体偏离理想气体的效应。

5.6.3　理想气体的内能 、焓的表示式

理想气体是指严格遵守 $pV=nRT$ 的气体，理想气体的内能仅仅是温度的函数 $U=U(T)$，式 $C_V=\left(\frac{\partial U}{\partial T}\right)_V$ 可以表示为

$$C_V=\frac{\mathrm{d}U}{\mathrm{d}T} \tag{5.6.15}$$

积分得

$$U=U_0+\int_{T_0}^{T}C_V\mathrm{d}T \tag{5.6.16}$$

U_0 表示 $T=T_0$ 时的内能。C_V 是 T 的函数，如果实际问题所涉及的温度范围不大，可近似地认为 $T_2=T_1\left(\frac{V_1}{V_2}\right)^{\gamma-1}$ 为常数处理。若摩尔数为 n，则其内能为

$$U=U_0+n\int_{T_0}^{T}C_V\mathrm{d}T \tag{5.6.17}$$

因为，理想气体的 $H=U+pV$ 也是 T 的函数，所以，由 $C_p=\frac{\mathrm{d}H}{\mathrm{d}T}$，得

$$H=H_0+\int_{T_0}^{T}C_p\mathrm{d}T \tag{5.6.18}$$

或

$$H = H_0 + n\int_{T_0}^{T} C_p \mathrm{d}T \tag{5.6.19}$$

一般 C_p 是 T 的函数。

5.7 热力学第一定律对理想气体的应用

热力学第一定律确定了系统在状态变化过程中内能、功和热量之间的相互关系，它是能量守恒关系，是自然界的一条普遍规律。下面根据理想气体状态方程和理想气体内能公式将热力学第一定律应用到理想气体的等值过程，即等容过程、等压过程和等温过程。

5.7.1 理想气体的等容过程

等容过程是系统体积保持不变的过程。设有一汽缸，内装有一定量的理想气体。保持活塞固定不动，使汽缸连续地与一系列温度差无限小的恒温热源相接触，气体经一准静态等容过程从状态 $1(p_1,V,T_1)$ 过渡到状态 $2(p_2,V,T_2)$。由于过程中体积始终保持不变，该过程对应的 p-V 曲线是一条平行于 p 轴的直线，叫做**等容过程的等容线**，如图 5.7.1 所示。

任一过程中状态参量满足的过程方程

$$V = C_1 \text{ 或 } \frac{p_1}{T_1} = \frac{p_2}{T_2} = C_2 \tag{5.7.1}$$

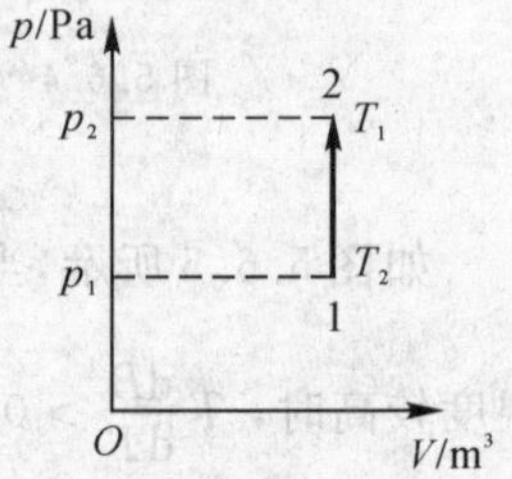

图 5.7.1 等容线

式(5.7.1)叫做**等容过程的过程方程。**其中，C_1 和 C_2 为两个常量，可由过程中某一已知状态参量确定。

在等容过程中，系统做功 $A_V = 0$，根据热力学第一定律，系统所吸收的热量等于内能的增量。假设系统的定容摩尔热容 C_V 为常量，气体的质量为 m，摩尔质量为 M，则可得

$$Q_V = \Delta U = \frac{m}{M} C_V (T_2 - T_1) \tag{5.7.2}$$

系统从外界吸收的热全部转化为系统的内能。

5.7.2 理想气体的等压过程

等压过程是系统压强保持不变的过程。设想汽缸连续地与一系列温差无限小的恒温热源相接触，同时活塞上所加的外力保持不变，使汽缸内的理想气体经一准静态等压过程从状态 $1(p,V_1,T_1)$ 过渡到状态 $2(p,V_2,T_2)$。等压过程的 p-V 线是一条平行于 V 轴的直线，**称为等压过程的等压线**，如图 5.7.2 所示，对应的过程方程为

$$p = C_1 \text{ 或 } \frac{V_1}{T_1} = \frac{V_2}{T_2} = C_2 \tag{5.7.3}$$

式(5.7.3)称为**等压过程的过程方程。**在等压过程中，p 为常量，所以系统所做的功为

$$A = \int_{V_1}^{V_2} p \mathrm{d}V = p(V_2 - V_1) \tag{5.7.4}$$

由于内能是状态量，且理想气体的内能只是温度的函数，因此，等压过程内能的增量也可表示为

$$\Delta U = nC_V (T_2 - T_1) = \frac{m}{M} \frac{iR}{2} (T_2 - T_1) \tag{5.7.5}$$

根据热力学第一定律可得过程中系统吸收的热量为

$$Q_p = A_p + \Delta U = \frac{m}{M}C_p(T_2 - T_1) = \frac{i+2}{2}\,\frac{m}{M}R(T_2 - T_1) \tag{5.7.6}$$

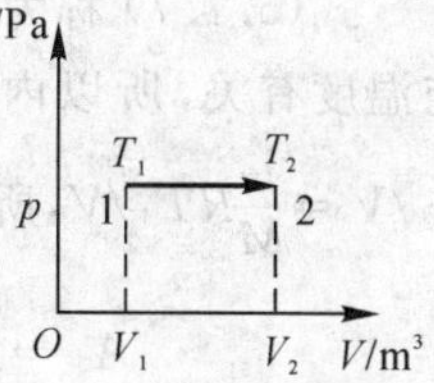

图 5.7.2　等压线

系统从外界吸收的热量，一部分转化为系统的内能，另一部分则用来对外界做功。

例 5.7.1　一汽缸中储有氮气，质量为 1.25 kg。在标准大气压下缓慢地加热，使温度升高 1K。试求气体膨胀时所做的功 A、气体内能的增量 ΔU，以及气体所吸收的热量 Q_p。（活塞的质量以及它与汽缸壁的摩擦均可略去。）

解　因过程是等压的，由式

$$A = \int_{T_1}^{T_2} \frac{m}{M}R\,\mathrm{d}T = \frac{m}{M}R(T_2 - T_1) \tag{1}$$

得

$$A = \frac{m}{M}R\Delta T = \frac{1.25}{0.028} \times 8.31 \times 1 = 371\ \mathrm{J} \tag{2}$$

因为 $i=5$，所以

$$C_V = \frac{i}{2}R = 20.8\ \mathrm{J \cdot mol^{-1} \cdot K^{-1}} \tag{3}$$

由式 $\mathrm{d}U = \frac{m}{M}C_V\mathrm{d}T$ 可得

$$\Delta U = \frac{m}{M}C_V\Delta T = \frac{1.25}{0.028} \times 20.8 \times 1 = 929\ \mathrm{J} \tag{4}$$

所以，气体在这一过程中所吸收的热量为

$$Q_p = U_2 - U_1 + A = 1\,300\ \mathrm{J} \tag{5}$$

例 5.7.2　1mol 单原子分子理想气体，由 273K 分别经等容和等压过程变为 373K，试求各过程中吸热多少？

解　等容过程：

$$Q_V = \frac{m}{M}C_V(T_2 - T_1) = 1 \cdot \frac{i}{2}R(T_2 - T_1) = \frac{3}{2} \times 8.31 \times 100 = 1.25 \times 10^3\ \mathrm{J} \tag{1}$$

等压过程：

$$Q_p = \frac{m}{M}C_p(T_2 - T_1) = 1 \cdot \frac{2+i}{2}R(T_2 - T_1) = \frac{5}{2} \times 8.31 \times 100 = 2.08 \times 10^3\ \mathrm{J} \tag{2}$$

当已知 ΔT 时，用 $Q = \frac{m}{M}C\Delta T$ 计算比较方便。

5.7.3　理想气体的等温过程

等温过程是系统温度保持不变的过程。设汽缸壁保持与一恒温热源相接触，使汽缸活塞上的外界压强无限缓慢地减小（或增大），缸内气体经历一准静态等温过程从状态 1(p_1，V_1，T) 过渡到状态 2(p_2，V_2，T)。由于温度保持不变，由理想气体状态方程不难知道等温过程的 p-V 曲线是一条双曲线，称为**等温过程的等温线**，如图 5.7.3 所示。等温线把 p-V 图分为两个区域，等温线 T 以上区域气体的温度大于 T，等温线以下的区域气体的温度小于 T。其过程方程为

$$T = C_1 \text{ 或 } p_1V_1 = p_2V_2 = C_2 \tag{5.7.7}$$

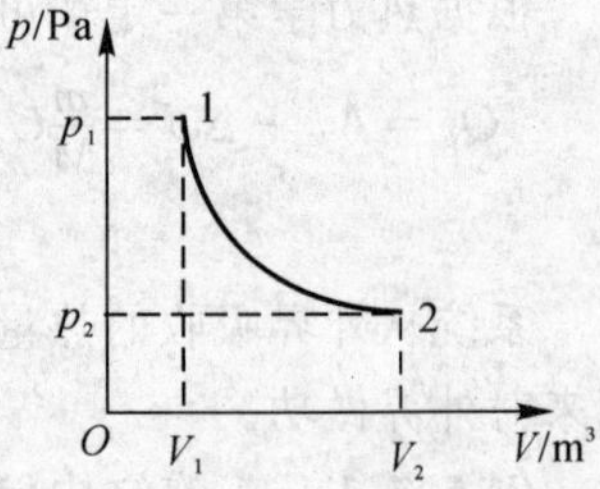

图 5.7.3 等温线

式(5.7.7) 称为**等温过程的过程方程。**理想气体的内能只与温度有关，所以内能的增量为 $\Delta U=0$。根据过程方程，$p=C_2/V=\frac{m}{M}RT_1/V$，所以等温过程系统做功为

$$A_T=\int_{V_1}^{V_2}\frac{m}{M}RT\,\frac{1}{V}\mathrm{d}V=\frac{m}{M}RT\ln\frac{V_2}{V_1} \tag{5.7.8}$$

根据热力学第一定律，系统吸收的热量为

$$Q_T=\frac{m}{M}RT\ln\frac{p_1}{p_2}=\frac{m}{M}RT\ln\frac{V_2}{V_1} \tag{5.7.9}$$

在等温过程中，系统从外界吸收的热量全部用来对外做功。

5.7.4 准静态绝热过程

绝热过程是系统与外界无热量交换的过程。用绝热材料与外界隔开的系统，其内部进行的热力学过程就可近似地认为是绝热过程。实际过程虽然不能完全绝热，但若过程进行得很快，系统来不及与外界进行显著的热量交换，过程就已完成，这样的过程也可看做是绝热过程。例如，蒸汽机或内燃机汽缸内气体的急速压缩和膨胀，空气中声音传播时引起的局部膨胀或压缩等。下面从准静态绝热过程和绝热自由膨胀过程两种情况讨论。

1. 准静态绝热过程

准静态绝热过程方程：对于准静态绝热过程，$\mathrm{d}Q=0$，应用热力学第一定律有

$$\mathrm{d}U+p\mathrm{d}V=0 \tag{5.7.10}$$

表明在准静态绝热过程中，外界对系统做的功完全转化为系统的内能。对于理想气体 $\mathrm{d}U=\frac{m}{M}C_V\mathrm{d}T$，代入式(5.7.10)，可得到

$$\frac{m}{M}C_V\mathrm{d}T+p\mathrm{d}V=0 \tag{5.7.11}$$

另一方面，在准静态过程中的任意时刻，理想气体都满足状态方程

$$pV=\frac{m}{M}RT \tag{5.7.12}$$

对式(5.7.12) 两边求微分，可得

$$p\mathrm{d}V+V\mathrm{d}p=\frac{m}{M}R\mathrm{d}T \tag{5.7.13}$$

从式(5.7.11) 和式(5.7.13)，消去 $\mathrm{d}T$ 得

$$(C_V+R)p\mathrm{d}V+C_VV\mathrm{d}p=0 \tag{5.7.14}$$

两边同时除以 pVC_V，并利用迈耶公式和 γ 的定义，可得

$$\gamma\frac{\mathrm{d}V}{V}=-\frac{\mathrm{d}p}{p} \tag{5.7.15}$$

这是理想气体准静态绝热过程中状态参量满足的微分方程。对式(5.7.15) 两边积分，得

$$\ln p+\gamma\ln V=C \tag{5.7.16}$$

式中，C 为积分常数。式(5.7.16) 常写为

$$pV^\gamma=C_1 \tag{5.7.17}$$

式中，$C_1=\mathrm{e}^C$ 为一常量。式(5.7.17) 叫作**泊松公式。**利用理想气体状态方程和式(5.7.17)，还可导出准静态绝热过程中 T 与 V 的关系及 p 与 T 的关系为

$$TV^{\gamma-1}=C_2 \tag{5.7.18}$$

$$p^{\gamma-1}T^{-\gamma}=C_3 \tag{5.7.19}$$

式中，C_2 和 C_3 是另外两个常量。式(5.7.17)、式(5.7.18)和式(5.7.19)**都是理想气体准静态绝热过程方程。**

根据绝热过程方程，可在 $p-V$ 图上画出绝热过程曲线，**称为绝热过程的绝热线**，如图 5.7.4 所示，图中同时画出了质量相同的同种理想气体准静态等温过程的曲线。设等温线与绝热线相交于 A，根据等温过程和绝热过程的过程方程，可求得等温线和绝热线在相交点的斜率分别为

$$\left(\frac{dp}{dV}\right)_T=-\frac{p_A}{V_A} \tag{5.7.20}$$

$$\left(\frac{dp}{dV}\right)_Q=-\gamma\frac{p_A}{V_A} \tag{5.7.21}$$

由于 $\gamma>1$，交点处绝热线的斜率的绝对值大于等温线的斜率的绝对值，即绝热线较等温线陡。从图 5.7.4 中可以看出，绝热线比等温线更陡，表明质量相同的同种气体，随着体积减小，绝热过程压强比等温过程压强增加更快。从分子运动论的角度，很容易理解这一结果。对同样的气体，假设从交点 A 起做等温压缩，分子平均平动动能不变，但分子的密度将增加，气体的压强将增大。在绝热条件下压缩，随着体积的减小，不仅气体分子的数密度增大，而且外界做功也增大了分子平均平动动能，这两种效应都会导致压强增大。

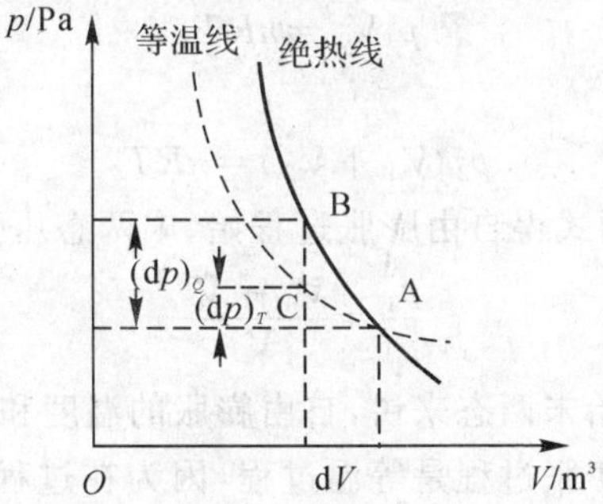

图 5.7.4 等温线和绝热线

设绝热过程始末两状态的状态参量分别为 (p_1,V_1,T_1) 和 (p_2,V_2,T_2)，一定质量理想气体内能的变化为

$$\Delta U=U_2-U_1=\frac{m}{M}C_V(T_2-T_1) \tag{5.7.22}$$

系统对外所做的功为

$$A=\int_{V_1}^{V_2}p\,dV=-\frac{m}{M}C_V(T_2-T_1) \tag{5.7.23}$$

利用迈耶公式和绝热过程方程式(5.7.17)，绝热过程中系统对外界做的功还可写为

$$A=\int_{V_1}^{V_2}p\,dV=\frac{p_2V_2-p_1V_1}{1-\gamma} \tag{5.7.24}$$

2. 绝热自由膨胀过程

设将一绝热容器内用隔板分为 V_1 和 V_2 两部分，如图 5.7.5 所示。设想左部 V_1 中充以理

想气体，处于平衡态，右部 V_2 是真空。若抽去隔板，气体将迅速冲入右部，最后整个气体达到平衡态，这一过程叫做**绝热自由膨胀**。绝热自由膨胀显然不是准静态过程，因为气体在此过程中进行的任一时刻，系统都不是处在平衡态。

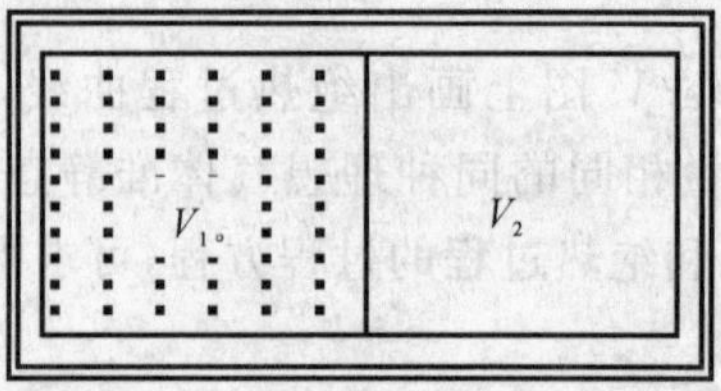

图 5.7.5　绝热自由膨胀过程

下面，来求始、末两平衡态状态参量之间的关系。考虑到过程是绝热的，则 $Q=0$，由热力学第一定律

$$U_2-U_1+A=0 \tag{5.7.25}$$

又由于气体是向真空膨胀，气体不会受到阻力的作用，气体做功 $A=0$，于是有

$$U_1=U_2 \tag{5.7.26}$$

即始末两平衡态的内能是相等的。由于理想气体的内能 $U=niRT/2$，而在膨胀过程中摩尔数 n 不变，所以始末两平衡态的温度相等，即 $T_1=T_2$。由于绝热自由膨胀过程不是准静态过程，因此不存在过程曲线。但仍可以对始、末两平衡态应用理想气体状态方程，得

$$p_1V_1=nRT_1 \tag{5.7.27}$$

和

$$p_2(V_1+V_2)=nRT_2 \tag{5.7.28}$$

利用 $T_1=T_2$，联立以上两式得自由膨胀过程始、末两态压强之间的关系，即

$$\frac{p_1}{p_2}=\frac{V_1+V_2}{V_1} \tag{5.7.29}$$

这里要指出的是，虽然就始末两态来讲，自由膨胀的温度和压强之间的关系与准静态等温过程的相同，但不能认为自由膨胀过程是等温过程，因为在过程进行中的每一时刻，系统并不处在平衡态。而且，准静态绝热过程方程在这里也不适用。

例 5.7.3　1mol 双原子分子理想气体，从状态 $a(p_1,V_1)$ 出发，先经一准静态等压过程体积增大 1 倍，再经一准静态等容加热使其压强增大 1 倍，最后作准静态膨胀，温度降至初始温度，如图 5.7.6 所示。求：

(1) 系统在末状态 d 的温度、体积和压强是多少？

(2) 系统在整个过程中对外所做的功是多少？

(3) 系统在整个过程中吸收的热量是多少？

解　(1) 在过程进行中的任一时刻，系统都满足理想气体状态方程 $pV=RT$，于是，当处在 a 状态时，有

$$T_a=\frac{p_1V_1}{R} \tag{1}$$

在 c 状态时，有

$$T_c=\frac{p_cV_c}{R}=\frac{2p_1\cdot 2V_1}{R}=4T_a \tag{2}$$

而按题意

$$T_d = T_a = \frac{p_1V_1}{R} \tag{3}$$

又 c 到 d 是准静态绝热过程，于是

$$T_cV_c^{\gamma-1} = T_dV_d^{\gamma-1} \tag{4}$$

得

$$V_d = V_c\left(\frac{T_c}{T_d}\right)^{1/(\gamma-1)} = 2\times 4^{0.4/2}V_1 \tag{5}$$

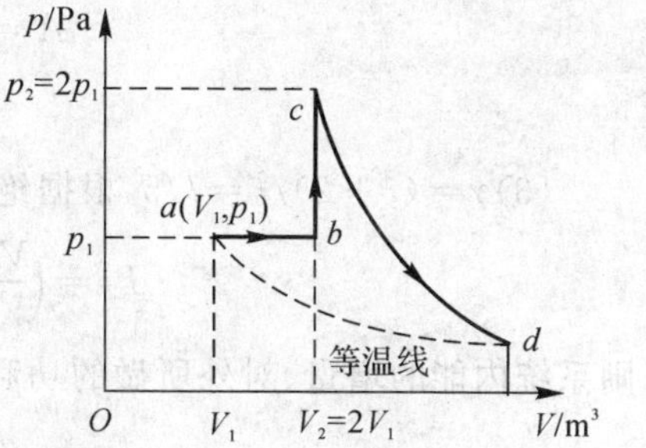

图　5.7.6

再者，a 状态和 d 状态满足

$$p_aV_a = RT_a = p_dV_d \tag{6}$$

故

$$p_d = \frac{p_1V_1}{V_d} = (2\sqrt[1.4-1]{4})^{-1}p_1 \tag{7}$$

(2) 首先，求出各分过程的功：

ab 过程的功：

$$A_{ab} = p_1(V_b - V_a) = p_1V_1 \tag{8}$$

bc 过程的功：

$$A_{bc} = 0 \tag{9}$$

cd 过程的功：

$$A_{cd} = -\Delta U_{cd} = C_V(T_c - T_d) = \frac{15}{2}p_1V_1 \tag{10}$$

故 $abcd$ 过程的总功为

$$A = A_{ab} + A_{bc} + A_{cd} = \frac{17}{2}p_1V_1 \tag{11}$$

(3) 在整个过程中，由于 $T_a = T_d$，$\Delta U = 0$，系统从外界吸收的热量为

$$Q = A + \Delta U = \frac{17}{2}p_1V_1 \tag{12}$$

例 5.7.4　0.014 kg 标态下的 N_2 气体经以下过程使其体积膨胀为原来的两倍：(1) 等压过程；(2) 等温过程；(3) 绝热过程。试求每一过程中系统内能的增量、对外所做的功和吸收的热量分别是多少？

解　(1) 根据等压过程方程可求得末态温度为

$$T_2 = \left(\frac{V_2}{V_1}\right)T_1 = 2\times 273 = 546\text{K} \tag{1}$$

则系统内能的增量、对外所做的功和吸收的热量分别为

$$\Delta U = \frac{niR(T_2 - T_1)}{2} = 2.86\times 10^3\text{J} \tag{2}$$

$$A = p_1(V_2 - V_1) = p_1V_1 = nRT_1 = 4.54\times 10^2\text{J} \tag{3}$$

$$Q = \Delta U + A = 3.31\times 10^3\text{J} \tag{4}$$

(2) 等温过程内能增量

$$\Delta U = 0 \tag{5}$$

系统对外做功和吸收的热量分别为

$$A = nRT_1 \ln \frac{V_2}{V_1} = 7.86 \times 10^2 \text{J} \tag{6}$$

$$Q = A = 7.86 \times 10^2 \text{J} \tag{7}$$

(3) $\gamma = (i+2)/i = 7/5$，根据绝热过程方程 $TV^{\gamma-1} = C_2$ 可得末态温度为

$$T_2 = \left(\frac{V_1}{V_2}\right)^{\gamma-1} T_1 = \frac{1}{2^{2/5}} \times 273 = 206.9\text{K} \tag{8}$$

则系统内能的增量、对外所做的功和吸收的热量分别为

$$\Delta U = \frac{niR(T_2 - T_1)}{2} = -6.87 \times 10^2 \text{J} \tag{9}$$

$$A = -\Delta U = -6.87 \times 10^2 \text{J} \tag{10}$$

$$Q = 0 \tag{11}$$

5.7.5 多方过程

在气体中进行的过程，常常是既非等温过程，也不是绝热过程，而是介于两者之间的过程。

1. 多方过程

用下列公式表达在气体中进行的实际过程

$$pV^n = 常数 \tag{5.7.30}$$

凡是满足式(5.7.30)的过程称为**多方过程**，其中 n 的取值为 $n=1$ 为等温过程；$n=\gamma$ 为绝热过程；$n=0$ 为等压过程；$n=\infty$ 为等容过程。

2. 多方过程中的功

气体在多方过程中所做的功，完全可用绝热过程中功的推导方法求得，并且所得结果和式(5.7.24)相同，只要把绝热过程中功中的 γ 换为 n 即可。

$$A = \frac{p_1V_1}{n-1}\left[\left(\frac{V_1}{V_2}\right)^{n-1} - 1\right] = \frac{1}{n-1}(p_2V_2 - p_1V_1) \tag{5.7.31}$$

3. 多方过程中的摩尔热容量

如以 C_n 代表多方过程中的摩尔热容量，则由摩尔热容量的定义可知，当系统温度变化为 $\mathrm{d}T$ 时，系统从外界吸收的热量为 $nC_n\mathrm{d}T$，根据热力学第一定律和理想气体的内能公式可得

$$\mathrm{d}U = nC_V\mathrm{d}T = nC_n\mathrm{d}T - p\mathrm{d}V \tag{5.7.32}$$

将理想气体状态方程 $pV = nRT$ 两边微分，可得

$$p\mathrm{d}V + V\mathrm{d}p = nR\mathrm{d}T \tag{5.7.33}$$

由多方方程式 pV^n 常数的微分得

$$\frac{\mathrm{d}p}{p} + n\frac{\mathrm{d}V}{V} = 0 \tag{5.7.34}$$

由式(5.7.32)、式(5.7.33)、式(5.7.34)可消去 $\mathrm{d}p$，$\mathrm{d}V$ 和 $\mathrm{d}T$，从而得到

$$C_n = \frac{(n-1)C_V - R}{n-1} = C_V\left(\frac{\gamma - n}{1-n}\right) \tag{5.7.35}$$

例 5.7.5 0.020kg 的氦气温度由 290K 升为 300K，若在升温过程中：(1) 体积保持不变；(2) 压强保持不变；(3) 不与外界交换热量。试分别求出气体内能的改变是多少？吸收的热量是多少？外界对气体所做的功是多少？设氦气可看做理想气体，且 $C_V = 3R/2$。

解 (1) 当体积不变时，$A = 0$

$$\Delta U=nC_V(T_2-T_1)=n\frac{3}{2}R(T_2-T_1)=6.26\times10^2\ \mathrm{J} \tag{1}$$

$$Q=\Delta U-A=\Delta U=6.26\times10^2\ \mathrm{J} \tag{2}$$

(2) 当压强不变时

$$\Delta U=nC_V\Delta T=6.26\times10^2\ \mathrm{J} \tag{3}$$

$$Q=nC_p\Delta T=n(C_V+R)\Delta T=\frac{5}{2}nR\Delta T=1\ 040\ \mathrm{J} \tag{4}$$

$$A=\Delta U-Q=-414\ \mathrm{J} \tag{5}$$

(3) 在绝热过程

$$\Delta U=nC_V\Delta T=626\ \mathrm{J} \tag{6}$$

$$A=\Delta U=626\ \mathrm{J} \tag{7}$$

例 5.7.6　0.008 0 kg 氧气，原来温度为 300K，体积为 $4.1\times10^{-4}\ \mathrm{m^3}$，若：(1) 经过绝热膨胀体积增加为 $4.1\times10^{-3}\ \mathrm{m^3}$；(2) 先经过等温过程再经过等容过程达到与(1) 同样的终态。试分别计算在以上两种过程中外界对气体做的功。设氧气可看做理想气体，且 $C_V=5R/2$。

解　具体过程如图 5.7.7 所示：

$$n=\frac{0.008\ 0}{32\times10^{-3}}=\frac{1}{4}\ \mathrm{mol} \tag{1}$$

$$T_1=27+273=300\mathrm{K} \tag{2}$$

$$V_1=4.1\times10^{-4}\ \mathrm{m^3} \tag{3}$$

$$V_2=4.1\times10^{-3}\ \mathrm{m^3} \tag{4}$$

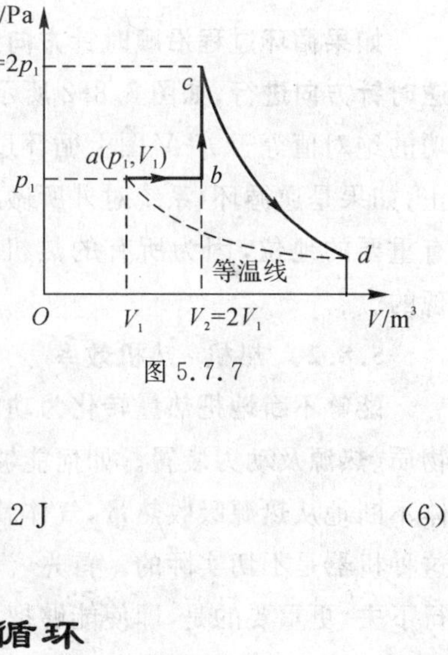

图 5.7.7

(1) 由　$T_1V_1^{\gamma-1}=T_3V_3^{\gamma-1}$

及　$T_3=T_1\left(\dfrac{V_1}{V_3}\right)^{\gamma-1}=300\times\left(\dfrac{0.41}{4.1}\right)^{1.4-1}=119.5\ \mathrm{K}$

$$A_{绝}=\Delta U=nC_V(T_3-T_1)=-938\ \mathrm{J} \tag{5}$$

(2) 等温等容过程之功为

$$A_{1-2}=-nRT_1\ln\frac{V_2}{V_1}=-153\ 5.2\ \mathrm{J} \tag{6}$$

5.8　循环过程　卡诺循环

由热力学第一定律知，系统(工作物质) 在一些热力学过程中，可以从外界吸收热量，增加系统的内能，同时系统又消耗自已的内能而对外界做功，通过这些过程达到把热能转换为机械能的目的。

5.8.1　循环过程

在生产实践中需要持续不断地把热转换为功，但依靠一个单独的变化过程不能达到这个目的。例如，汽缸中气体作等温膨胀时，它从热源吸热对外做功，它所吸收的热量全部用来对外做功。但是，由于汽缸长度总是有限的，这个过程不能无限地进行下去，因而依靠气体等温膨胀所做的功是有限的，为了维持不断地把热量转变为功，必须利用循环过程。**系统从某一状态出发，经过一系列状态变化过程以后，又回到原来出发时的状态，这样的过程叫做循环过程，**

简称循环。循环工作的物质系统叫工作物质,简称工质。由于工质的内能是状态的单值函数,当工质经历一个循环过程回到初始状态时,内能没有改变,因而循环过程的重要特征是 $\Delta U=0$,循环过程中系统对外所做净功等于系统吸收的净热量。**如果,在工质所经历的循环过程中各分过程都是准静态过程,则整个过程就是准静态循环过程。**在 $p-V$ 图上即为一条闭合曲线,如图5.8.1所示的曲线 $abcd$ 就表示了一个循环过程。系统所做的净功等于 $p-V$ 图上循环过程曲线所围的面积。

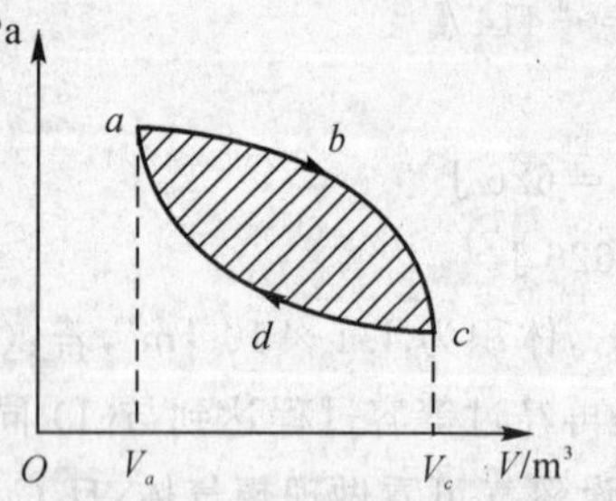

图 5.8.1 正循环过程曲线

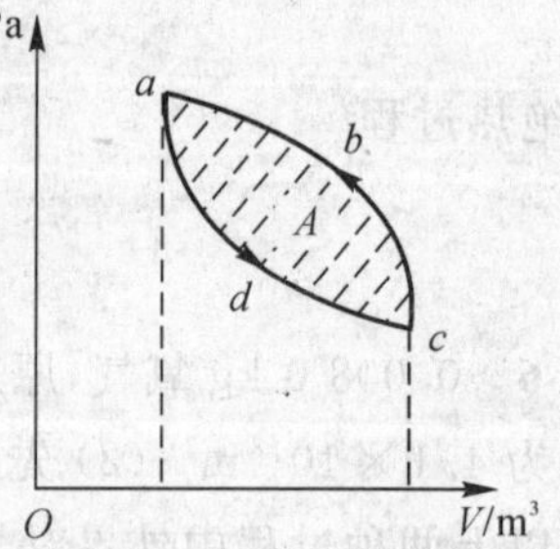

图 5.8.2 逆循环过程曲线

如果循环过程沿顺时针方向进行,如图 5.8.1 所示,**则该循环为正循环;如果循环过程沿逆时针方向进行,**如图 5.8.2 所示,**则该循环为逆循环。**在一个循环过程中,系统对外所做净功的绝对值等于 $p-V$ 图上循环过程曲线所包围的面积。如果是正循环,系统对外所做净功为正;如果是逆循环,系统对外所做净功为负,表示外界对系统做正功。循环过程在热力学中具有重要的地位,因为所有的热机、制冷机和热泵的运转都是通过工作物质的循环过程来实现的。

5.8.2 热机 热机效率

能够不断地把热量转化为功的装置,称为热机。一台热机一般由三个基本部分组成:工作物质、热源及动力装置。如何能够不断地把热量转化为功?表面看来,只要使一个汽缸中的气体不断地从热源吸收热量,气体就能不断膨胀而推动活塞对外做功。但是仔细分析就会发现这种机器是不切实际的。首先,汽缸的长度总是有限的,气体的膨胀过程就不可能无限制地进行下去,更重要的是,即使能够把汽缸做得很长,随着气体体积的增大,压强要逐渐减小(因为气体的温度总是有限的)。当气体的压强减小到与外界的压强相同时,做功也就无法继续下去,此时汽缸中的气体称为废气。

实际热机的运转都是通过上述的循环过程。如图 5.8.3 所示为一蒸汽机工作简图。水泵将水注入锅炉中,水在锅炉中加热,水吸收热量 Q_1 变成高温、高压的蒸汽,通过管道进入汽缸中并在汽缸中膨胀,推动活塞对外做功,当汽缸中的压强减小到无法继续做功时,经一压缩过程使汽缸中的废气进入冷却器,在冷却器中放出热量 Q_2 而凝结成水,形成一个循环。

如图 5.8.4 所示的正循环可以看成是由准静态膨胀过程 abc,和准静态压缩过程 cda 构成的。在 abc 过程中,系统膨胀,对外做功 A_1,其大小等于 $abcV_2V_1a$ 围成的面积;在 cda 过程中,系统被压缩,外界对系统做功 A_2(即系统对外界做负功 $-A_2$),其大小等于 $cdaV_1V_2c$ 围成的面积。于是,在一次正循环中,系统对外做的净功 $A=A_1-A_2$,其大小等于正循环过程曲线

abcda 包围的面积(图中的阴影区域 A)。由于 $S_{abcV_2V_1a} > S_{cdaV_1V_2c}$,在一次正循环中,系统对外做的净功 $A > 0$。工作物质完成一个循环后,其内能不变,根据热力学第一定律,在一个循环中系统对外做的净功为

$$A = Q_1 - Q_2 \tag{5.8.1}$$

式中,Q_1—— 在一次循环中工作物质从高温热源吸收的热量;

Q_2—— 向低温热源放出的热量。

标志热机效能的一个重要指标是热机的效率。**热机效率定义为在一个循环过程中,热机对外做的净功与它从高温热源吸收的热量的比值**,用符号 η 表示,即

$$\eta = \frac{A}{Q_1} = 1 - \frac{Q_2}{Q_1} \tag{5.8.2}$$

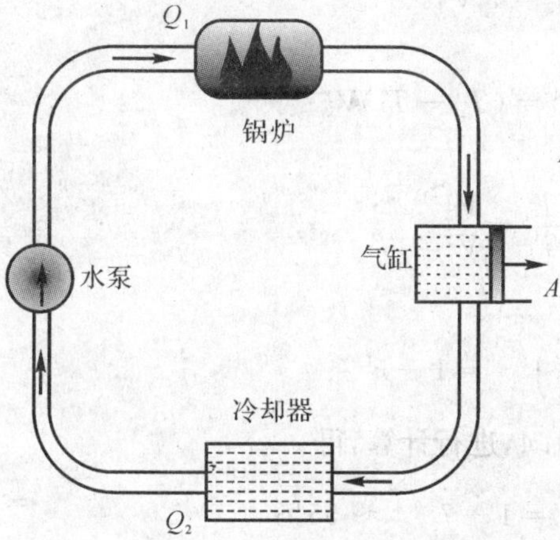

图 5.8.3 蒸汽机工作简图

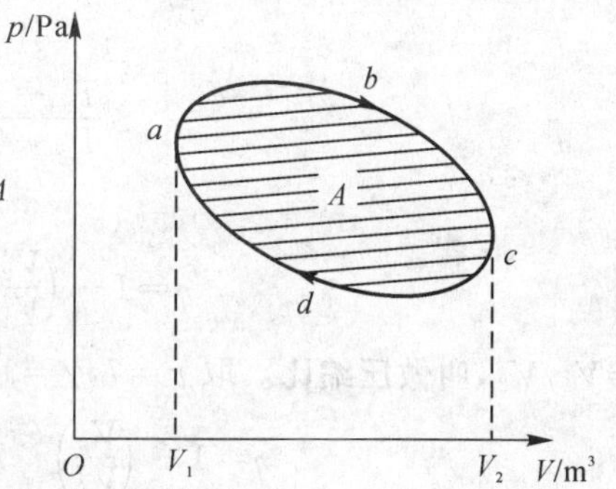

图 5.8.4 热机循环

例 5.8.1 在燃烧汽油的四冲程内燃机中进行的循环由下列过程组成:首先将汽油与空气的混合气吸入汽缸;然后,对混合气体进行急速压缩;当压缩至混合气的体积最小时用电火花点火使混合气爆燃;爆燃气体放出的热量,使汽缸中气体的温度、压强迅速增大,从而推动汽缸活塞对外做功。做功后的废气被排出汽缸,再吸入新的混合气体进行下一次循环。

显然,实际的循环并非由同一工作物质完成,而且还经过了燃烧,汽缸内的气体发生了化学变化。但当理论上研究上述实际过程中的能量转化关系时,往往用一定质量、被看做理想气体的空气进行的下述准静态过程代替(见图 5.8.5):

(1) 绝热压缩过程 $a \to b$:活塞自右向左移动,将吸入汽缸的混合气体自 a 状态压缩 b 状态。

(2) 等容吸热过程 $b \to c$:当混合气体压缩至 b 状态时,用电火花引爆混合气体,气体压力随之突增。但由于爆炸时间极短,活塞移动距离极小,故将这一过程看做等容增压过程。

(3) 绝热膨胀过程 $c \to d$:爆炸后的气体压力巨大,这一巨大的压力推动活塞对外做功,同时压力也随着气体的膨胀而降低。这一过程看做绝热膨胀过程。

(4) 等容放热过程 $d \to a$:开放排气口,气体的压力将骤然降至外界大气压力。这一过程看做等容降压过程。

上述**四个准静态过程构成的理想循环过程叫做奥托循环**。试计算奥托循环的效率。

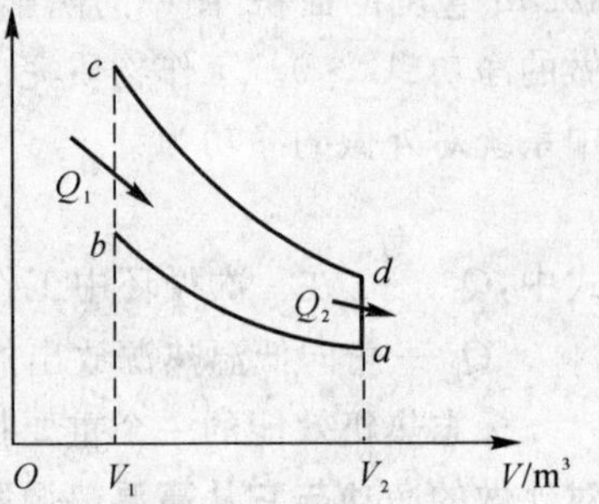

图 5.8.5

解 显然，在 $b \to c$ 的等容增压过程中，气体吸收热量为

$$Q_1 = nC_V(T_c - T_b) \tag{1}$$

在 $d \to a$ 的等容降压过程中，气体释放的热量为

$$Q_2 = nC_V(T_d - T_a) \tag{2}$$

将 Q_1 和 Q_2 的表达式代入式(5.8.2)得

$$\eta = 1 - \frac{Q_2}{Q_1} = 1 - \frac{T_d - T_a}{T_c - T_d} \tag{3}$$

由于 $a \to b$ 和 $c \to d$ 是绝热过程，于是有

$$T_a V_1^{\gamma-1} = T_b V_2^{\gamma-1} \tag{4}$$

$$T_d V_1^{\gamma-1} = T_c V_2^{\gamma-1} \tag{5}$$

两式相减得

$$(T_d - T_a)V_1^{\gamma-1} = (T_c - T_b)V_2^{\gamma-1} \tag{6}$$

故有

$$\frac{T_d - T_a}{T_c - T_b} = \frac{V_2^{\gamma-1}}{V_1^{\gamma-1}} \tag{7}$$

所以

$$\eta = 1 - \left(\frac{V_2}{V_1}\right)^{\gamma-1} = 1 - r^{1-\gamma} \tag{8}$$

式中，$r = V_1/V_2$，**叫做压缩比**。取 $r = 7$，$\gamma = 1.4$，进行计算，得

$$\eta = 1 - \left(\frac{V_2}{V_1}\right)^{\gamma-1} = 1 - 7^{-0.4} \approx 55\% \tag{9}$$

实际上，汽油机的效率只有约 25%。

例 5.8.2 如图 5.8.6 所示为 1mol 双原子分子理想气体的循环过程。求：

(1) a 状态的状态参量；

(2) 循环效率。

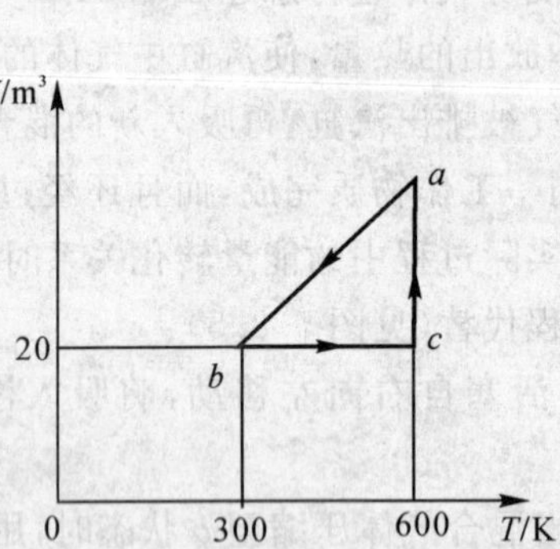

图 5.8.6

解 由图可知 $a \to b$ 为一等压压缩过程，$b \to c$ 为一等容升温过程，$c \to a$ 为一等温膨胀过程。

(1) 状态 a 的状态参量 $T_a = 600\text{K}$，

$$p_a = p_b = \frac{RT_b}{V_b} = \frac{8.31 \times 300}{20 \times 10^{-3}} = 1.24 \times 10^5 \text{Pa} \tag{1}$$

$$V_a=\frac{T_a}{T_b}V_b=\frac{600}{300}\times 20=0.04\ \mathrm{m}^3 \tag{2}$$

(2) 下面分别计算系统在各分过程中的吸热或放热。按题意，理想气体由双原子分子组成，故 $i=5$，$C_V=5R/2$，$C_p=7R/2$。

$a\rightarrow b$（等压降温过程）：

$$Q_{ab}=C_p(T_b-T_a)=-1\,050R \tag{3}$$

$b\rightarrow c$（等容升温过程）：

$$Q_{bc}=C_V(T_c-T_b)=750R \tag{4}$$

$c\rightarrow a$（等温膨胀过程）：

$$Q_{ca}=A_{ca}=RT_a\ln\frac{V_a}{V_c}=600R\ln 2 \tag{5}$$

$a\rightarrow b$ 放热，$b\rightarrow c$ 吸热，$c\rightarrow a$ 吸热。故在一次循环中系统的总吸热和总放热分别为 $Q_1=Q_{bc}+Q_{ca}$，$Q_2=|Q_{ab}|$，所以，其循环效率为

$$\eta=1-\frac{Q_2}{Q_1}=9.9\% \tag{6}$$

5.8.3　制冷机　制冷系数

能够使热量不断地从低温热源传给高温热源的装置，称为制冷机。研究表明，制冷机的运转也是通过工作物质的循环过程。在原理上只要使热机逆向运转，该热机就成为一制冷机。如图 5.8.7 所示为制冷机的原理图。经压缩机压缩的氨蒸气，在热交换器中放出热量 Q_1 而被冷却凝结为液氨，再经节流阀降压、降温，经管道流入冷库，液氨在冷库中吸收热量 Q_2 后蒸发为气体，在经管道进入压缩机，形成一个循环。

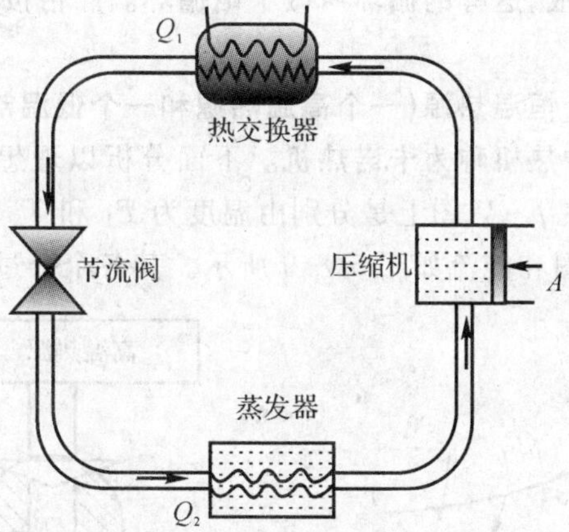

图 5.8.7　制冷机的原理图

如图 5.8.8 所示的逆循环由准静态膨胀过程 $a'b'c'$ 和准静态压缩过程 $c'd'a'$ 构成。在 $a'b'c'$ 过程中，系统膨胀，对外做功 A_1，其大小等于 $a'b'c'V_2'V_1'a'$ 围成的面积；在 $c'd'a'$ 过程中，系统被压缩，外界对系统做功 A_2，即系统对外界做负功 $-A_2$，其大小等于 $c'd'a'V_1'V_2'c'$ 围成的面积。于是，在一次逆循环中，系统对外做的净功 $A=A_1-A_2$，其大小等于逆循环曲线 $a'b'c'd'a'$ 包围的面积（图中的阴影区域）。由于 $S_{a'b'c'V_2'V_1'a'}<S_{c'd'a'V_1'V_2'c'}$，在一次逆循环中，系统对外做的净功 $A<0$，根据式(5.8.1)，$Q=Q_1-Q_2<0$，系统向外界放热。

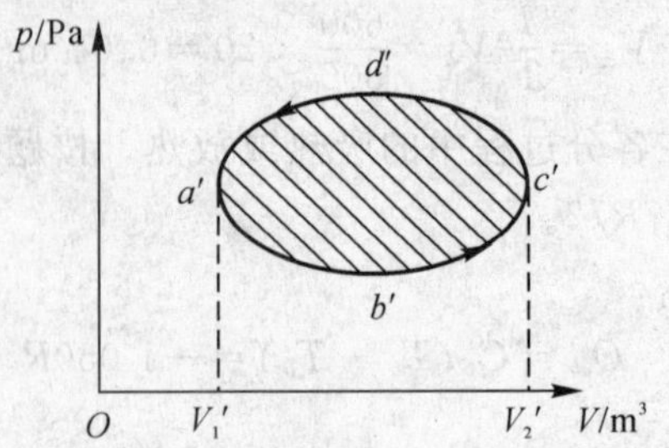

图 5.8.8　逆循环

在制冷机的一次循环中，外界对工质会做净功 A，工质从低温热源（如冰箱内的蒸发器）吸热 Q_2，向高温热源（如冰箱外的冷凝器）放热 Q_1。根据热力学第一定律，有

$$Q_1 = Q_2 + A \tag{5.8.3}$$

对制冷机，从低温热源吸取热量 Q_2 是制冷目的，必须对工质做功 A 是必须付出的代价。制冷机工作的效能常用制冷系数表示，**制冷系数定义为在一次循环中工作物质从低温热源吸收的热量与外界对它做的功的比值**，用符号 ω 表示，即

$$\omega = \frac{Q_2}{A} = \frac{Q_2}{Q_1 - Q_2} \tag{5.8.4}$$

5.8.4　理想气体的卡诺循环

19 世纪上半叶，热机虽已在生产实践中得到广泛应用，但效率都普遍不高，如何进一步提高热机的效率就成了当时工程师和科学家共同关心的问题。1824 年，法国青年工程师卡诺提出了一种理想循环，**该循环过程中工质只与两个恒温热源交换热量，循环由两个准静态等温过程、两个准静态绝热过程构成，这样的循环叫做卡诺循环。**严格按卡诺循环工作的热机或制冷机称为卡诺机。

假设工作物质只与两个恒温热源（一个高温热源和一个低温热源）交换热量，并假设没有散热、漏气等因素存在，这种热机称为卡诺热机。下面分析以理想气体为工质的卡诺正循环，并求出其效率。卡诺循环在 $p-V$ 图上是分别由温度为 T_1 和 T_2 的两条等温线和两条绝热线组成的封闭曲线，其 $p-V$ 图和能流如图 5.8.9 所示。其各个分过程如下：

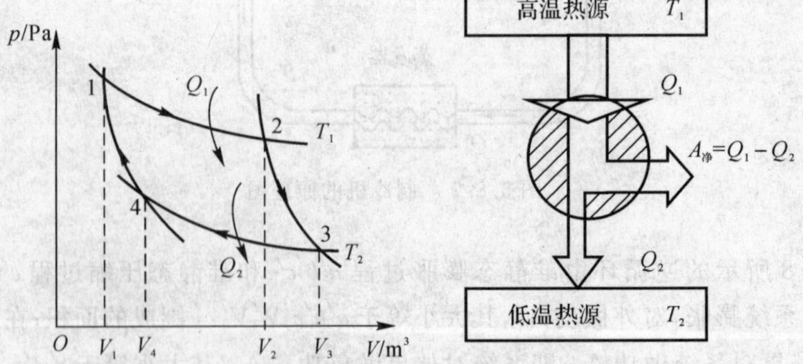

图 5.8.9　卡诺热机

过程从 1 到 2 为等温膨胀过程，气体和温度为 T_1 的高温热源接触作等温膨胀，体积由 V_1 增大到 V_2。它从高温热源吸收的热量为

$$Q_1=\frac{m}{M}RT_1\ln\frac{V_2}{V_1} \tag{5.8.5}$$

过程从 2 到 3 为绝热过程，气体和高温热源分开，作绝热膨胀，温度降到 T_2，体积增大到 V_3，过程中无热量交换，但对外界做功。

过程从 3 到 4 为等温压缩过程，气体和低温热源接触作等温压缩，体积缩小到 V_4，使状态 4 和状态 1 位于同一条绝热线上。过程中外界对气体做功，气体向温度为 T_2 的低温热源放热 Q_2，即

$$Q_2=\frac{m}{M}RT_2\ln\frac{V_3}{V_4} \tag{5.8.6}$$

过程从 4 到 1 为绝热压缩过程，气体和低温热源分开，经绝热压缩，返回到原来状态 1，完成一次循环，过程中无热量交换，而外界对气体做功。根据循环效率定义，可得以理想气体为工质的卡诺循环的效率为

$$\eta_{卡}=1-\frac{Q_2}{Q_1}=1-\frac{T_2\ln\dfrac{V_3}{V_4}}{T_1\ln\dfrac{V_2}{V_1}} \tag{5.8.7}$$

对绝热过程从 2 到 3 和从 4 到 1 分别应用绝热方程，有

$$\begin{aligned}T_1V_2^{\gamma-1}&=T_2V_3^{\gamma-1}\\T_1V_1^{\gamma-1}&=T_2V_4^{\gamma-1}\end{aligned} \tag{5.8.8}$$

两式相比，则有

$$\frac{V_2}{V_1}=\frac{V_3}{V_4} \tag{5.8.9}$$

代入式(5.8.7)后，可得

$$\eta_{卡}=1-\frac{T_2}{T_1}=\frac{T_1-T_2}{T_1} \tag{5.8.10}$$

要完成一次卡诺循环必须要有温度一定的高温和低温两个热源(也称为温度一定的热源和冷源)；卡诺循环的效率只与两个热源温度有关，高温热源温度越高，低温热源温度越低，卡诺循环的效率越高。由于不能实现 T_1 趋于无穷大或 T_2 趋于 0(热力学第三定律)，因此，卡诺循环的效率总是小于 1；可以证明，在相同高温热源和低温热源之间工作的一切热机中，卡诺热机的效率最高。

若卡诺循环按逆时针方向进行，则构成卡诺制冷机，其 $p-V$ 图和能流如图 5.8.10 所示，气体和低温热源接触，从低温热源吸取的热量为

$$Q_2=\frac{m}{M}RT_2\ln\frac{V_3}{V_4} \tag{5.8.11}$$

气体向高温热源放出的热量为

$$Q_1=\frac{m}{M}RT_1\ln\frac{V_2}{V_1} \tag{5.8.12}$$

一次循环中的净功为

$$A=Q_1-Q_2 \tag{5.8.13}$$

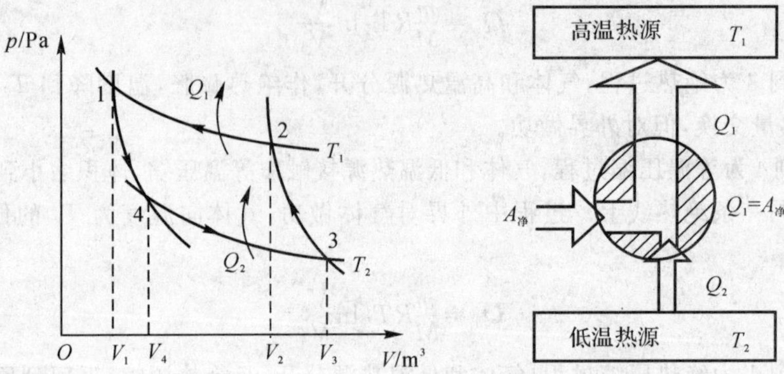

图 5.8.10　卡诺制冷机

卡诺制冷机的制冷系数

$$\omega_卡=\frac{Q_2}{|A|}=\frac{\frac{m}{M}RT_2\ln\frac{V_3}{V_4}}{\frac{m}{M}RT_1\ln\frac{V_2}{V_1}-\frac{m}{M}RT_2\ln\frac{V_3}{V_4}} \tag{5.8.14}$$

同理,利用关系$\frac{V_2}{V_1}=\frac{V_3}{V_4}$,代入后,可得

$$\omega_卡=\frac{T_2}{T_1-T_2} \tag{5.8.15}$$

可见,卡诺制冷机的制冷系数也只与两个热源的温度有关。与热机的效率不同的是,高温热源温度越高,低温热源温度越低,则制冷系数越小,意味着从温度越低的冷源中吸取相同的热量 Q_2,外界需要消耗更多的功 A。制冷系数可以大于1。

例 5.8.3　设想利用表层海水和深层海水的温差来制造热机。已知热带水域表层水温约 298 K,300 m 深处水温约 278 K。

(1) 试求在这两个温度之间工作的卡诺热机的效率。

(2) 当一电站在最大理论效率下工作时,它获得的机械功率是 10^6 W。试求它将以多大的速率排出废热?

(3) 若此电站获得的机械功和排出的废热均来自 298K 的水冷却到 278K 时所放出的热量。试求此电站将以多大速率取用 298K 的表层水?

解　(1) 根据卡诺热机的效率表达式,可得

$$\eta_卡=1-\frac{T_2}{T_1}=6.7\% \tag{1}$$

(2) 按题意,电站每秒获得的机械功 $A=10^6$ J,故 $\eta_卡=1-\frac{Q_2}{Q_1}=1-\frac{Q_2}{Q_2+A}$,可得电站每秒排出的废热为

$$Q_2=\frac{A(1-\eta_卡)}{\eta_卡}=1.4\times10^7\ \mathrm{J} \tag{2}$$

(3) 已知 $T_1=298\mathrm{K}$, $T_2=278\mathrm{K}$,由题意 $Q_1=A+Q_2=Cm(T_1-T_2)$,故可得电站每秒取用 298K 水的质量为

$$m=\frac{A+Q_2}{C(T_1-T_2)}=1.8\times10^2\ \mathrm{kg} \tag{3}$$

习　题

5.1　0.020kg 的氦气温度由 290K 升为 300K，若在升温过程中：(1) 体积保持不变；(2) 压强保持不变；(3) 不与外界交换热量。试分别求出气体内能的改变量是多少？吸收的热量是多少？外界对气体所做的功是多少？设氦气可看做理想气体，且 $C_V=3R/2$。

5.2　分别通过下列过程把标准状态下的 0.014kg 氮气压缩为原体积的一半：(1) 等温过程；(2) 绝热过程；(3) 等压过程。试分别求出在这些过程中气体内能的改变是多少？传递的热量和外界对气体所做的功是多少？设氮气可看做理想气体，且 $C_V=5R/2$。

5.3　在标准状态下的 0.016kg 的氧气，分别经过下列过程从外界吸收了 335 J 热量。(1) 若为等温过程，求气体终态体积。(2) 若为等容过程，求气体终态压强。(3) 若为等压过程，求气体内能的变化。设氧气可看做理想气体，且 $C_V=5R/2$。

5.4　为确定多方过程 $pV^n=C$ 中的指数 n，通常取 $\ln p$ 为纵坐标，$\ln V$ 为横坐标作图。试讨论在这种图中多方过程曲线的形状，并说明如何确定 n。

5.5　室温下一定量理想气体氧的体积为 $2.3\times10^{-3}\ \mathrm{m^3}$，压强为 1.013×10^5 Pa。经过一多方过程后体积变为 $4.1\times10^{-3}\ \mathrm{m^3}$，压强为 5.065×10^4 Pa。试求：(1) 氧气的多方指数 n 是多少？(2) 氧气内能的变化是多少？(3) 氧气吸收的热量是多少？(4) 氧膨胀时对外界所做的功是多少？设氧的 $C_V=5R/2$。

5.6　1mol 理想气体氦，原来的体积为 $8.0\times10^{-3}\ \mathrm{m^3}$，温度为 300K，设经过静态绝热过程被压缩为 $1.0\times10^{-3}\ \mathrm{m^3}$，求在压缩过程中，外界对系统所做的功，设氦气的 $C_V=3R/2$。

5.7　在标准状态下的 0.016kg 氧气，经过一绝热过程对外做功 80 J。求终态压强、体积和温度分别是多少？设氧气为理想气体，且 $C=5R/2$，$\gamma=1.4$。

5.8　0.008 0kg 氧气，原来温度为 300K，体积为 $4.1\times10^{-4}\ \mathrm{m^3}$，若(1) 经过绝热膨胀体积增加 $4.1\times10^{-3}\ \mathrm{m^3}$。(2) 先经过等温过程再经过等容过程达到与(1) 同样的终态。试分别计算在以上两种过程中外界对气体所做的功，设氧气可看做理想气体，且 $C_V=5R/2$。

5.9　在标准状态下，1mol 单原子理想气体先经过一绝热过程，再经过一等温过程，最后压强和体积均为原来的 2 倍，求整个过程中系统吸收的热量。若先经过等温过程再经过绝热过程而达到同样的状态，则结果是否相同？

5.10　一定量的氧气在标准状态下体积为 $1.0\times10^{-2}\ \mathrm{m^3}$，求下列过程中气体所吸收的热量：(1) 等温膨胀到 $2.0\times10^{-2}\ \mathrm{m^3}$；(2) 先等容冷却再等压膨胀到(1) 所达到的终态。设氧气可看做理想气体，设 $C_V=5R/2$。

5.11　如题图 5.11 所示的实线表示一任意形状系统的界面。设系统的界面由实线膨胀到虚线的微元过程中，系统总体积增加 $\mathrm{d}V$，而在这过程界面上均受到与界面垂直的外界均匀压强 p_e。试证明：外界对系统所做体积功为 $-p_e\mathrm{d}V$；若过程为准静态的，则此功又可表示为 $-p\mathrm{d}V$，其中，p 表示系统内部均匀压强。

5.12　证明：当 γ 为常数时，若理想气体在某一过程中的热容量也是常数，则这个过程一定是多方过程。

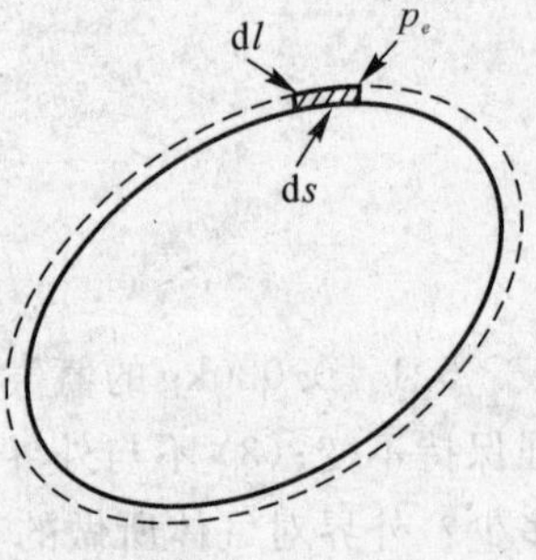

题图 5.11

5.13　某气体服从状态方程 $p=(V-b)=RT$，内能为 $U=C_V+U_0$。C_V,U_0 为常数。试证明，在准静态绝热过程中，这气体满足方程 $p(V-b)^{\gamma}=$常数，其中 $\gamma=C_p/C_V$。

5.14　当在 297K 时水蒸气的饱和气压为 $2.982\,4\times10^3\,\mathrm{Pa}$。若已知在这条件下水蒸气的焓是 $2.545\times10^6\,\mathrm{J\cdot kg^{-1}}$，水的焓是 $1.005\,9\times10^5\,\mathrm{J\cdot kg^{-1}}$，求在这条件下水蒸气的凝结热。

5.15　分析实验数据表明，在压强为 $1.013\times10^5\,\mathrm{Pa}$，从 300K 到 1 200K 范围内，铜的定压摩尔热容量可表示为 $C_p=\alpha+\beta T$，其中，$\alpha=2.3\times10^4$，$\beta=5.92$，C_p 的单位是 $\mathrm{J\cdot mol^{-1}\cdot kg^{-1}}$。试由此计算在 $1.013\times10^5\,\mathrm{Pa}$ 下，当温度从 300K 增到 1 200K 时铜的焓的改变。

5.16　设 1mol 固体的物态方程可写为 $V=V_0+\alpha T+\beta p$，内能可表示为 $U=\kappa T-\alpha pT$，其中 α,β,κ 和 V_0 均是常数。试求：

(1) 摩尔焓的表达式；

(2) 摩尔热容量 C_p 和 C_V。

第 6 章 热力学第二定律

热力学第一定律揭示出在一切热力学过程中能量守恒。但是否满足热力学第一定律的过程就一定能发生呢？实践表明，自然界的宏观过程具有一定的方向性，即自发的热力学过程只能沿着一定的方向进行。本章首先考察自然界一些典型宏观过程进行方向，总结出热力学第二定律；其次引入物理量（熵），给热力学第二定律以定量表述；最后通过熵讨论过程的方向性、能量退化等问题。

6.1 热力学第二定律概述

实践表明，自然界的一切实际热力学过程都具有一定的方向性，即自发的热力学过程只能沿着一定的方向进行，而沿相反方向的逆过程却不能自动地发生。

6.1.1 可逆过程和不可逆过程

自然界中的自发热传导具有方向性。热量会自动地从高温物体传向低温物体，而相反的过程即热量自动地从低温物体传向高温物体却不会发生。尽管这样的过程不违背热力学第一定律，但从来就没有观察到过。

自然界中的功热转换具有方向性。功可以自动地转化为热，如转动的电风扇突然停电，电风扇的叶片会很快停止转动，这主要是转动的叶片克服空气阻力做功，并通过做功将叶片的机械能转变为叶片和空气的内能，即功自动地变成了热；而相反的过程，即叶片、空气自动地冷却，将其部分内能转变为叶片的机械能，使叶片重新转动起来，即热自动地变为功却从来没有观察到过，尽管这样的过程也不违背热力学第一定律。

绝热自由膨胀具有方向性。如图 6.1.1 所示，一个中间用隔板隔开的绝热容器，左边装有气体，右边是真空。当抽去中间隔板时，左边气体会自动地迅速膨胀，充满整个容器，这就是绝热自由膨胀，而相反的过程即充满容器的气体自动地收缩到只占原体积的一半，另一半还原为真空，这样的过程同样从来没有发生过。

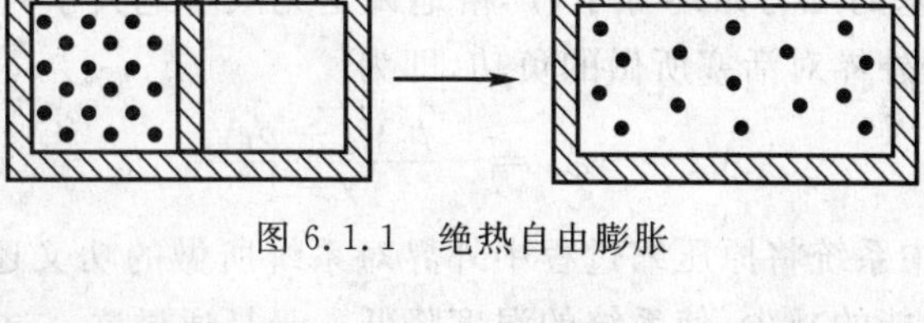

图 6.1.1 绝热自由膨胀

当把高温物体和低温物体看做是一个热力学系统时，自发热传导可以看做是系统从非平衡态向平衡态过渡的过程；同样，如果把上述绝热容器看成一个系统，则绝热自由膨胀也是系统从非平衡态向平衡态过渡的过程。自发热传导、绝热自由膨胀的方向性表明，系统可以自发地从非平衡态过渡到平衡态，相反地从平衡态到非平衡态的过渡不会自动发生。

自然界中与热现象有关的实际宏观过程,都与功热转换、热传导或从非平衡态向平衡态转化有关,因而,都具有方向性。不是说这些过程的反过程不能实现,而只是说不能"自动"实现,当借助一定的手段产生这些自然过程的反过程时,不可避免地还会产生其他结果。例如,热量通过制冷机可以从低温热源传向高温热源,制冷机在将热量从低温热源传向高温热源的同时,还消耗了电能;热量通过热机可以转变为功,热机在将高温热源的热一部分转化为功的同时,也将一部分热传给了低温热源等。人们也注意到,如生命现象,其反过程是无论采取什么样的手段也不能实现的。

自然宏观过程的这种方向性,就是自然宏观过程的不可逆性。**通过某一过程,一个系统从某一状态变为另一状态,若存在另一过程,能使系统与外界同时复原,则原来的过程就是一个可逆过程。否则,若系统与外界无论怎样都不能同时复原,则称原过程为不可逆过程。**

根据这一定义,自然界中包含热现象的实际宏观过程都是不可逆过程。只有一些理想过程,如无摩擦(或无机械能及无电能转变为内能)的准静态过程,如准静态等容、等温、等压、绝热过程等,才是可逆过程。

例 6.1.1 讨论理想气体在下列两种条件下做绝热压缩时的可逆性:(1) 当过程无摩擦、准静态时;(2) 当过程有摩擦、准静态时。

解 (1) 当过程无摩擦、准静态时。

设想在具有绝热壁的汽缸内,用一绝热活塞封闭一定量的气体,汽缸壁与活塞间无摩擦,压缩过程是静态的。这样的准静态过程可以这样来实现:假设有无穷多个压强相差无限小的压力源 p_1(与汽缸中气体的初始压强相等),$p_1+\mathrm{d}p$,$p_1+2\mathrm{d}p$,…,$p_2-\mathrm{d}p$,p_2(与汽缸中气体的末态压强相等),让汽缸活塞从压力源 $p_1+\mathrm{d}p$ 开始从低到高依次与各个压力源接触并达到平衡,这样,汽缸中的气体就可准静态地绝热达到压力为 p_2 的末态。在这样的过程中,外界对活塞的推力始终等于(严格地说是无限小地大于) 气体对活塞的压力,外界对活塞所做的功等于气体对活塞所做的负功,即

$$A_{外}=-A_{系}=-\frac{p_2V_2-p_1V_1}{\gamma-1} \tag{1}$$

这功将转变为系统的内能 $\Delta U=A_{外}$,使系统的温度升高,即

$$T_2=T_1\left(\frac{V_1}{V_2}\right)^{\gamma-1} \tag{2}$$

这一压缩过程可使气体直接做一准静态的绝热膨胀过程 $V_2\rightarrow V_1$。这样的过程可让汽缸活塞从压力源 $p_2-\mathrm{d}p$ 开始,从高到低直到 p_1,依次与各个压力源接触并达到平衡来实现。在这一过程中,气体对活塞的压力始终等于(严格地说是无限小地大于) 外界对活塞的推力,气体对活塞所做的功等于外界对活塞所做的负功,即为

$$A'_{系}=-A'_{外}=-\frac{p_2V_2-p_1V_1}{\gamma-1} \tag{3}$$

这样,在这一过程中系统将原压缩过程中外界对系统所做的功又还给了外界。而系统对外所做的功来自系统内能的减少,使系统的温度降低。于是通过这一过程,系统又还原为温度为 T_1 的状态。因而,通过这一准静态的绝热膨胀过程,系统与外界都复了原。故理想气体无摩擦准静态的压缩过程是一可逆过程。

(2) 当过程有摩擦、准静态时。

设想在具有绝热壁的汽缸内用一绝热活塞封闭一定量的气体,汽缸壁与活塞之间有摩擦,

压缩过程是静态的。在这样的过程中，外界对活塞所做的功等于气体对活塞所做的负功与活塞克服摩擦力所做的功 $A_{摩}$ 之和，即

$$A_{外} = -A_{系} + A_{摩} = -\frac{p_2V_2 - p_1V_1}{\gamma - 1} + A_{摩} \tag{4}$$

式中，$-\dfrac{p_2V_2 - p_1V_1}{\gamma - 1}$ 将转化为理想气体的内能，摩擦将功 $A_{摩}$ 转化为汽缸壁和活塞的内能。

对于这一压缩过程，设想做一准静态的绝热膨胀过程从 V_2 到 V_1，使理想气体复原。在这一过程中，气体膨胀对外所做的功等于外界对活塞所做的负功，与活塞克服摩擦力做的功 $A_{摩}$ 之和，即

$$-\frac{p_2V_2 - p_1V_1}{\gamma - 1} = -A'_{外} + A_{摩} \tag{5}$$

通过这一过程，理想气体虽然已复原，但由于 $A_{外} > -A'_{外}$，外界未复原，而且有 $2A_{摩}$ 的功转化为了汽缸壁和活塞的内能。故这一准静态的绝热膨胀过程从 V_2 到 V_1 无法使系统和外界同时复原。

其实，在原压缩过程中，由于存在功 $A_{摩}$ 转化为汽缸壁和活塞的内能，而热又不会自动地转化为功，故上述膨胀过程不仅不能使系统和外界同时复原，而且也不存在使系统与外界复原的任何其他过程，所以，理想气体有摩擦准静态的压缩过程是一不可逆过程。

6.1.2　热力学第二定律

任何热力学过程都必须遵守热力学第一定律，即包含热量在内的能量转化和守恒定律，违反热力学第一定律的热力学过程是绝对不可能发生的。然而，遵守热力学第一定律的热力学过程不一定能实现。事实说明，自然界中自发发生的热力学过程都具有方向性。

1. 热力学第二定律

在生产实践中，法国人巴本（发明了第一部蒸汽机），英国人纽可门制作的把热变为机械能的蒸汽机从 1712 年起在全英国煤矿普遍使用。其后，19 世纪，经过瓦特改进的蒸汽机在工业上广泛使用，提高热机的效率问题成为当时生产中的重要课题。法国工程师卡诺对效率问题进行了深入的研究，发现了热并不能全部转化为功。就是在这些实践和研究的基础上，人们总结出了表达热力学自发过程进行方向的热力学第二定律。热力学第二定律的表述可以有多种方式，但其中最有代表性的是开尔文表述和克劳修斯表述两种。

热力学第二定律就是表述自然界中实际宏观过程的这种方向性或不可逆性的。历史上热传导的不可逆性是克劳修斯于 1850 年，在研究热机的工作原理时发现并明确提出的，它被表述为**热量不能自动地从低温物体传向高温物体**。这个表述被称为**热力学第二定律的克劳修斯表述**。

1851 年，开尔文在研究热机的工作原理和功热转换中，发现了功热转换的不可逆性。他的这个发现可表述为**唯一效果是热转变为功的过程是不可能的**，或者说，**不可能从单一热源吸取热量，使之完全变为有用功，而不产生其他影响**。这个表述被称为**热力学第二定律的开尔文表述**。

开尔文表述表明，热机的效率不可能达到 100%，因为，如果效率达 100%，就意味着在一次循环中，$A = Q_1$，$Q_2 = 0$，而这意味着实现后的唯一效果是热转变为功的过程。**开尔文表述决定了第二类永动机是不可能制成的，所谓的第二类永动机是效率为 100% 的热机，或者说可从单一热源吸取热量使之完全变为有用功，而不产生其他影响的热机。**这类永动机并不违反热

力学第一定律但违反了热力学第二定律。之所以叫做“永动机”，是因为如果能造出这样的机器，就可以利用海水或大气作为热源做功，而海水或大气的内能实际上是取之不尽，用之不竭的。

2. *热力学第二定律两种表述的等效性*

热力学第二定律的克劳修斯表述和开尔文表述，表面上看，各自表述内容不同，但实质上，它们都表述了自然宏观过程的不可逆性，可见两者是等效的。关于这两种表述的等效性，可用反证法加以证明。

(1) 假设克劳修斯表述不成立，那么开尔文表述也不成立。

假设克劳修斯表述不成立，即热量 Q_2 可以自动地从低温热源传向高温热源 T_1，如图 6.1.2(a) 所示。这样就可以使用卡诺热机，使它从高温热源 T_1 吸取热量 Q_1，对外做功 A，向低温热源 T_2 放热 Q_2，$Q_2=Q_1-A$，如图 6.1.2(b) 所示。总效果就相当于热机从高温热源吸热 Q_1-Q_2，并将它全部变成了功，如图 6.1.2(c) 所示，于是开尔文表述也不成立。

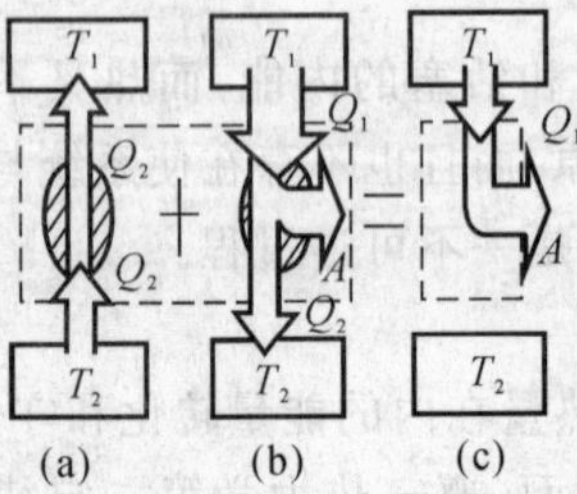

图 6.1.2　假设克劳修斯表述不成立

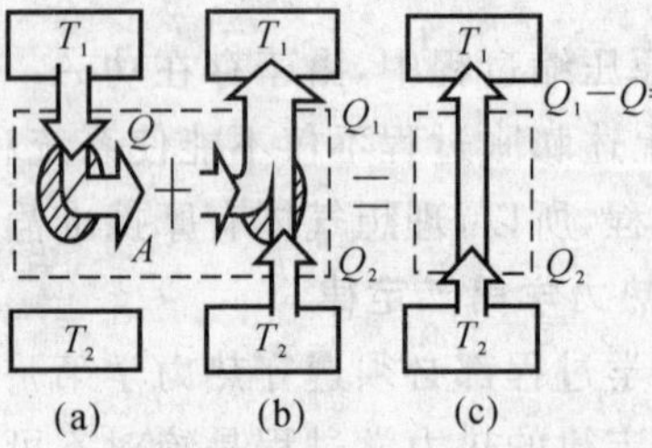

图 6.1.3　假设开尔文表述不成立

(2) 假设开尔文表述不成立，那么克劳修斯表述也不成立。

假设开尔文表述不成立，于是，可设计一台热机，使之在一次循环中，将工质从高温热源 T_1 处吸收的热量 Q 全部转变为功 $A=Q$，如图 6.1.3(a) 所示；并用此功去驱动一台工作在低温热源 T_2 和高温热源 T_1 之间的卡诺制冷机，使之通过做功 $A=Q$，在一次循环中从低温热源 T_2 处吸热 Q_2，在高温热源 T_1 处放热 $Q_1=A+Q_2=Q+Q_2$，如图 6.1.3(b) 所示。这两个循环可看做一个联合循环，其总的效果是在一次循环中无须外界做功，就有热量 Q_2 从低温热源 T_2 传向了高温热源 T_1，如图 6.1.3(c) 所示，因而，克劳修斯表述不成立。

从开尔文表述与克劳修斯表述的等效性表明，自然界中功热转换过程的不可逆性与热传导过程的不可逆性是相互依存的，或者说是互相沟通的。即一种自然宏观过程的不可逆性是另一种自然宏观过程不可逆性的保证；反之亦然，或者说，若一种自然宏观过程的不可逆性消失了，另一种自然宏观过程的不可逆性也会随之消失。

由于自然界中各种实际宏观过程的不可逆性是相互依存的，因此，实际上可选任何一个反映实际宏观过程不可逆性作为热力学第二定律的表述，但由于历史的原因，人们常常选用克劳修斯表述或开尔文表述作为热力学第二定律的表述。

例 6.1.2　试用反证法说明理想气体绝热自由膨胀是不可逆的。

解　假设理想气体绝热自由膨胀是可逆的，即可以找到一个过程 P，使气体自动地收缩到原来的状态而无需外界发生任何变化。于是，可使理想气体从恒温热源吸热 Q，作等温膨胀而对外做功 $A=Q$，再利用过程 P 使气体自动收缩到原来状态。这样一次循环的总效果是，气体从单一热源吸收了热量 Q，并全部用于对外做功 $A=Q$，而这与热力学第二定律的开尔文表述相矛盾。故过程 P 是不存在的，即理想气体的绝热自由膨胀是不可逆的。

6.2　热力学第二定律的统计意义

为什么宏观热力学过程都沿着确定的方向进行？这与热力学研究的对象是大量无规则热运动粒子组成的系统有关。从微观角度来看，任何热力学过程都伴随着大量粒子无序运动状态的变化。自发过程的方向性则说明大量粒子运动无序程度变化的规律性。

6.2.1　几个典型的热力学过程

自发过程的方向性则说明大量粒子运动无序程度变化的规律性。下面就几种典型的自发热力学过程实例定性加以说明。

1. 气体绝热自由膨胀

自由膨胀过程是粒子系统从占有较小空间的初态转变到占有较大空间的末态。在初态粒子系统占有较小的空间，粒子空间位置的不确定性较小，无序度也较小；在末态，粒子系统占有较大的空间，粒子空间位置的不确定性较大，无序度也较大。因此，气体绝热自由膨胀过程自发地沿大量粒子的无规则热运动更加无序的方向进行。**当以系统的分子数分布，而不区分具体的分子来描写的系统状态叫热力学系统的宏观态；如果使用分子数分布，并且区分具体的分子来描写的系统状态叫热力学系统的微观态。**

在热力学系统中，由于存在大量粒子的无规则热运动，任一时刻各个粒子处于何种运动状态完全是偶然的，而且又都随时间无规则地变化。系统中各个粒子运动状态的每一种分布，都代表系统的一个微观态，系统的微观态的数目是大量的，在任意时刻系统随机地处于其中任意一个微观态。

先分析气体自由扩散问题，如图 6.2.1 所示，设有一容器被隔板分为体积相等的 A，B 两边，开始时 A 边储存有气体，B 边为真空。隔板抽掉前，分子只能在 A 边运动；隔板抽掉以后，分子运动的空间为整个容器。由于分子运动的无规则性，每个分子出现在 A 边和 B 边的概率各占 1/2。为了简单起见，假设这个系统只有 4 个分子，分别表示为 a，b，c，d。

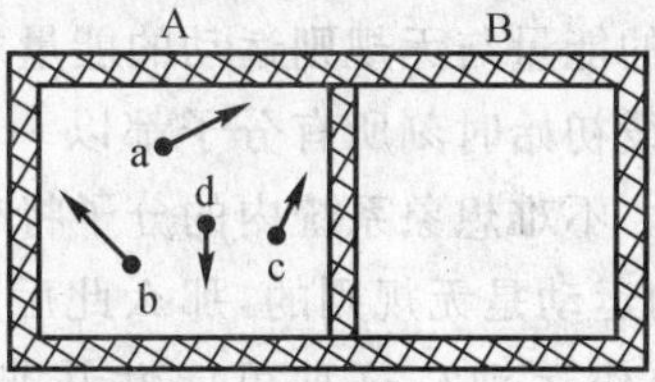

图 6.2.1　气体分子自由扩散

表 6.2.1 列出 a，b，c，d 在容器两边所有可能的分布情况，表中微观态指的是给定标记的分子在 A，B 边的一种分布，宏观态指的是给定数量的分子（不考虑分子标记）在 A，B 边的一种分布。从表中可以看出，4 个分子在 A，B 两边分布可能出现的总微观状态数为 $16=2^4$，所有分子都集中在某一边的宏观态只包含一种微观态，两边各有两个分子的宏观态所包含的微观态最多。统计物理学假定，**在孤立系统中，所有微观态出现的概率都是相等的。这个假设也叫做等概率原理**，它表明包含微观态数目越多越是无序的宏观态，出现和被观察到的概率就越大。根

据等概率原理可得所有分子都集中在某一边的宏观态出现的概率为 $1/2^4$，两边各有两个分子的宏观态出现的概率最大。

表 6.2.1 分子在容器两边的分布

微观态	A	abcd	0	bcd	acd	abd	abc	a	b	c	d	ab	ac	ad	bc	bd	cd
	B	0	abcd	a	b	c	d	bcd	acd	abd	abc	cd	bd	bc	ad	ac	ab
宏观态	A	4	0	3				1				2					
	B	0	4	1				3				2					
各宏观态对应的微观态数		1	1	4				4				6					

对于 N 个分子组成的系统，可能出现的总微观状态数为 2^N，所有分子都在某一边的宏观态出现的概率为 $1/2^N$。对于实际的宏观系统，N 的数量级为 10^{23}，所有分子集中一边的概率是极其微小的，以至于根本不可能出现。实际上，对于分子数 $N\sim10^{23}$ 的宏观系统，基本均匀分布的宏观态包含了 2^N 个可能的微观态中的绝大部分，而稍微偏离均匀分布的状态出现的概率都小到可以忽略不计。

根据以上分析结果，气体自由扩散的不可逆性，实质上是反映了这个系统内部发生的过程总是由概率小的宏观状态向概率大的宏观状态进行，而相反过程出现的概率是极小的。

2. 热功转换

功转变为热是机械能转变为内能的过程。从微观角度看，功相当于粒子作有规则的定向运动(叠加在无规则热运动之上)，而内能相当于粒子作无规则热运动。因此，功转变为热的过程是大量粒子的有序运动向无序运动转化的过程，这是可能的；从宏观角度看是自发进行的，而相反的过程则是不可能的，因此，功热转换的自发过程是向着无序度增大的方向进行的。这也是反映了发生的过程由概率小的宏观状态向概率大的宏观状态进行。

热功转换，更确切地说应当是机械能与内能的相互转换。机械能表示宏观运动的能量，即所有分子作同样的定向运动所对应的能量；而内能则代表大量分子作无规则热运动的能量。所以热功转换的实质是规则运动的能量与无规则运动的能量之间的相互转换。如图 6.2.2 所示，考虑一装在容器中的气体，假设初始时刻所有分子都以一个共同的速度作定向运动，但此后每一个分子的运动都是随机的。不难想象系统内的分子将很快从规则运动转变为无规则运动。相反地，假设初始时刻分子的运动是无规则的，那么此后是否可能出现某一时刻，所有分子刚好以共同的速度朝一个方向作运动？这种可能性并非没有，但出现这种过程的概率很小。

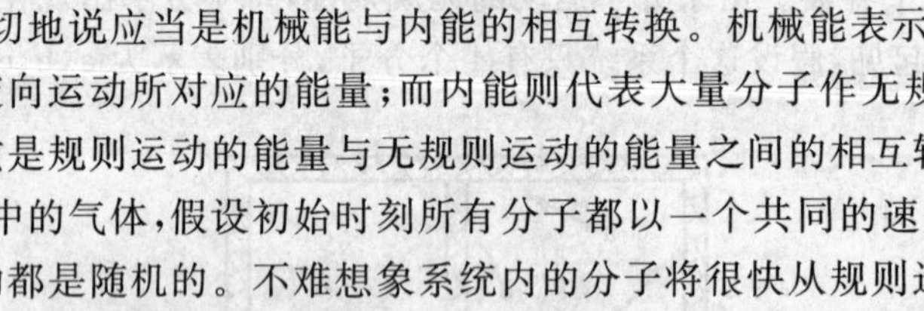

图 6.2.2 热功转换

以上分析表明，功变成热的实质是从概率小的宏观态向概率大的宏观态过渡，而热变成功则是从概率大的宏观态向概率小的宏观态过渡。

3. 热传导

一个给定的宏观态，可以随机地处于它所包含的任何一个微观态。宏观态所包含的微观态数目越多，就越难确定所处的微观态，这就叫做系统越是无序，越是混乱。

两个温度不同的物体放在一起，热量将自动地由高温物体传向低温物体，最后使它们处于热平衡，具有相同的温度。温度是粒子无规则热运动剧烈程度即平均平动动能大小的宏观标志。初态温度较高的物体，粒子的平均平动动能较大，粒子无规则热运动比较剧烈，而温度较低的物体，粒子的平均平动动能较小，粒子无规则热运动不太剧烈。显然，这两个物体的无规热运动都是无序的，而无序的程度是不同的，但是还是可以按平均平动动能的大小来区分它们的。到了末态，两个物体具有相同的温度，粒子无规则热运动的无序度是完全相同的，因此，若用粒子平均平动动能的大小来区分它们是不可能了，也就是说末态与初态比较，两个物体的系统的无序度增大了，这种自发的热传导过程是向着无规则热运动更加无序的方向进行的。

综合以上分析结果，得到热力学第二定律的统计意义：一切孤立系统，其内部发生的过程，总是由包含微观状态数目少的宏观态向包含微观状态数目多的宏观态进行，由概率小的宏观态向概率大的宏观态进行，由较为有序的宏观态向较为无序的宏观态进行。相反的过程并非不可能，但出现这种过程的概率很小。

6.2.2 热力学第二定律的统计意义

某一宏观态出现的概率，可用该宏观态所包含的微观态数目与系统所有微观态数目之比来表示。然而，在很多时候并不使用这种归一化的概率，而**将宏观态所包含的微观态数目叫做热力学概率，常用 Ω 表示。**

以前面的例子来看，A，B 两边中分子数均匀分布或接近均匀分布的宏观态包含的微观态数目最多，特别是当总分子数 N 很大(量级为 10^{23})时，这种分子数均匀分布或接近均匀分布的宏观态，就几乎占据了全部微观态，这种宏观态的热力学概率最大。从统计意义上讲**平衡态就是包含微观态数目最多的宏观态，这就是平衡态的统计意义。**

用一个宏观态包含的微观态数目的多少，也就是出现概率的大小，来重新认识热功转换、热传导，以及气体绝热自由膨胀等自发热力学过程的方向或者不可逆性。气体绝热自由膨胀过程，气体的初状态是一个$(0,N)$的宏观态，最后达到平衡时末状态是一个$(N/2,N/2)$的宏观态。显然，初态的热力学概率最小，而末态的热力学概率最大，整个绝热自由膨胀过程就是系统由小概率的宏观态向大概率的宏观态变化的过程，一旦系统达到了热力学概率最大的末态，要回到小概率的初态是不可能的(概率为 $1/2^N$，实在太小)，因此系统不可能反向变化，只能单向进行。这就是自发过程只能单向进行的原因。

更深入的分析可以得出如下普遍的结论：**孤立系统内部发生的过程(自发进行的过程)，总是由包含微观态数目较少的宏观态(初状态)，向包含微观态数目较多的宏观态(末状态)方向变化，或者由出现概率较小的宏观态向出现概率较大的宏观态方向进行，这就是热力学第二定律的统计解释。**

热力学第二定律所表明的热力学自发过程的单向性，可以用过程的可逆与不可逆作进一步的说明。根据前面的分析讨论很容易看出，在热力学中，比较典型的如自发的功热转换、热传导以及气体的绝热自由膨胀等，都是不可逆过程，因此，自发热力学过程的不可逆性，与前面强调的自发过程的单向性是一致的。可以说，热力学第二定律表明任何与热运动相关的自发过程都是不可逆的。

通过上面的分析可知，一切自发的热力学过程总是沿着无序度增大的方向进行的，这是过程不可逆性的微观本质。

6.3　卡诺定理

本节利用热力学第二定律证明卡诺定理。

6.3.1　卡诺定理

1824 年，法国工程师卡诺在研究热机循环效率时，从热质说(一种关于热的本质的错误学说)出发，得到一个在热机理论中非常重要的定理 —— **卡诺定理**。其内容如下：

(1) 在相同的高温热源与相同的低温热源之间工作的一切可逆热机，其效率相等，与工作物质无关。

(2) 在相同的高温热源与相同的低温热源之间工作的一切不可逆热机，其效率不可能大于可逆热机的效率。

这里的**所谓可逆热机指工作物质的循环是由可逆过程构成的，不可逆热机指其工作物质的循环中包含有不可逆过程**。卡诺定理虽然是从错误的热质说出发得到的，但其结论却是正确的。它指出了提高热机效率的途径，即为了提高热机效率，应当使实际的不可逆热机尽量接近可逆热机，尽量提高两热源的温度差。下面用热力学第二定律来证明卡诺定理。

证明卡诺定理(1)。设想有一卡诺可逆热机 E(其工作物质为理想气体) 和另一卡诺可逆热机 E'(不论用什么工作物质) 在温度为 T_1 的高温热源与温度为 T_2 的低温热源之间工作，并设法调节两热机的工作过程，使两热机在每一循环中可做相同的功 A。于是，两热机的效率分别为

$$\eta=\frac{A}{Q_1},\quad \eta'=\frac{A'}{Q_1'}$$

现用反证法来证明 $\eta=\eta'$。首先，假设 $\eta'>\eta$。由于两机都是可逆的，可使 E' 机进行正循环，使其在一循环中从高温热源吸取热量 Q_1'，对外做功 A，向低温热源放热 $Q_2'=Q_1'-A$；而使 E 机进行逆循环，使其在一次循环过程中，接受 E' 机输出的功 A 而从低温热源吸热 Q_2，向高温热源放热 Q_1，如图 6.3.1 所示。

由于 $\eta'>\eta$，故 $Q_1'<Q_1$。又由于 $Q_2=Q_1-A$，$Q_2'=Q_1'-A$，故 $Q_2'<Q_2$。当这两热机在一起运行时，其工作物质的循环可看做一个联合循环，每经过一次这样的联合循环，系统复原，但低温热源却放出热量 Q_2-Q_2'，高温热源则正好得到了与其相等的热量 $Q_1-Q_1'(=Q_2-Q_2')$。这意味着在未发生任何其他变化的情况下，热量自低温热源自动地传向了高温热源，这就违背了热力学第二定律，所以 $\eta'>\eta$ 的假设不成立。

反之，使卡诺可逆热机 E 正向运行，卡诺可逆热机 E' 逆向运行，同理可证明 $\eta'<\eta$ 也是不可能的。综合上述两结论可得，η 与 η' 的关系一定是

$$\eta'=\eta \tag{6.3.1}$$

即在相同的高温热源与相同的低温热源之间工作的一切可逆热机，其效率相等，与工作物质无关。由于卡诺可逆热机的效率为 $\eta=1-\frac{T_2}{T_1}$，故一切卡诺可逆热机的效率 $\eta_{可逆}=1-\frac{T_2}{T_1}$。

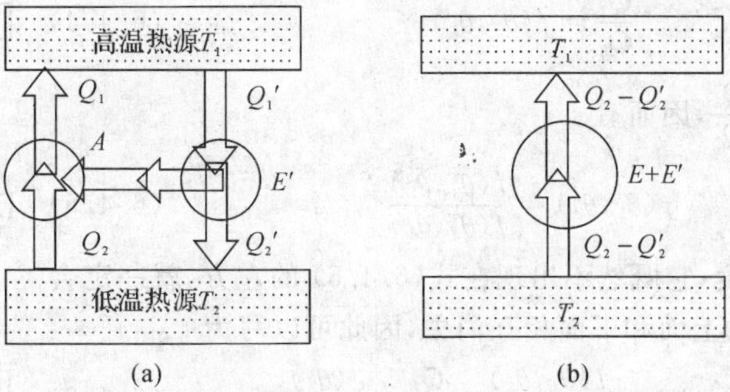

图 6.3.1　证明卡诺定理

证明卡诺定理(2)。用一个卡诺不可逆机E''取代上节中所说的E',用同样的方法,可以证明 $\eta''>\eta$是不可能的,即η与η''的关系一定是$\eta''\leqslant\eta$。即在相同的高温热源与相同的低温热源之间工作的一切不可逆热机,其效率不可能大于可逆热机的效率,即

$$\eta_{不可逆}\leqslant 1-\frac{T_2}{T_1} \tag{6.3.2}$$

6.3.2　关于制冷机的效能

对于制冷机卡诺定理可叙述如下:

(1) 在相同的高温热源和相同的低温热源间工作的一切可逆制冷机其制冷系数都相等,而与工作物质无关。

(2) 在相同高温热源与相同低温热源间工作的一切制冷机中,不可逆制冷机的效率都不可能大于可逆制冷机的效率。可逆制冷机的制冷系数为

$$\omega=\frac{Q_2}{A}=\frac{Q_2}{Q_1-Q_2}=\frac{T_2}{T_1-T_2} \tag{6.3.3}$$

6.4　热力学温标

本节在卡诺定理的基础上引入一种温标,它与测温物质的性质无关,称为热力学温标,它是由开尔文首先引入的。

根据卡诺定理,工作于两个一定温度之间的一切卡诺可逆热机的效率与工作物质无关,而只与两个热源的温度有关。设有工作于温度为 θ_1,θ_2 的两个恒温热源之间的热机 E_1,如图 6.4.1 所示,其效率为

$$\eta=1-\frac{Q_2}{Q_1} \tag{6.4.1}$$

化为

$$\frac{Q_2}{Q_1}=1-\eta=f(\theta_1,\theta_2) \tag{6.4.2}$$

再设另一卡诺可逆热机 E_2 工作于温度为 θ_3,θ_2 的两个恒温热源之间,可以得出

$$\frac{Q_2}{Q_3}=f(\theta_3,\theta_2) \tag{6.4.3}$$

再设有一卡诺可逆热机 E_3 工作于两个恒温 θ_3,θ_1 热源之间,可以得出

$$\frac{Q_1}{Q_3}=f(\theta_3,\theta_1) \tag{6.4.4}$$

由于$\frac{Q_2}{Q_1}=\frac{Q_2/Q_3}{Q_1/Q_3}$,因而有

$$f(\theta_1,\theta_2)=\frac{f(\theta_3,\theta_2)}{f(\theta_3,\theta_1)} \tag{6.4.5}$$

θ_3 为一任意温度,它既然不出现在式(6.4.5)的左方,就一定会在式(6.4.5)右方的上面和下面相互消去,因此可以写为

$$f(\theta_1,\theta_2)=\frac{f(\theta_3,\theta_2)}{f(\theta_3,\theta_1)}=\frac{Q_2}{Q_1}=\frac{\psi(\theta_2)}{\psi(\theta_1)} \tag{6.4.6}$$

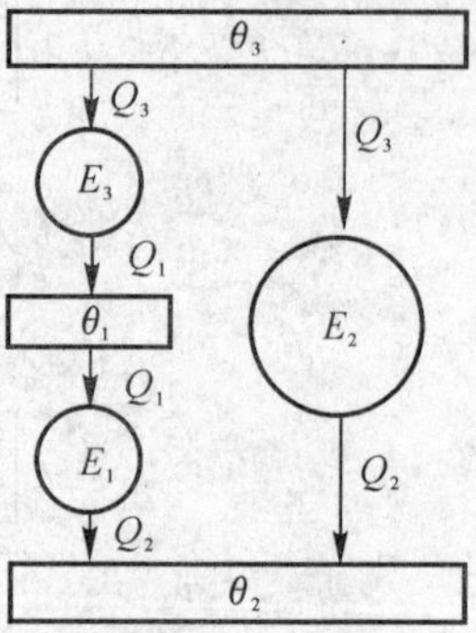

图 6.4.1　热机

应有一系列函数满足式(6.4.6),开尔文引入新的温标 T,称为**开尔文温标或者热力学温标**,化为

$$\frac{Q_2}{Q_1}=\frac{T_2}{T_1} \tag{6.4.7}$$

式(6.4.7)即为**热力学温度的定义式**,即两个热力学温度的比值被定义为在这两个温度之间工作的可逆热机与热源所交换的热量的比值,热力学温标与测温物质的性质无关。于是

$$\eta=1-\frac{T_2}{T_1}=1-\frac{Q_2}{Q_1} \tag{6.4.8}$$

根据卡诺定理,这一结论与工作物质种类无关,所以可利用任何进行卡诺循环的工作物质与高低温热源所交换的热量之比,量度两热源的温度之比。在选取温度参考点(1954 年国际计量大会规定选取水的三相点的热力学温度值为 273.16K)后,就可利用式(6.4.7)定义任意热源的温度。这种度量温度的方法与测温物质种类无关,就是在前面提到的热力学温标。在理想气体概念适用的范围内,这种温标与理想气体温标是等效的,因为理想气体温标的参考点也是选择水的三相点,并规定其温标值为 273.16K。

6.5　熵

热力学第二定律是有关过程进行方向的规律,它指出一切与热现象有关的宏观过程都是不可逆的。由热力学第二定律可以断定,对于一个没有外来影响的热力学系统来说,在其中所进行的不可逆过程的结果,不可能借着系统内部的任何其他过程而自动复原。热力学系统所进行的不可逆过程的初态和终态之间有重大的差异性,这种差异决定了过程的方向。可以预期,由热力学第二定律有可能找到一个新的态函数。根据热力学第零定律,确定了态函数温度,根据热力学第一定律确定了态函数内能,根据热力学第二定律确定一个新的态函数熵。

6.5.1　克劳修斯等式

下面由可逆卡诺循环和任意可逆循环推导出克劳修斯等式。

1. 可逆卡诺循环

当可逆卡诺热机完成一个循环时,工作物质从高温热源所吸收的热量 Q_1 和它在低温热源所放出的热量 Q_2 是不等的,但以热量除以相应的热源温度所得的量值,在整个循环中却保持不变,即

$$\frac{Q_1}{T_1}=\frac{Q_2}{T_2}\quad \text{或}\quad \frac{Q_1}{T_1}-\frac{Q_2}{T_2}=0 \tag{6.5.1}$$

式(6.5.1)中 Q_1,Q_2 是正的,是工作物质吸热和放热的绝对值,如果改为热力学第一定律对热量的正负号的规定,则有

$$\frac{Q_1}{T_1}+\frac{Q_2}{T_2}=0 \tag{6.5.2}$$

可逆卡诺热机的工作物质从某一初态出发,经历了一个循环又回到原来状态后,量 Q/T 在整个可逆卡诺循环四个过程之和为零。推广到任意的可逆循环过程就是

$$\oint\frac{\mathrm{d}Q}{T}=0 \tag{6.5.3}$$

式(6.5.3)就叫做**克劳修斯等式**。

2. 任意可逆循环

下面证明克劳修斯等式。对于任意一个可逆循环可采用一系列绝热线和等温线,将其分割为 n 个微小的可逆卡诺循环的方法,对于第 i 个微循环,有

$$\frac{Q_{i1}}{T_{i1}}+\frac{Q_{i2}}{T_{i2}}=0 \tag{6.5.4}$$

相邻两个卡诺循环的绝热过程曲线重合,方向相反,互相抵消,如图 6.5.1 所示。任一可逆循环都有 $\frac{Q_1}{T_1}+\frac{Q_2}{T_2}=0$,用一系列微小可逆卡诺循环代替,应有

$$\sum_{i=1}^{n}\frac{Q_i}{T_i}=0 \tag{6.5.5}$$

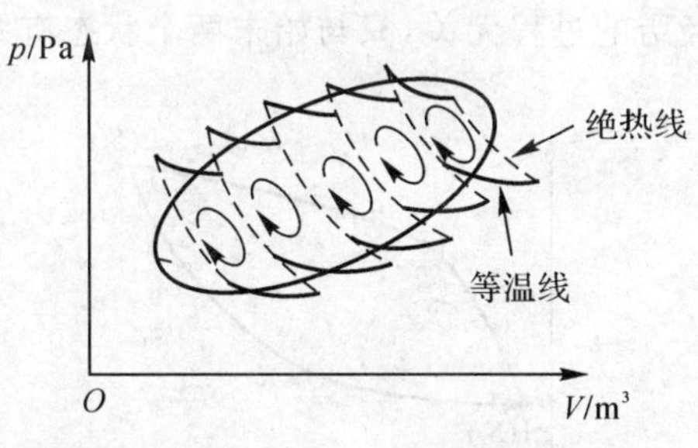

图 6.5.1　可逆循环

当 n 足够大,它总能使锯齿形包络线所表示的循环非常接近于原来的可逆循环,所以有

$$\oint\frac{\mathrm{d}Q}{T}=0 \tag{6.5.6}$$

这就证明了克劳修斯等式。它表示,在任意可逆循环过程中,热温比的积分等于零。$1/T$ 是 $\mathrm{d}Q$ 的积分因子。

6.5.2　熵

一个不可逆过程,不仅在过程逆向进行时不能消除外界的所有影响,而且无论用什么曲折复杂的方法,也都不能使系统和外界完全恢复原状而不引起任何变化。因此,一个过程的不可逆性与其说是决定于过程本身,不如说是决定于它的初态和终态。这预示着存在着一个与初态和终态有关而与过程无关的状态函数,用以判断过程的方向。

1. 态函数熵的引入

设想在 $p-V$ 图上有循环 $1a2b1$ 的过程,如图 6.5.2 所示。按克劳修斯等式,有

$$\int_1^2 \frac{dQ_a}{T} + \int_2^1 \frac{dQ_b}{T} = 0 \qquad (6.5.7)$$

即

$$\int_1^2 \frac{dQ_a}{T} = \int_1^2 \frac{dQ_b}{T} \qquad (6.5.8)$$

这说明$\int_1^2 \frac{dQ}{T}$的值仅与处于相同初、末态有关，而与路径无关。即$\frac{dQ}{T}$**是一个态函数的微分量，克劳修斯把这个态函数称为熵，以符号S表示，**国际单位$J\cdot K^{-1}$。对有限过程，它满足关系

$$S_2 - S_1 = \int_1^2 \frac{dQ_{可逆}}{T} \qquad (6.5.9)$$

对无限小过程，它满足关系

$$dS = \frac{dQ_{可逆}}{T} \qquad (6.5.10)$$

系统从初态变化到末态时，其熵的增量等于初态和末态之间任意一可逆过程热温比的积分。故克劳修斯等式可写成

$$\oint dS = 0 \qquad (6.5.11)$$

熵是系统状态的函数，$S=S(T,V)$，$S=S(T,p)$。两个确定状态的熵变是一确定的值，与过程无关。状态如图6.5.2上任意两点1和2间，连两条路径a和b，成为一个可逆循环。积分$\int_1^2 \frac{dQ_{可逆}}{T}$的值与1,2之间经历的过程无关，只与始末两个状态有关。

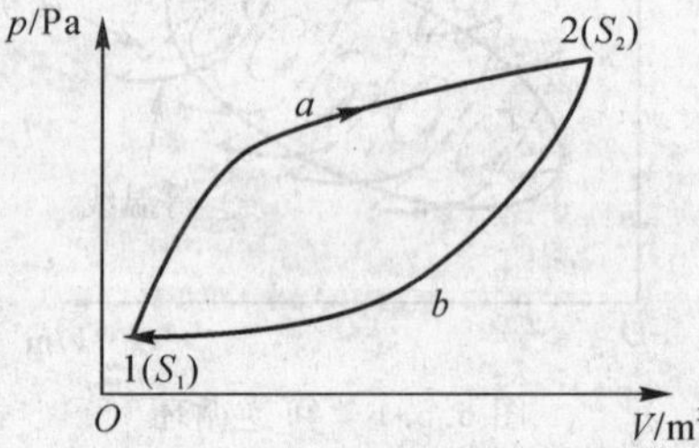

图6.5.2　熵是系统状态的函数

根据熵的定义式只能得到任意两个状态熵值的差，也就是说，熵只有相对值。但在许多实际问题中，为了方便起见，常选定一个参考态并规定在参考态的熵值为S_0，从而就确定了其他状态的熵值为

$$S = \int \frac{dQ_{可逆}}{T} + S_0 \qquad (6.5.12)$$

熵的定义式中的积分只与1,2状态有关，而与从状态1过渡到状态2的过程无关。所以当计算两状态熵的变化(简称熵变)时，可任意选择从状态1到状态2的一个可逆过程作为积分路径。即使系统是经过一不可逆过程，从状态1过渡到状态2，仍可选择一联系状态1,2的可逆过程，再根据熵的定义式计算两状态的熵变。熵是广延量，当系统可逆吸热时，熵是增加的；当系统可逆放热时，熵是减少的。1mol物质的熵S是强度量，如果系统由几部分组成，各部分熵变之和等于系统总的熵变。

$$\Delta S=\sum_{i=1}^{N}\Delta S_i \tag{6.5.13}$$

2. 热力学基本微分方程

根据热力学第一定律 $dQ=dU+pdV$，式(6.5.13) 又可以写作

$$S_2-S_1=\int_1^2\frac{dU+pdV}{T} \tag{6.5.14}$$

对于无限小的过程可写为

$$TdS=dU+pdV \tag{6.5.15}$$

这是同时应用热力学第一定律与热力学第二定律所得到的**热力学第二定律的基本微分方程**，它仅适用于可逆变化过程。

6.5.3　温-熵图($T-S$ 图)

1. $T-S$ 图

工程上常用温-熵图($T-S$ 曲线) 反映一些过程中的状态参量关系。**$T-S$ 图是以 T 为纵坐标、S 为横坐标所作的表示热力学过程的图称为 $T-S$ 图，或称为温-熵图**，如图 6.5.3 所示。在 $T-S$ 图上，每一个点代表一个平衡态，每一条曲线代表一个可逆过程。由 $TdS=dQ$ 可知在一个有限的可逆过程中，系统从外界所吸收的热量为 $Q=\int_1^2 TdS$，因此，在温-熵图上闭合曲线所包围的面积等于系统经历一可逆循环过程后从外界净吸收的热量。

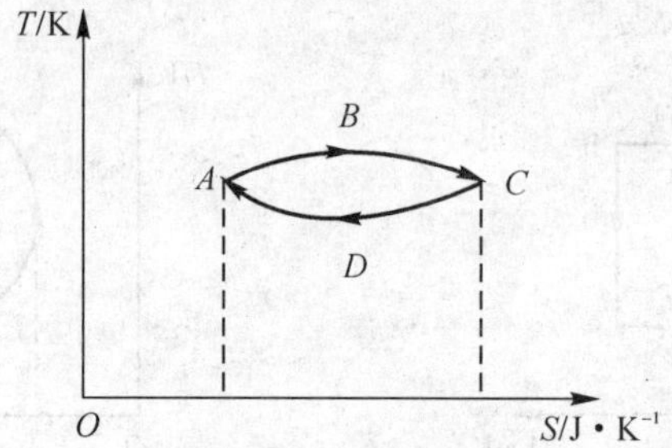

图 6.5.3　$T-S$ 图

2. 四种特殊过程在 $T-S$ 图上的表示

(1) 在绝热(可逆) 过程中 $dQ=0$，于是 $dQ=TdS=0$ 即 $dS=0$，熵的数值不变。在 $T-S$ 图上与 T 轴平行的直线就表示可逆绝热过程，如图 6.5.4 所示。

(2) 等容过程：$V=$常数，$\Delta S=C_V\ln\dfrac{T_2}{T_1}$，有

$$\left(\frac{dT}{dS}\right)_V=\frac{dT}{\left(\dfrac{dQ}{T}\right)_V}=\frac{T}{\left(\dfrac{dQ}{dT}\right)_V}=\frac{T}{C_V} \tag{6.5.16}$$

(3) 等压可逆过程：$p=$常数，$\Delta S=C_p\ln\dfrac{T_2}{T_1}$，曲线的斜率为

$$\left(\frac{dT}{dS}\right)_p=\frac{dT}{\left(\dfrac{dQ}{T}\right)_p}=\frac{T}{\left(\dfrac{dQ}{dT}\right)_p}=\frac{T}{C_p} \tag{6.5.17}$$

显然

$$\frac{T}{C_V} > \frac{T}{C_p} \tag{6.5.18}$$

(4) 等温过程：$T=$常数，$\mathrm{d}T=0$ 曲线的斜率为

$$\left(\frac{\mathrm{d}T}{\mathrm{d}S}\right)_T = 0 \tag{6.5.19}$$

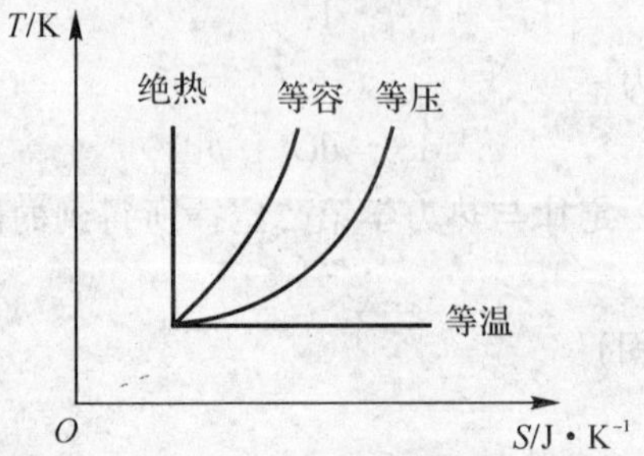

图 6.5.4　$T-S$ 图中的四种特殊过程

3. 可逆循环过程中系统所吸收的热量

由公式 $\mathrm{d}Q=T\mathrm{d}S$ 可以看出，若系统从外界吸收热量 $\mathrm{d}Q>0$，则 $\mathrm{d}S>0$，这表示系统的熵增加；若系统向外界放热 $\mathrm{d}Q<0$，则 $\mathrm{d}S<0$，这表示系统的熵减小。如图 6.5.5 所示的 ab 过程中，$\mathrm{d}S>0$，所以系统吸热，在 cd 过程中，$\mathrm{d}S<0$，系统放热。

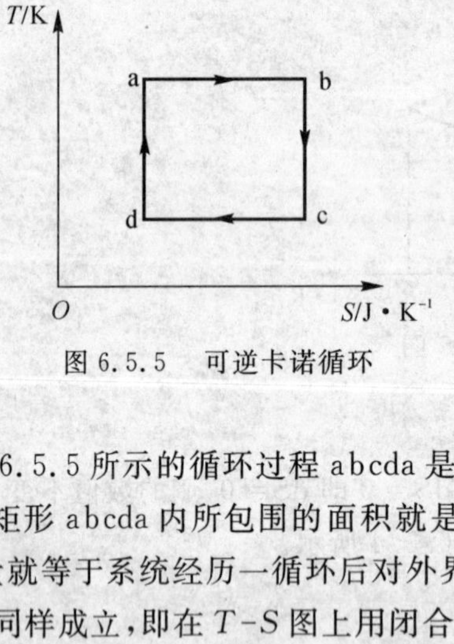

图 6.5.5　可逆卡诺循环

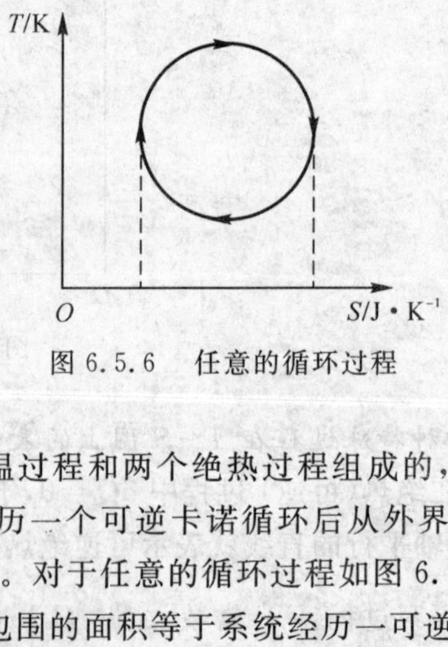

图 6.5.6　任意的循环过程

如图 6.5.5 所示的循环过程 abcda 是由两个等温过程和两个绝热过程组成的，是可逆卡诺循环。矩形 abcda 内所包围的面积就是系统在经历一个可逆卡诺循环后从外界吸收的热量，这热量就等于系统经历一循环后对外界所做的功。对于任意的循环过程如图 6.5.6 所示，这个结论同样成立，即在 $T-S$ 图上用闭合曲线内所包围的面积等于系统经历一可逆循环过程后从外界净吸收的热量，而这就等于在循环过程中系统对外所做的功。过程曲线下的面积就等于该可逆过程中系统所吸收的热量。由于 $T-S$ 图有这样特殊的作用，因而 **$T-S$ 图也可叫做示热图。**

6.5.4　玻耳兹曼熵

对于由大量分子构成的系统，宏观态包含的微观态数目往往很大，这不利于实际计算。为此，玻耳兹曼引进了熵的概念，并定义系统的熵为

$$S = k\ln\Omega \tag{6.5.20}$$

式中，S 是系统的熵；k 是玻耳兹曼常数。系统的一个宏观态有确定的微观态数目，它的熵也就

是确定的，因此，熵与系统的内能一样，也是一个与系统状态相关的态函数。

从定义式可以看到系统的熵越大必然微观态数目越大，系统的混乱程度也就越大。因此，熵的物理意义是系统无序性或混乱度大小的量度。

6.6　熵增加原理

6.6.1　克劳修斯不等式

根据卡诺定理，工作在温度分别为 T_1 和 T_2 的高、低温热源之间的任意热机，有

$$\eta = 1 - \frac{Q_2}{Q_1} \leqslant 1 - \frac{T_2}{T_1} \tag{6.6.1}$$

即

$$\frac{Q_1}{T_1} \leqslant \frac{Q_2}{T_2} \tag{6.6.2}$$

式中，"＝"对应可逆热机，"＜"对应不可逆热机。将式(6.6.2)中 Q_2 替换为 $-Q_2$ 得

$$\frac{Q_1}{T_1} + \frac{Q_2}{T_2} \leqslant 0 \tag{6.6.3}$$

将式(6.6.3)推广到任意的不可逆过程，可得到

$$\oint \frac{\mathrm{d}Q}{T} \leqslant 0 \tag{6.6.4}$$

该式称为**克劳修斯不等式**，其中，$\mathrm{d}Q$ 表示工作物质从温度为 T 的热源吸收的热量。

6.6.2　熵增加原理

1.热力学第二定律的数学表达式

考虑一系统经两个不同的过程从状态1过渡到状态2，如图6.6.1所示，其中1m2为一般过程，1n2为可逆过程。根据克劳修斯不等式得

$$\oint \frac{\mathrm{d}Q}{T} = \int_1^2 \frac{\mathrm{d}Q_\mathrm{m}}{T} + \int_2^1 \frac{\mathrm{d}Q_\mathrm{n}}{T} = \int_1^2 \frac{\mathrm{d}Q_\mathrm{m}}{T} - \int_1^2 \frac{\mathrm{d}Q_\mathrm{n}}{T} \leqslant 0 \tag{6.6.5}$$

由于1n2为可逆过程，所以

$$S_2 - S_1 = \int_1^2 \frac{\mathrm{d}Q_\mathrm{n}}{T} \geqslant \int_1^2 \frac{\mathrm{d}Q_\mathrm{m}}{T} \tag{6.6.6}$$

对于无穷小过程，有

$$\mathrm{d}S \geqslant \frac{\mathrm{d}Q}{T} \tag{6.6.7}$$

式(6.6.6)和式(6.6.7)就是**热力学第二定律的数学表达式**。

2.熵增加原理

如果1m2为绝热过程，则 $\mathrm{d}Q_\mathrm{m} = 0$，式(6.6.6)可转化为

$$S_2 - S_1 \geqslant 0 \tag{6.6.8}$$

式(6.6.8)表明，**系统经绝热过程从一平衡态过渡到另一平衡态，它的熵永不减少；如果过程是可逆的，则熵值保持不变，如过程是不可逆的，则熵值增加。这个结论叫做熵增加原理。**

根据熵增加原理，对于一个孤立系统，由于系统与外界没有任何能量交换，其内部任何自

发过程总是朝熵增加的方向进行。当系统的熵达到最大值时，系统达到平衡态。

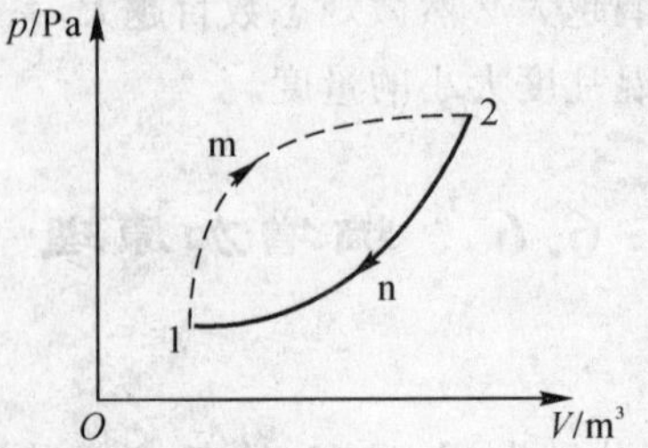

图 6.6.1　系统状态变化图

3. 熵增加原理的用途

根据熵增加原理可以判断出不可逆绝热过程总是向着熵增加的方向进行的，而可逆绝热过程总是沿着等熵方向进行的。用熵增加原理对实际问题如制冷机进行分析。现取物体、工作物质和热源为热力学系统，则该系统经历的是绝热过程。系统中各物体熵的变化如下：

被冷却物体熵的变化为

$$\Delta S = S_2 - S_1 \tag{6.6.9}$$

制冷机工作物质熵的变化为

$$\Delta S = 0 \tag{6.6.10}$$

热源熵的变化为

$$\Delta S = \frac{Q_2 + A}{T_1} \tag{6.6.11}$$

整个系统熵的变化为

$$S_2 - S_1 + \frac{Q_2 + A}{T_1} \tag{6.6.12}$$

应用熵增加原理应有

$$S_2 - S_1 + \frac{Q_2 + A}{T_1} \geqslant 0 \tag{6.6.13}$$

整理得

$$A \geqslant T_1(S_1 - S_2) - Q_2 \tag{6.6.14}$$

由此可见，制冷机所需的最小功 $A_{\min}$ 为

$$A_{\min} = T_1(S_1 - S_2) - Q_2 \tag{6.6.15}$$

由此可以估算这一制冷机所需消耗的最小功，这当然是有实际应用价值的。

4. 熵判据

孤立系统是与外界不发生任何相互作用的系统，所以，它一定不从外界吸热，则有 $dQ = 0$，所以有

$$dS \geqslant 0 \tag{6.6.16}$$

这样，在一孤立系统内进行的过程必定是绝热过程，因而它的熵永不会减少。实际上，在孤立系统内部自发进行的涉及热的过程必然是不可逆的过程，而不可逆过程的结果将使孤立系统达到平衡态，这时系统的熵具有极大值。

熵判据：孤立系统内部任何自发过程总是朝熵增加的方向进行，当熵达到最大值时，系统

达到平衡态。

值得注意的是，不能由过程前后熵的增加而随意得出过程不可逆的结论，只有对于绝热过程，才可用熵变对过程的性质和方向进行判断。

在统计物理学中将看到，熵是系统微观粒子作无规则运动混乱程度的量度，系统微观粒子的混乱程度越大，其熵也越大。

6.6.3　自由能

1. 自由能定义式

$$F = U - TS \tag{6.6.17}$$

式(6.6.17) **定义的是一个新的态函数，称之为自由能**。它是热力学中的一个重要的热力学函数。可以认为，F 是系统内能的一部分，它可以在等温过程中转化为对外界所做的功(即将这部分内能释放出来)，F 称为自由能，而 TS 往往可称为**束缚能**。

2. 最大功定理

设系统由初态 A 经等温过程达到终态 B，则由 $S_B - S_A = \int_A^B \frac{dQ}{T}$ 可得

$$S_B - S_A \geqslant \frac{Q}{T} \tag{6.6.18}$$

再由热力学第一定律，得

$$S_B - S_A \geqslant \frac{U_B - U_A + A}{T} \tag{6.6.19}$$

利用自由能的定义式，最后得到

$$F_A - F_B \geqslant -A \tag{6.6.20}$$

该式的意义是**在等温过程中，系统对外所做的功不大于其自由能的减少。或者说，在等温过程中，外界从系统所能获得的最大功是系统自由能的减少，这就是最大功定理。**

3. 自由能判据

如果系统的体积不变，即 $A = 0$，则式(6.6.20) 可化为

$$\Delta F = F_B - F_A \leqslant 0 \tag{6.6.21}$$

这就是说，在等温等容过程中，系统的自由能永不增加。或者说，在等温等容条件下，系统发生的不可逆过程总是朝着自由能减少的方向进行的。

自由能判据：在等温等容过程中，系统中发生的不可逆过程总是朝自由能减少的方向进行。当自由能达到最小值时，系统达到平衡态。

6.6.4　吉布斯函数

1. 吉布斯函数定义式

若外界对系统所做的功，除体积变化的功以外，还有其他形式的功 A_1，则有

$$S_B - S_A \geqslant \frac{U_B - U_A + p(V_B - V_A) - A_1}{T} \tag{6.6.22}$$

现在再引入一个新的态函数 —— **吉布斯函数** G，即

$$G = U - TS + pV \tag{6.6.23}$$

2. 最大功定理

由式(6.6.23) 变为

$$G_A - G_B \geqslant -A_1 \tag{6.6.24}$$

此式表明，在等温等压过程中，除体积变化的功以外，系统对外界所做的功不大于系统吉布斯函数的减少。或者说，系统吉布斯函数的减少是在等温等压过程中，除体积变化的功外，外界从系统所能获得的最大功。此结论也称之为最大功定理。

3. 吉布斯函数判据

如果 $A_1=0$，则有

$$\Delta G=G_B-G_A\leqslant 0 \tag{6.6.25}$$

由此可见，在等温等压过程中，系统的吉布斯函数永不增加。也就是说，在等温等压条件下，系统中发生的不可逆过程总是朝着吉布斯函数减小的方向进行的。

吉布斯函数判据：在等温等压条件下，系统发生的不可逆过程，总是朝吉布斯函数减小的方向进行。当吉布斯函数达到最小值时，系统达到平衡态。

习　题

6.1　一制冷机工作在 $T_2=263\text{K}$ 和 $T_1=284\text{K}$ 之间，若其循环可看做可逆卡诺循环的逆循环，则每消耗 $1.00\times10^3\text{J}$ 的功能由冷库取出多少热量？

6.2　设一动力暖气装置由一热机和一制冷机组合而成。热机靠燃料燃烧时放出热量，向暖气系统中的水放热，并带动制冷机，制冷机自天然蓄水池中吸热，也向暖气系统放热。设热机锅炉的温度为 $T_1=483\text{K}$，天然水的温度为 $T_2=288\text{K}$，暖气系统的温度为 $T_3=333\text{K}$，燃料的燃烧热为 $2.1\times10^7\text{J}\cdot\text{kg}^{-1}$，试求燃烧 1.00kg 燃料，暖气系统所得的热量是多少？假设热机和制冷机的工作循环都是理想卡诺循环。

6.3　一理想气体准静态卡诺循环，当热源温度为 373 K，冷却器温度为 273 K 时，做净功 800J，今若维持冷却器温度不变，提高热源温度，使净功增加为 1.60×10^3 J，则这时：

(1) 热源的温度为多少？

(2) 效率增大到多少？设这两个循环都工作于相同的两绝热线之间。

6.4　一热机工作于 323K 与 523 K 之间，在一循环中对外输出的净功为 1.05×10^6J，求该热机在一循环中所吸入和放出的最小热量。

6.5　一可逆卡诺热机低温热源的温度为 280 K，效率为 40%。若要将其效率提高到 50%，则高温热源的温度需提高多少度？

6.6　一制冰机低温部分的温度为 263 K，散热部分的温度为 308 K，所耗功率为 1 500W，制冰机的制冷系数是逆向卡诺循环制冷机制冷系数的 1/3。今用此制冰机将 298K 的水制成 255K 的冰，问制冰机每小时能制冰多少千克(冰熔解热为 $3.36\times10^5\text{ J}\cdot\text{kg}^{-1}$，冰的比热为 $2.1\times10^5\text{ J}\cdot\text{kg}^{-1}\cdot\text{K}^{-1}$)。

6.7　试证明：任意循环过程的效率不可能大于工作于它所经历的最高热源温度与最低热源温度之间的可逆卡诺循环的效率。(提示：先讨论任一可逆循环过程，并以一连串微小的可逆卡诺循环代替这个循环过程。如以 T_m 和 T_n 分别代表这一可逆循环所经历的最高热源温度和最低热源温度，试分析每一微小卡诺循环效率与 $1-T_m/T_n$ 的关系。)

6.8　若准静态卡诺循环中的工作物质不是理想气体而服从状态方程 $p(v-b)=RT$。试证明这卡诺循环的效率公式仍为 $\eta=1-T_2/T_1$。

6.9　证明：$\left(\frac{\partial U}{\partial V}\right)_T = T\left(\frac{\partial p}{\partial T}\right)_V - p$，设 α 为表面张力系数，S 为表面面积，U 表示表面内能，$e = U/S$ 为单位面积内能。证明：单位面积内能 e、表面张力系数 α 及 α 随温度的关系式为 $e = \alpha - T\frac{\mathrm{d}\alpha}{\mathrm{d}T}$。

第7章　热力学函数

7.1　内能、焓、自由能和吉布斯函数的全微分

7.1.1　热力学函数的全微分

热力学基本微分方程 $dU = TdS - pdV$，不论连接两个平衡态的过程可逆与否，该式都是成立的。因此，可以把该式理解为 U 作为 S,V 的函数的全微分表达式。对焓的定义式 $H = U + pV$，求微分并利用 $dU = TdS - pdV$，可得

$$dH = TdS + Vdp \tag{7.1.1}$$

式(7.1.1)是 H 作为 S,p 的函数的全微分表达式。对自由能的定义式 $F=U-TS$，求微分并利用 $dU = TdS - pdV$，可得

$$dF = -SdT - pdV \tag{7.1.2}$$

式(7.1.2)是 F 作为 T,V 函数的全微分的表达式。吉布斯函数的定义式 $G=E-TS+pV$，求微分并利用 $dU = TdS - pdV$，可得

$$dG = -SdT + Vdp \tag{7.1.3}$$

式(7.1.3)是 G 作为 T,p 函数的全微分的表达式。

7.1.2　麦克斯韦关系

函数 $U(S,V)$，$H(S,p)$，$F(T,V)$ 和 $G(T,p)$ 是特性函数，下面由这几个特性函数推导出麦克斯韦关系。

1. 由 $U=U(S,V)$ 推导出麦克斯韦关系

U 作为 S,V 的函数 $U=U(S,V)$，其全微分为

$$dU = \left(\frac{\partial U}{\partial S}\right)_V dS + \left(\frac{\partial U}{\partial V}\right)_S dV \tag{7.1.4}$$

与式 $dU = TdS - pdV$ 比较，得

$$\left(\frac{\partial U}{\partial S}\right)_V = T, \qquad \left(\frac{\partial U}{\partial V}\right)_S = -p \tag{7.1.5}$$

考虑到求偏导数的次序可以交换，即 $\frac{\partial^2 U}{\partial S\partial V} = \frac{\partial^2 U}{\partial V\partial S}$，得

$$\left(\frac{\partial T}{\partial V}\right)_S = -\left(\frac{\partial p}{\partial S}\right)_V \tag{7.1.6}$$

2. 由 $H=H(S,p)$ 推导出麦克斯韦关系

H 作为 S,p 的函数 $H=H(S,p)$，其全微分为

$$dH = \left(\frac{\partial H}{\partial S}\right)_p dS + \left(\frac{\partial H}{\partial p}\right)_S dp \tag{7.1.7}$$

与式 $dH = TdS + Vdp$ 比较，得

$$T=\left(\frac{\partial H}{\partial S}\right)_p,\quad V=\left(\frac{\partial H}{\partial p}\right)_S \tag{7.1.8}$$

考虑到求偏导数的次序可以交换，即$\frac{\partial^2 H}{\partial p\partial S}=\frac{\partial^2 H}{\partial S\partial p}$，得

$$\left(\frac{\partial T}{\partial p}\right)_S=\left(\frac{\partial V}{\partial S}\right)_p \tag{7.1.9}$$

3. 由 $F=F(T,V)$ 推导出麦克斯韦关系

F 作为 T,V 函数 $F=F(T,V)$，其全微分为

$$\mathrm{d}F=\left(\frac{\partial F}{\partial T}\right)_V\mathrm{d}T+\left(\frac{\partial F}{\partial V}\right)_T\mathrm{d}V \tag{7.1.10}$$

与式 $\mathrm{d}F=-S\mathrm{d}T-p\mathrm{d}V$ 比较，得

$$-S=\left(\frac{\partial F}{\partial T}\right)_V,\qquad -p=\left(\frac{\partial F}{\partial V}\right)_T \tag{7.1.11}$$

考虑到求偏导数的次序可以交换，即$\frac{\partial^2 F}{\partial T\partial V}=\frac{\partial^2 F}{\partial V\partial T}$，得

$$\left(\frac{\partial S}{\partial V}\right)_T=\left(\frac{\partial p}{\partial T}\right)_V \tag{7.1.12}$$

4. 由 $G=G(T,p)$ 推导出麦克斯韦关系

G 作为 T,p 函数 $G=G(T,p)$，其全微分为

$$\mathrm{d}G=\left(\frac{\partial G}{\partial T}\right)_p\mathrm{d}T+\left(\frac{\partial G}{\partial p}\right)_T\mathrm{d}p \tag{7.1.13}$$

与式 $\mathrm{d}G=-S\mathrm{d}T+V\mathrm{d}p$ 比较，得

$$-S=\left(\frac{\partial G}{\partial T}\right)_p,\qquad V=\left(\frac{\partial G}{\partial p}\right)_T \tag{7.1.14}$$

考虑到求偏导数的次序可以交换，即$\frac{\partial^2 G}{\partial T\partial p}=\frac{\partial^2 G}{\partial p\partial T}$，得

$$\left(\frac{\partial S}{\partial p}\right)_T=-\left(\frac{\partial V}{\partial T}\right)_p \tag{7.1.15}$$

U,H,F,G 满足下面的偏微分关系，即

$$\left(\frac{\partial T}{\partial V}\right)_S=-\left(\frac{\partial p}{\partial S}\right)_V \tag{7.1.16}$$

$$\left(\frac{\partial T}{\partial p}\right)_S=\left(\frac{\partial V}{\partial S}\right)_p \tag{7.1.17}$$

$$\left(\frac{\partial S}{\partial V}\right)_T=\left(\frac{\partial p}{\partial T}\right)_V \tag{7.1.18}$$

$$\left(\frac{\partial V}{\partial T}\right)_p=-\left(\frac{\partial S}{\partial p}\right)_T \tag{7.1.19}$$

以上四式就是著名的**麦克斯韦关系（简称麦氏关系）**，它们在热力学中应用极其广泛。麦氏关系给出了热力学量的偏导数之间的关系，这样，人们可利用麦氏关系，把一些不能直接测量的物理量用可测物理量（如物态量、热容量等）表达出来。本节以几个例子来说明麦氏关系的应用。

7.1.3 麦氏关系的简单应用

1. 能态方程

求证：当温度不变时，内能随体积的变化率与物态方程有如下关系：

$$\left(\frac{\partial U}{\partial V}\right)_T = T\left(\frac{\partial p}{\partial T}\right)_V - p \text{（此式称为能态方程）} \tag{7.1.20}$$

证明：选择 T, V 为独立变量，内能和熵均可写成态变量 T 和 V 的函数，$U=U(T,V)$，$S=S(T,V)$，则有

$$\left.\begin{aligned} dU &= \left(\frac{\partial U}{\partial T}\right)_V dT + \left(\frac{\partial U}{\partial V}\right)_T dV \\ dS &= \left(\frac{\partial S}{\partial T}\right)_V dT + \left(\frac{\partial S}{\partial V}\right)_T dV \end{aligned}\right\} \tag{7.1.21}$$

由热力学第一定律 $dU = TdS - pdV$，有

$$dU = T\left(\frac{\partial S}{\partial T}\right)_V dT + \left[T\left(\frac{\partial S}{\partial V}\right)_T - p\right]dV \tag{7.1.22}$$

比较式(7.1.21)和式(7.1.22)，可得

$$C_V = \left(\frac{\partial U}{\partial T}\right)_V = T\left(\frac{\partial S}{\partial T}\right)_V \tag{7.1.23}$$

$$\left(\frac{\partial U}{\partial V}\right)_T = T\left(\frac{\partial S}{\partial V}\right)_T - p \tag{7.1.24}$$

应用麦氏关系 $\left(\frac{\partial S}{\partial V}\right)_T = \left(\frac{\partial p}{\partial T}\right)_V$，即可得到 $\left(\frac{\partial U}{\partial V}\right)_T = T\left(\frac{\partial p}{\partial T}\right)_V - p$，证毕。

例 7.1.1 求理想气体的能态方程。

解 对于理想气体，$pV = nRT$，

$$\left(\frac{\partial U}{\partial V}\right)_T = T\left(\frac{\partial p}{\partial T}\right)_V - p = T\frac{nR}{V} - p = 0 \tag{1}$$

显然有

$$\left(\frac{\partial U}{\partial V}\right)_T = 0 \tag{2}$$

这正是焦耳定律的结果。

例 7.1.2 求范氏气体的能态方程

解 对于范氏气体(1mol) $\left(p+\frac{a}{v^2}\right)(v-b)=RT$，则有

$$\left(\frac{\partial U}{\partial v}\right)_T = \frac{RT}{v-b} - p = \frac{a}{v^2} \tag{1}$$

由此可见，实际气体的内能不仅与温度有关，而且与体积有关。

2. 焓态方程

求证：当温度不变时，焓随压强的变化率与物态方程有如下关系：

$$\left(\frac{\partial H}{\partial p}\right)_T = V - T\left(\frac{\partial V}{\partial T}\right)_p \text{（此式称为焓态方程）} \tag{7.1.25}$$

证明：以 T, p 为独立变量，$H=H(T,p)$，$S=S(T,p)$，则有

$$\left.\begin{aligned} dH &= \left(\frac{\partial H}{\partial T}\right)_p dT + \left(\frac{\partial H}{\partial p}\right)_T dp \\ dS &= \left(\frac{\partial S}{\partial T}\right)_p dT + \left(\frac{\partial S}{\partial p}\right)_T dp \end{aligned}\right\} \tag{7.1.26}$$

比较 $dH = TdS + Vdp$ 及式(7.1.26)有

$$dH = T\left(\frac{\partial S}{\partial T}\right)_p dT + \left[T\left(\frac{\partial S}{\partial p}\right)_T + V\right]dp \tag{7.1.27}$$

$$C_p = \left(\frac{\partial H}{\partial T}\right)_p = T\left(\frac{\partial S}{\partial T}\right)_p \tag{7.1.28}$$

$$\left(\frac{\partial H}{\partial p}\right)_T = T\left(\frac{\partial S}{\partial p}\right)_T + V \tag{7.1.29}$$

利用麦氏关系$\left(\frac{\partial V}{\partial T}\right)_p = -\left(\frac{\partial S}{\partial p}\right)_T$，即可证得$\left(\frac{\partial H}{\partial p}\right)_T = V - T\left(\frac{\partial V}{\partial T}\right)_p$。

3. 定压与定容热容量之差

求证：简单系统的 $C_p - C_V = \frac{VT\alpha^2}{\kappa_T}$。

由前面讨论得到的 $C_p = \left(\frac{\partial H}{\partial T}\right)_p = T\left(\frac{\partial S}{\partial T}\right)_p$ 和 $C_V = \left(\frac{\partial U}{\partial T}\right)_V = T\left(\frac{\partial S}{\partial T}\right)_V$，可得

$$C_p - C_V = T\left(\frac{\partial S}{\partial T}\right)_p - T\left(\frac{\partial S}{\partial T}\right)_V \tag{7.1.30}$$

由 $V = V(T,p)$，熵可写成 $S(T,V) = S(T,V(T,p)) = S(T,p)$。因为$\left(\frac{\partial S}{\partial T}\right)_p = \left(\frac{\partial S}{\partial T}\right)_V + \left(\frac{\partial S}{\partial V}\right)_T\left(\frac{\partial V}{\partial T}\right)_p$，于是有

$$C_p - C_V = T\left(\frac{\partial S}{\partial V}\right)_T\left(\frac{\partial V}{\partial T}\right)_p \tag{7.1.31}$$

利用麦氏关系$\left(\frac{\partial S}{\partial V}\right)_T = \left(\frac{\partial p}{\partial T}\right)_V$，最后可得

$$C_p - C_V = T\left(\frac{\partial p}{\partial T}\right)_V\left(\frac{\partial V}{\partial T}\right)_p \tag{7.1.32}$$

或者

$$C_p - C_V = \frac{VT\alpha^2}{\kappa_T} \tag{7.1.33}$$

这里应用了关系式(1.4.8)～式(1.4.1)。式(7.1.33)对于任意简单系统均适用，但 $C_p - C_V = nR$ 只是理想气体的结论。

4. 气体的绝热膨胀

气体在绝热膨胀过程中，熵不变，温度随压强而变化，其变化率为$\left(\frac{\partial T}{\partial p}\right)_S$。设过程是准静态的，由 $S = S(T,p)$ 得

$$\left(\frac{\partial T}{\partial p}\right)_S\left(\frac{\partial p}{\partial S}\right)_T\left(\frac{\partial S}{\partial T}\right)_p = -1 \tag{7.1.34}$$

$$\left(\frac{\partial T}{\partial p}\right)_S = -\left(\frac{\partial S}{\partial p}\right)_T \Big/ \left(\frac{\partial S}{\partial T}\right)_p = -\frac{T}{C_p}\left(\frac{\partial S}{\partial p}\right)_T \tag{7.1.35}$$

由麦氏关系 $-\left(\frac{\partial S}{\partial p}\right)_T=\left(\frac{\partial V}{\partial T}\right)_p$ 得

$$\left(\frac{\partial T}{\partial p}\right)_S=-\frac{T}{C_p}\left(\frac{\partial S}{\partial p}\right)_T=\frac{T}{C_p}\left(\frac{\partial V}{\partial T}\right)_p=\frac{TV\alpha}{C_p}>0 \tag{7.1.36}$$

随着体积膨胀压强降低，$\Delta p<0,\Delta T<0$，即产生致冷效应。它表示在节流过程前、后，气体温度随压强的变化率。由此可见，绝热膨胀，$\left(\frac{\partial T}{\partial p}\right)_S$ 恒大于零，也即气体经绝热膨胀后，其温度总是下降的，无所谓转变温度。在相同的压强降落下，气体在准静态绝热膨胀中的温度降落大于节流过程中的温度降落。事实上

$$\left(\frac{\partial T}{\partial p}\right)_S-\left(\frac{\partial T}{\partial p}\right)_H=\frac{TV\alpha}{C_p}-\frac{V}{C_p}(T\alpha-1)=\frac{V}{C_p}>0 \tag{7.1.37}$$

7.2 基本热力学函数的确定

在所引进的热力学函数中，最基本的是三个：物态方程、内能和熵。其他热力学函数均可由它们导出。在基本热力学函数确定后，就可推知系统的全部热力学性质。

7.2.1 *T*, *V* 为变量的内能和熵

1. T, V 为变量的内能

物态方程 $p=p(T,V)$（由实验得到），内能为 $U=U(T,V)$ 时，有

$$\mathrm{d}U=\left(\frac{\partial U}{\partial T}\right)_V\mathrm{d}T+\left(\frac{\partial U}{\partial V}\right)_T\mathrm{d}V \tag{7.2.1}$$

利用 $\left(\frac{\partial U}{\partial T}\right)_V=C_V$，$\left(\frac{\partial U}{\partial V}\right)_T=T\left(\frac{\partial p}{\partial T}\right)_V-p$，得

$$\mathrm{d}U=C_V\mathrm{d}T+\left[T\left(\frac{\partial p}{\partial T}\right)_V-p\right]\mathrm{d}V \tag{7.2.2}$$

沿一条任意积分路线求积分，可得

$$U=\int\left\{C_V\mathrm{d}T+\left[T\left(\frac{\partial p}{\partial T}\right)_V-p\right]\mathrm{d}V\right\}+U_0 \tag{7.2.3}$$

2. T, V 为变量的熵

当熵为 $S=S(T,V)$ 时，利用 $T\left(\frac{\partial S}{\partial T}\right)_V=C_V$，$\left(\frac{\partial S}{\partial V}\right)_T=\left(\frac{\partial p}{\partial T}\right)_V$ 可得

$$\mathrm{d}S=\left(\frac{\partial S}{\partial T}\right)_V\mathrm{d}T+\left(\frac{\partial S}{\partial V}\right)_T\mathrm{d}V=\frac{C_V}{T}\mathrm{d}T+\left(\frac{\partial p}{\partial T}\right)_V\mathrm{d}V \tag{7.2.4}$$

求线积分可得

$$S=\int\left[\frac{C_V}{T}\mathrm{d}T+\left(\frac{\partial p}{\partial T}\right)_V\mathrm{d}V\right]+S_0 \tag{7.2.5}$$

例 7.2.1 求 1mol 范氏气体的内能和熵。

解 由物态方程 $\left(p+\frac{a}{v^2}\right)(v-b)=RT$ 得

$$T\left(\frac{\partial p}{\partial T}\right)_v-p=T\frac{R}{v-b}-\left(\frac{RT}{v-b}-\frac{a}{v^2}\right)=\frac{a}{v^2} \tag{1}$$

内能：
$$u=\int\left(C_V\mathrm{d}T+\frac{a}{v^2}\mathrm{d}v\right)+u_0=\int C_V\mathrm{d}T-\frac{a}{v}+u_0 \tag{2}$$

熵：　　$$s=\int\left[\frac{C_V}{T}\mathrm{d}T+\left(\frac{\partial p}{\partial T}\right)_v\mathrm{d}v\right]+s_0=\int\frac{C_V}{T}\mathrm{d}T+\int\frac{R}{v-b}\mathrm{d}v+s_0 \tag{3}$$

C_V 与 v 无关，最后得

$$s=\int\frac{C_V}{T}\mathrm{d}T+R\ln(v-b)+s_0 \tag{4}$$

7.2.2　T, p 为变量的内能和熵

1. T，p 为变量的内能

物态方程 $V=V(T,p)$（由实验得到），焓为 $H=H(T,p)$ 时，利用式(7.1.25)有

$$\mathrm{d}H=\left(\frac{\partial H}{\partial T}\right)_p\mathrm{d}T+\left(\frac{\partial H}{\partial p}\right)_T\mathrm{d}p=C_p\mathrm{d}T+\left[V-T\left(\frac{\partial V}{\partial T}\right)_p\right]\mathrm{d}p \tag{7.2.6}$$

求线积分，可得

$$H=\int\left\{C_p\mathrm{d}T+\left[V-T\left(\frac{\partial V}{\partial T}\right)_p\right]\mathrm{d}p\right\}+H_0 \tag{7.2.7}$$

由式(7.2.7)和 $U=H-PV$，可得 U。

2. T，p 为变量的熵

当熵为 $S=S(T,p)$ 时，利用式(7.1.19)有

$$\mathrm{d}S=\left(\frac{\partial S}{\partial T}\right)_p\mathrm{d}T+\left(\frac{\partial S}{\partial p}\right)_T\mathrm{d}p=\frac{C_p}{T}\mathrm{d}T-\left(\frac{\partial V}{\partial p}\right)_p\mathrm{d}p \tag{7.2.8}$$

求线积分，可得

$$S=\int\left[\frac{C_p}{T}\mathrm{d}T-\left(\frac{\partial V}{\partial T}\right)_p\mathrm{d}p\right]+S_0 \tag{7.2.9}$$

例 7.2.2　求 1 mol 理想气体的焓、熵和吉布斯函数。

解　理想气体的状态方程为 $pv=RT$，焓为

$$h=\int\left\{C_p\mathrm{d}T+\left[v-T\left(\frac{\partial v}{\partial T}\right)_p\right]\mathrm{d}p\right\}+h_0 \tag{1}$$

而

$$v-T\left(\frac{\partial v}{\partial T}\right)_p=\frac{RT}{P}-T\frac{R}{p}=0 \tag{2}$$

理想气体的摩尔焓为

$$h=\int C_p\mathrm{d}T+h_0=C_pT+h_0 \tag{3}$$

熵为

$$s=\int\left[\frac{C_V}{T}\mathrm{d}T+\left(\frac{\partial p}{\partial T}\right)_v\mathrm{d}v\right]+s_0 \tag{4}$$

利用 $\left(\frac{\partial p}{\partial T}\right)_v=\frac{R}{v}$ 可得

$$s=\int\left[\frac{C_v}{T}\mathrm{d}T+\frac{R}{v}\mathrm{d}v\right]+s_0=C_v\ln T+R\ln v+s_0 \tag{5}$$

或

$$s=\int\left[\frac{C_p}{T}\mathrm{d}T-\left(\frac{\partial v}{\partial T}\right)_p\mathrm{d}p\right]+s_0=\int\left(\frac{C_p}{T}\mathrm{d}T-\frac{R}{p}\mathrm{d}p\right)+s_0 \tag{6}$$

$$s=\int C_p\ln T-R\ln p+s_0 \tag{7}$$

吉布斯函数:按定义 $g=h-Ts$,有

$$g=\int C_p\mathrm{d}T-T\int\frac{C_p}{T}\mathrm{d}T+RT\ln p+h_0-Ts_0 \tag{8}$$

式(8) 可表示为另一种形式。利用分部积分

$$\int x\mathrm{d}y=xy-\int y\mathrm{d}x$$

令其中的

$$x=\frac{1}{T},\qquad y=\int C_p\mathrm{d}T \tag{9}$$

得出

$$g=-T\int\frac{\mathrm{d}T}{T^2}\int C_p\mathrm{d}T+RT\ln p+h_0-Ts_0 \tag{10}$$

通常将 g 写成

$$g=RT(\varphi+\ln p) \tag{11}$$

其中

$$\varphi=\frac{h_0}{RT}-\int\frac{\mathrm{d}T}{RT^2}\int C_p\mathrm{d}T-\frac{s_0}{R} \tag{12}$$

若摩尔热容量 C_p 为常数,则有

$$\varphi=\frac{h_0}{RT}-\frac{C_p\ln T}{R}+\frac{C_p-s_0}{R} \tag{13}$$

7.3 特性函数

在适当选择独立变量条件下,只要知道一个热力学函数,就可以用只求偏导数的方法,求出其他基本热力学函数,从而完全确定均匀系统的平衡性质。这个热力学函数就称为特性函数,相应的变量叫做自然变量。

7.3.1 特性函数

1. 以 T,V 为独立变量 —— 特性函数是自由能 $F=F(T,V)$

由 $\mathrm{d}F=-S\mathrm{d}T-p\mathrm{d}V$ 与 $\mathrm{d}F=\left(\frac{\partial F}{\partial T}\right)_V\mathrm{d}T+\left(\frac{\partial F}{\partial V}\right)_T\mathrm{d}V$,比较得,物态方程

$$p=-\left(\frac{\partial F}{\partial V}\right)_T \tag{7.3.1}$$

熵的表达式为

$$S=-\left(\frac{\partial F}{\partial T}\right)_V \tag{7.3.2}$$

又由 $F=U-TS$ 可得内能 U 为

$$U=F+TS=F-T\left(\frac{\partial F}{\partial T}\right)_V \tag{7.3.3}$$

此式称为**吉布斯-亥姆霍兹方程。**

焓的表达式为

$$H=U-pV=F-T\left(\frac{\partial F}{\partial T}\right)_V+V\left(\frac{\partial F}{\partial T}\right)_V \tag{7.3.4}$$

吉布斯的表达式为

$$G=F+pV=F-V\left(\frac{\partial F}{\partial V}\right)_T \tag{7.3.5}$$

2. 以 T，p 为独立变量 —— 特性函数是吉布斯函数 $G=G(T,p)$

由 $\mathrm{d}G=-S\mathrm{d}T+V\mathrm{d}p$ 与 $\mathrm{d}G=\left(\frac{\partial G}{\partial T}\right)_p \mathrm{d}T+\left(\frac{\partial G}{\partial p}\right)_T \mathrm{d}p$ 比较得

熵的表达式为

$$S=-\left(\frac{\partial G}{\partial T}\right)_p \tag{7.3.6}$$

物态方程为

$$V=\left(\frac{\partial G}{\partial p}\right)_T \tag{7.3.7}$$

内能的表达式为

$$U=G+ST-pV=G-T\left(\frac{\partial G}{\partial T}\right)_p-p\left(\frac{\partial G}{\partial p}\right)_T \tag{7.3.8}$$

焓的表达式为

$$H=G+ST=G-T\left(\frac{\partial G}{\partial T}\right)_p \tag{7.3.9}$$

此式也称为**吉布斯-亥姆霍兹方程**。

自由能的表达式为

$$F=G-pV=G-p\left(\frac{\partial G}{\partial p}\right)_T \tag{7.3.10}$$

7.3.2　液体表面系统的热力学函数

液体表面系统是液体与其他相的分界线。它可以理解为是一个很薄的几何面，表面张力就发生在表面内。将表面当做一个热力学系统，描述表面系统的状态参量是表面张力系数 σ 和表面面积 A（相当于气体的 p 和 V）。表面系统的物态方程是

$$f(\sigma,A,T)=0 \tag{7.3.11}$$

实验指出，表面张力系数 σ 只是温度的函数，与表面面积 A 无关，物态方程可简化为

$$\sigma=\sigma(T) \tag{7.3.12}$$

当表面积有 $\mathrm{d}A$ 的改变时，外界所做的功为

$$\mathrm{d}W=\sigma\mathrm{d}A \tag{7.3.13}$$

表面系统的自由能的全微分为

$$\mathrm{d}F=-S\mathrm{d}T+\sigma\mathrm{d}A \tag{7.3.14}$$

由式(7.3.14)得，$F=F(T,A)$，所以自由能的全微分也可表示为

$$\mathrm{d}F=\left(\frac{\partial F}{\partial T}\right)_A \mathrm{d}T+\left(\frac{\partial F}{\partial A}\right)_T \mathrm{d}A \tag{7.3.15}$$

对于式(7.3.14)和式(7.3.15)可得

$$S=-\left(\frac{\partial F}{\partial T}\right)_A,\qquad \sigma=\left(\frac{\partial F}{\partial A}\right)_T \tag{7.3.16}$$

对式 $\partial\left(\frac{\partial F}{\partial A}\right)_T$ 积分，注意 σ 与 A 无关，即得

$$F=A\sigma \tag{7.3.17}$$

当 A 趋于零,表面系统不存在,其自由能也应为零,σ 是单位面积的自由能。

$$S=-A\frac{\mathrm{d}\sigma}{\mathrm{d}T} \tag{7.3.18}$$

由 $U=F+TS$,得表面系统的内能为

$$U=A\left(\sigma-T\frac{\mathrm{d}\sigma}{\mathrm{d}T}\right) \tag{7.3.19}$$

如果测得表面张力随温度的变化 $\sigma=\sigma(T)$,就可求得表面系统的热力学函数。

7.4 热辐射的热力学性质

受热的固体可以辐射电磁波,电磁波的强度以及强度对频率的依赖关系与温度及固体的性质都有关。但是,如果物体对电磁波的吸收和辐射达到平衡,电磁辐射的特性将只取决于物体的温度,与物体的其他特性无关。**物体因自身的温度而向外发射电磁能称为热辐射**,它是物体交换能量的一种形式。任何物体随时都向四周发射电磁波,同时又吸收周围物体辐射来的电磁波,**当发射和吸收的能量达到平衡时,物体的温度才达到平衡值,这时的辐射称为平衡辐射。如果一个物体在任何温度下都能把投射到它上面的各种频率的电磁波全部吸收(没有反射),这个物体就称为绝对黑体,简称为黑体。**

7.4.1 辐射能量密度 $u(T)$

辐射场中单位体积中的能量 u 称为辐射能量密度。可以证明:空腔内电磁辐射的能量密度以及能量密度按频率的分布只是温度的函数,而与空腔的其他性质无关,即 $u=u(T)$。

证明:设想有一个温度相同,但形状和腔壁材料不同的另一空腔,两腔中间开一小窗口将两者连接起来,窗口放上一滤色片,只有频率为 $\omega\sim\omega+\mathrm{d}\omega$ 的电磁波才能通过,如图 7.4.1 所示。

如果在 $\omega\sim\omega+\mathrm{d}\omega$ 范围内的辐射能量在两腔中不等,则能量将通过小窗,由能量密度高的空腔辐射到低的空腔,从而使前者温度降低,后者温度升高。这样,就可以让某一热机利用这一温度差吸热做功。其结果显然违背了热力学第二定律(开氏说法),所以,辐射能量密度 u 以及 u 按频率的分布只能是温度的函数。

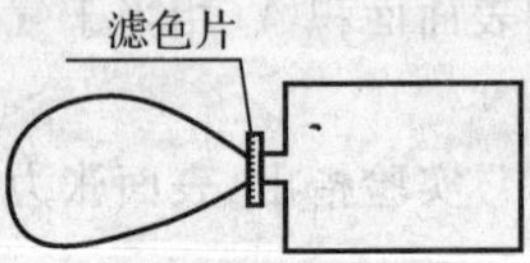

图 7.4.1 空腔

现在根据热力学理论推求空窖辐射的热力学函数。将空窖辐射看做热力学系统,选择温度 T 和体积 V 为状态参量。空窖辐射的能量密度 $u(T)$ 仅是温度的函数,辐射场的总能量 $U(T,V)$ 可以表示为

$$U(T,V)=u(T)V \tag{7.4.1}$$

当电磁波投射到物体上时,它对物体所施加的压强称为辐射压强 p。麦克斯韦从电磁场理论出发,早就预言有辐射压强存在,但直到本世纪初,辐射压强才由列别捷夫、尼科斯和赫耳分别测量到。可以证明经典电磁理论关于辐射压强 p 与辐射能量密度 u 的关系为 $p=\frac{1}{3}u$,并对其求偏导,则有

$$\left(\frac{\partial p}{\partial T}\right)_V=\frac{1}{3}\times\frac{\mathrm{d}u}{\mathrm{d}T} \tag{7.4.2}$$

考虑能态方程 $\left(\frac{\partial U}{\partial V}\right)_T = T\left(\frac{\partial p}{\partial T}\right)_V - p$，于是得到

$$u(T) = \frac{T}{3}\frac{\mathrm{d}u}{\mathrm{d}T} - \frac{1}{3}u \quad 或 \quad \frac{\mathrm{d}u}{u} = 4\frac{\mathrm{d}T}{T} \tag{7.4.3}$$

解此微分方程，得

$$u = \alpha T^4 \tag{7.4.4}$$

这里 α 为积分常数。上式说明，平衡辐射的能量密度与 T 的四次方成正比。

7.4.2 辐射场的熵 S

由热力学基本微分方程 $\mathrm{d}S = \frac{\mathrm{d}U + p\mathrm{d}V}{T}$，并应用上面的结果 $p = \frac{1}{3}u$ 和 $u = \alpha T^4$ 可得

$$\mathrm{d}S = \frac{4\alpha}{3}\mathrm{d}(VT^3) \tag{7.4.5}$$

积分可得

$$S = \frac{4}{3}\alpha VT^3 + S_0 \tag{7.4.6}$$

式中，S_0 是积分常数，因为，当 $V=0$ 时（即无辐射场），$S=0$，所以 $S_0=0$，最后得

$$S = \frac{4}{3}\alpha VT^3 \tag{7.4.7}$$

对于可逆绝热过程，因为 $\mathrm{d}S=0$，所以 $VT^3 =$ 常量。

7.4.3 辐射场的吉布斯函数 G

由吉布斯函数的定义式 $G = U + pV - TS$，$p = \frac{1}{3}u$，$u = \alpha T^4$ 和 $S = \frac{4}{3}\alpha VT^3$ 可得

$$G = 0 \tag{7.4.8}$$

即，辐射场的吉布斯函数为零。（对应于光子数不守恒。）

7.4.4 斯特潘-玻耳兹曼定律

单位时间内通过单位面积，向一侧辐射的总辐射能量称为辐射通量密度 J_u。可以证明

$$J_u = \frac{1}{4}cu \tag{7.4.9}$$

式中，c 为光速；u 为辐射能量密度。

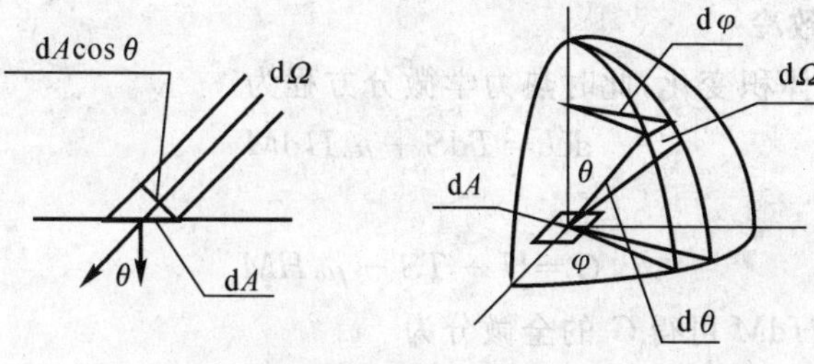

图 7.4.2 立体角

证明：如图 7.4.2 所示，计算在单位时间内通过面积元 $\mathrm{d}A$ 向一侧辐射的能量。如果投射到 $\mathrm{d}A$ 上的是一束平面电磁波，其传播方向与 $\mathrm{d}A$ 的法线方向平行，则单位时间内通过 $\mathrm{d}A$ 向一侧辐射的辐射能量 $cu\mathrm{d}A$。因为电磁辐射向各个方向传播，因而平均说来，传播方向在立体角 $\mathrm{d}\Omega$ 内的辐射能量密度应为

$$\frac{cu\,\mathrm{d}\Omega}{4\pi} \tag{7.4.10}$$

这样，在单位时间内，在立体角 $\mathrm{d}\Omega$，这一束电磁辐射通过面积 $\mathrm{d}A$ 向一侧辐射的能量为

$$\frac{cu\,\mathrm{d}\Omega}{4\pi}\cos\theta\mathrm{d}A \tag{7.4.11}$$

对立体角积分，在单位时间内，通过 $\mathrm{d}A$ 向一侧辐射的总辐射能量为

$$J_u\mathrm{d}A=\frac{cu\,\mathrm{d}A}{4\pi}\int\cos\theta\mathrm{d}\Omega=\frac{cu\,\mathrm{d}A}{4\pi}\int_0^{\frac{\pi}{2}}\sin\theta\cos\theta\mathrm{d}\theta\int_0^{2\pi}\mathrm{d}\varphi=\frac{1}{4}cu\,\mathrm{d}A \tag{7.4.12}$$

所以

$$J_u=\frac{1}{4}caT^4=\sigma T^4 \tag{7.4.13}$$

此式称为**斯特潘-玻耳兹曼定律**，其中，$\sigma=5.669\times10^{-8}\,\mathrm{W\cdot m^{-2}\cdot K^{-4}}$，称为**斯特潘常数**。

7.5 磁介质的热力学性质

7.5.1 磁介质的基本微分方程

热力学基本微分方程的一般形式是

$$\mathrm{d}U=T\mathrm{d}S+\sum_i Y_i\mathrm{d}y_i \tag{7.5.1}$$

对于磁介质

$$\sum_i Y_i\mathrm{d}y_i=-p\mathrm{d}V+\mu_0H\mathrm{d}M \tag{7.5.2}$$

式(7.5.2)等号右边第二项是外场使磁介质磁化所做的功，但不包括激发磁场所做的功。这样，磁介质的热力学基本微分方程为

$$\mathrm{d}U=T\mathrm{d}S-p\mathrm{d}V+\mu_0H\mathrm{d}M \tag{7.5.3}$$

当以 T,p,H 为独立变量时，特性函数是 G，即

$$G=U+pV-\mu_0HM-TS \tag{7.5.4}$$

由 $\mathrm{d}U=T\mathrm{d}S-p\mathrm{d}V+\mu_0H\mathrm{d}M$ 可得 G 的全微分为

$$\mathrm{d}G=-S\mathrm{d}T+V\mathrm{d}p-\mu_0M\mathrm{d}H \tag{7.5.5}$$

7.5.2 绝热去磁致冷

如果忽略磁介质的体积变化，此时热力学微分方程为

$$\mathrm{d}U=T\mathrm{d}S+\mu_0H\mathrm{d}M \tag{7.5.6}$$

特性函数 G 为

$$G=U-TS-\mu_0HM \tag{7.5.7}$$

由 $\mathrm{d}U=T\mathrm{d}S+\mu_0H\mathrm{d}M$ 可得 G 的全微分为

$$\mathrm{d}G=-S\mathrm{d}T-\mu_0M\mathrm{d}H \tag{7.5.8}$$

由全微分条件有

$$\left(\frac{\partial S}{\partial H}\right)_T=\mu_0\left(\frac{\partial M}{\partial T}\right)_H \tag{7.5.9}$$

由 $S=S(T,H)$ 及 $\left(\frac{\partial T}{\partial H}\right)_S\left(\frac{\partial H}{\partial S}\right)_T\left(\frac{\partial S}{\partial T}\right)_H=-1$ 可得

$$\left(\frac{\partial T}{\partial H}\right)_S=-\frac{\left(\frac{\partial S}{\partial H}\right)_T}{\left(\frac{\partial S}{\partial T}\right)_H}=-\frac{T}{T}\frac{\mu_0\left(\frac{\partial M}{\partial T}\right)_H}{\left(\frac{\partial S}{\partial T}\right)_H} \tag{7.5.10}$$

令

$$C_H=T\left(\frac{\partial S}{\partial T}\right)_H \tag{7.5.11}$$

称为**磁场不变时磁介质的热容量**。假设磁介质服从居里定律：

$$M=\frac{CV}{T}H \tag{7.5.12}$$

则

$$\left(\frac{\partial T}{\partial H}\right)_S=\frac{CV}{C_H T}\mu_0 H>0 \tag{7.5.13}$$

由此可见，**在绝热条件下，减小磁场，磁介质的温度将下降，这就是绝热去磁致冷**。它是 1926 年，由固体物理学家德拜提出的，该方法是获得 1 K 以下低温的有效办法。

7.5.3　磁致伸缩效应与压磁效应

前面得到了公式 $\mathrm{d}G=-S\mathrm{d}T+V\mathrm{d}p-\mu_0 M\mathrm{d}H$，由全微分条件可得

$$\left(\frac{\partial V}{\partial H}\right)_{T,p}=-\mu_0\left(\frac{\partial M}{\partial p}\right)_{T,H} \tag{7.5.14}$$

式(7.5.14)是磁介质的一个麦氏关系。式(7.5.14)左边的偏导数给出了**当温度和压强不变时，磁介质的体积随磁场的变化率，这就是磁致伸缩效应**；式右边的偏导数给出**当温度和磁场保持不变时，介质的磁矩随压强的变化率，它描述了压磁效应**。式(7.5.14)正是反映了这两种效应之间的关系。

习　题

7.1　温度维持为 298K，压强在 0Pa 至 1 000Pa 之间，测得的水的实验数据如下：$\left(\frac{\partial V}{\partial T}\right)_p=(4.5\times10^{-9}+1.4\times10^{-12}p)\,\mathrm{m^3\cdot mol^{-1}\cdot K^{-1}}$，若在 298K 的恒温下，将水从 1Pa 加压至 1 000Pa，求水的熵变和从外界吸收的热量是多少？

7.2　已知当体积保持不变时，一气体的压强正比于其热力学温度。试证明当温度保持不变时，该气体的熵随体积增大而增加。

7.3　设一物质的物态方程具有形式 $p=f(V)T$，试证明其内能与体积无关。

7.4　求证：(1) $\left(\frac{\partial S}{\partial p}\right)_H<0$；　(2) $\left(\frac{\partial S}{\partial V}\right)_U>0$。

7.5　已知：$\left(\frac{\partial U}{\partial V}\right)_T=0$，求证 $\left(\frac{\partial U}{\partial p}\right)_T=0$。

7.6　试证明一个均匀物体在准静态等压过程中熵随体积的增减取决于等压下温度随体积的增减。

7.7　试证明在相同的压强降落下，气体在准静态绝热膨胀中的温度降落大于在节流过程中的温度降落。

7.8　证明$\left(\frac{\partial C_V}{\partial V}\right)_T=T\left(\frac{\partial^2 p}{\partial T^2}\right)_V$，$\left(\frac{\partial C_p}{\partial p}\right)_T=-T\left(\frac{\partial^2 V}{\partial T^2}\right)_p$，并由此推出

$$C_V=C_V^0+T\int_{V_0}^{V}\left(\frac{\partial^2 p}{\partial T^2}\right)_V \mathrm{d}V \text{ 和 } C_p=C_p^0+T\int_{p_0}^{p}\left(\frac{\partial^2 V}{\partial T^2}\right)_V \mathrm{d}p。$$

根据以上两式证明，理想气体的定容热容量和定压热容量只是温度 T 的函数。

7.9　试证明范氏气体的定容热容量只是 T 的函数，与比容无关。

7.10　试证明理想气体的摩尔自由能可以表示为

$$f=\int C_V \mathrm{d}T-T\int\frac{C_V}{T}\mathrm{d}T-R\ln V+u_0-TS_0$$

7.11　求范氏气体的特性函数 f，并导出其他的热力学函数。

7.12　试证明范氏气体的摩尔定压热容量和定容热容量之差为

$$C_p-C_V=\frac{R}{1-\frac{2a\ (v-b)^2}{RTv^3}}$$

7.13　一弹簧在恒温下的恢复力 X 与其伸长 x 成正比，即 $X=-Ax$，今忽略弹簧的热膨胀，试证明弹簧的自由能 F、熵 S 和内能 U 的表达式分别为

$$F(T,x)=F(T,0)+\frac{1}{2}Ax^2,\qquad S=-\frac{\partial F}{\partial T}=S(T,0)-\frac{1}{2}x^2\frac{\mathrm{d}A}{\mathrm{d}T}$$

$$U(T,x)=U(T,0)+\frac{1}{2}\left(A-T\frac{\mathrm{d}A}{\mathrm{d}T}\right)x^2$$

第8章 液　体

液体的性质介于气体和固体之间，一方面，它像固体那样具有一定的体积，不易压缩；另一方面，它又像气体那样，没有一定的形状，具有流动性，而且，在物理性质上也是各向同性的，液体的这种宏观特性是由它的微观结构决定的。

8.1 液体的微观结构　液晶

8.1.1 液体的微观结构

1. 液体内部分子运动的内在矛盾

分子力和热运动是决定物质的热学性质的内因，分子力和热运动是一对矛盾的因素。与固体和气体不同，液体中分子力仍居矛盾的主要方面，但其作用的强度大为降低，数量级不变，因而热运动的效果开始显著增强，构成了液体内部分子运动的新特点。液体在宏观性质上既保留了固体的某些性质，具有一定的体积，不易压缩等，也开始表现出气体的某些性质，没有一定的形状，具有流动性，各向同性。

2. 液体分子的排列特点

液体分子排列是紧密的，气体分子的间距为 $d=10^{-9}$ m，液体分子的间距为 $d=3\times10^{-10}$ m。液体分子相互作用力大，相互作用力与固体同数量级，但与固体相比，毕竟松散些。液体中远程能近似保持规则排列的微小区域是由诸多分子暂时形成的，边界和大小随时都在改变。有时这个区域完全瓦解，新的区域又会形成。在区域内部，液体分子的排列是近程有序的，而整个液体就是由无数近程有序的小区域彼此间方位完全无序地排列而成的。在很小的范围内具有近程有序的特点，不具备晶体的远程有序特点，在宏观上表现为各向同性。液体的这种结构与非晶体相同，而非晶体可认为是冷冻了的液体。

3. 液体分子热运动的情况

由于液体分子间的距离很小，分子间的相互作用力很大，因此，液体分子的运动和晶体相近，主要是在平衡位置附近作微小的振动。但与晶体相比，液体分子间空隙大一些，因此，液体分子不会长时间固定在一个平衡位置振动，仅能在一个平衡位置保持短暂时间，之后又转移到第二个平衡位置上下振动，继而转移到第三个…… 液体分子可以在整个液体体积中移动，这就是液体的流动性。

液体分子在各个平衡位置振动的时间长短不一，但在一定的温度及压强下，各种液体都有其一定的平均值，称为**定居时间** τ，定居时间比分子在平衡位置附近的振动周期长很多。因此，液体分子的运动是短时间的搬迁与较长时间的定居交替进行的。

定居时间 τ 的大小既体现了分子力的作用，又体现了分子的热运动。一方面，分子排列越紧密，分子间的距离越小，分子间的相互作用就越大，分子就越不容易移动，因而定居时间 τ 就越大；另一方面，温度越高，分子热运动的能量增大，定居时间τ就越小。外力的作用时间$t_{外}$与定居时间的相对大小不同，会有不同的现象。当$t_{外}>\tau$时，液体表现出流动性；当$t_{外}<\tau$时，液体表现出某些固体属性，如弹性形变、脆性断裂等。

8.1.2　液晶

当加热某些有机化合物时，并不直接由固态变为液态，而是要经过一个（或）几个介于固态与液态之间的过渡状态，**这种介于液态和固态之间的过渡状态物质称为液晶。**

液晶的力学性质像是液体，具有液体的流动性；光学性质像晶体，具有晶体的光学各向异性，称为丁达尔现象。

液晶只能存在于一定的温度范围内，温度范围的下限T_1称为**熔点**，上限T_2称为**清亮点。**温度$T<T_1$时为普通晶体，温度$T>T_2$时为各向同性的液体，$T_1<T<T_2$时为液晶。液晶只能在熔点和清亮点之间存在，然而正是在这个温度区间内，液晶才表现出种种奇特的性质和特殊的用途。

根据分子的不同排列情况，液晶可分为下列三种类型：

1. 向列型液晶

分子呈棒状，分子的质心没有长程的有序性，分子沿上下方向排列整齐，沿前后方向排列不规则，这种形态的化合物形成向列型液晶，如图 8.1.1(a) 所示。向列型液晶材料一般是人工合成的有机物质，利用向列型液晶的动态散射效应可以制作各种显示器件。

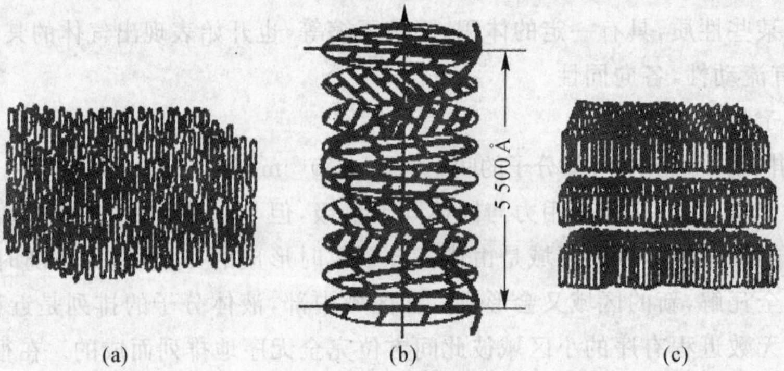

图 8.1.1　液 晶

(a) 向列型；(b) 胆甾型；(c) 近晶型

2. 胆甾型液晶

如图 8.1.1(b) 所示，**由许多层分子，每层分子的排列方向相同，但相邻两层分子排列方向稍有旋转，通过层叠形成螺旋结构，称为胆甾型。**当分子的排列旋转 360° 而又回到原来方向时，**分子排列完全相同的两层间的距离称为胆甾型液晶的螺距。**胆甾型液晶具有温度效应，随着温度的变化，有选择地反射光。利用温度效应，可以探测微电子学中热点（短路处），检查制冷机的漏热，以及诊断疾病、探查肿瘤、探知金属材料和零件的缺陷等。

3. 近晶型液晶

如图 8.1.1(c) 所示，分子呈棒状，排列成层，各层之间的距离可以变动，但分子不会来往于层间，只能在本层中活动，这类液晶在排列的有序程度上和晶体相近，称为近晶型。液晶的独特性质是它对各种外界因素的微小变化都很敏感，很小的外界能量就能使它的结构发生变化，从而使相应的功能发生变化。发现的效应有电光效应、热效应、磁效应、光生伏特效应、超声效应、应力效应、物理化学效应、辐射效应等。

8.2 液体的彻体性质

8.2.1 热容量

在固体溶解前后,固体的热容量与液体的热容量相差很少,如表8.2.1所示。这说明液体和固体内部热运动的相似性,而且说明液体中的主要运动形式仍是热振动。

表8.2.1 固体在熔解前后的定压摩尔热容量

物 质	钠(Na)	汞(Hg)	铅(Pb)	锌(Zn)	铝(Al)	氯化氢(HCl)	甲烷(CH_4)
$\frac{C_p(\text{固体})}{\text{J}\cdot\text{mol}^{-1}\cdot\text{K}^{-1}}$	31.82	28.05	30.14	30.14	25.71	51.37	41.87
$\frac{C_p(\text{液态})}{\text{J}\cdot\text{mol}^{-1}\cdot\text{K}^{-1}}$	33.50	28.05	32.24	33.08	26.17	61.81	56.52

8.2.2 热膨胀

温度升高时液体体积增大的现象称为热膨胀。热膨胀的原因之一是分子间引力及斥力的不对称(与固体热膨胀原因相同);之二是液体内部孔隙的出现,孔隙使液体具有海绵的特点,这与固体不同。当温度变化范围不大时,体积的变化是线性的,即

$$\frac{\Delta V}{V}=\beta\Delta t \tag{8.2.1}$$

β为液体的热膨胀系数,随温度的升高而增大,随压强的增大而减小,如表8.2.2所示。关于β随温度增长,其解释完全与固体的热膨胀一样,当压强增大时,其作用力方向与膨胀方向相反,起着抵抗膨胀的作用。表8.2.2中,β_1和$\beta_{12,000}$分别表示在1 atm和12 000 atm下的热膨胀系数。

表8.2.2 液体的热膨胀系数和压强的关系

物 质	甲 醇	乙 醇	二硫化碳
$\frac{\beta_1}{\beta_{12\,000}}$	4.29	4.50	5.47
$\beta_{12\,000}/\text{K}^{-1}$	2.89×10^{-4}	2.68×10^{-4}	2.62×10^{-4}

8.2.3 热传导

液体中的传热机构与固体相似,也是靠热振动之间的联系将热运动能量逐层传递的。但是由于热传导系数很小,这种传热机构所传递的热量很小。由于液体的导热系数小,当须加热变换时,总要利用对流现象,因此,液体中对流是有效的传热方式。需要指出的是,熔融的金属与液体不同,它因有电子气导热,导热系数很大,而且和电导率成正比。

表 8.2.3　液体的导热系数

物　质	水(20℃)	乙醇(250℃)	甘　油
$\kappa/(\mathrm{J\cdot m^{-1}\cdot s^{-1}\cdot K^{-1}})$	5.97×10^{-1}	1.80×10^{-1}	2.85×10^{-1}

8.2.4　扩散

气体、固体、液体中的扩散都是热运动引起的，实验结果表明，液体的扩散机制和固体的扩散机制很相似，液体中物质的扩散系数比固体中稍大，液体分子的热运动情况和固体粒子热运动情况相似，扩散机构也相似，而且自扩散系数为

$$D=\frac{1}{6}\frac{\delta^2}{\tau} \tag{8.2.2}$$

τ是定居时间，δ是相邻平衡位置间的平均距离。定居时间受温度的影响成指数式，定居时间τ和温度T之间的关系近似为

$$\tau=\tau_0 e^{\frac{\Delta W}{kT}} \tag{8.2.3}$$

k是玻耳兹曼常数，ΔW是分子从一个平衡位置跳到另一个平衡位置的激活能。由此得扩散系数随温度的变化为

$$D=\frac{1}{6}\frac{\delta^2}{\tau}=\frac{1}{6}\frac{\delta^2}{\tau_0}e^{-\frac{\Delta W}{kT}}=D_0 e^{-\frac{\Delta W}{kT}} \tag{8.2.4}$$

这表明，扩散系数随温度升高而呈指数衰减，与实验结论相符合。由于液体的扩散系数很小(见表 8.2.4)，扩散过程缓慢，因而当没有搅动或对流时，液体浓度不容易趋向均匀。

表 8.2.4　液体中物质的扩散系数

扩散物质	扩散于	温度/℃	扩散系数/$(\mathrm{m^2\cdot s^{-1}})$
食　盐	水	10	9.3×10^{-10}
糖	水	18	3.7×10^{-10}
金	铅熔液	490	4.6×10^{-12}

8.2.5　黏滞性

在液体的情形下，温度越低，黏滞系数越大，而且随着温度的降低，黏滞系数η是近似地按指数规律增大的(见表 8.2.5)。

表 8.2.5　水的黏滞系数与温度的关系

温度/℃	黏滞系数/$(\mathrm{N\cdot s\cdot m^{-2}})$
0	0.001 793
20	0.001 006
40	0.000 675
80	0.000 356
100	0.000 284

液体黏滞系数的特点是由液体中热运动的特点所引起的。分子改变平衡位置的次数越少,液体的流动性就越小,而黏滞系数就越大,即定居时间 τ 越大,液体的黏滞系数 η 就越大。液体黏滞系数是和定居时间成正比。

$$\eta = \eta_0 e^{\frac{\Delta W}{kT}} \tag{8.2.5}$$

经验公式为

$$\eta = \frac{c}{(a+t)^n} \tag{8.2.6}$$

常数 a, c, n 对于各种液体有不同数值,见表 8.2.6。

表 8.2.6　几种液体的常数 a, c 和 n 的数值

物　质	c	a	n
水(从 5.47 ～ 100℃)	5.984 9	43.252	1.542 3
戊　　烷	19.459 0	165.950	1.729.5
三氯甲烷	20.424 4	168.330	1.619 6
乙　　醇	251 908 000	209.630	4.373 1

液体的黏滞系数比气体的黏滞系数大得多。不仅如此,黏滞系数与温度的关系也截然不同。比较如下:气体的黏滞系数为 $\eta = \frac{1}{3}\sqrt{\frac{4R\mu}{\pi}}\frac{T^{1/2}}{\sigma}$,液体的黏滞系数为 $\eta = \eta_0 e^{\frac{\Delta W}{kT}}$,将指数函数作级数展开,温度较高时取到第一项 $\eta \propto T^{-1}$。出现这种情况是由于分子间的相互作用力和分子热运动的主导作用者开始发生变化。液体中,热振动仍是主要运动,但平均说来,每隔一段时间就要变化一次平衡位置。分子改变平衡位置的次数越少,液体的流动性就越小,黏滞性就越大,可见,定居时间就越长。

8.3　液体的表面性质

液体的表面就是液体的边界,就是液体与其他物态的分界面。由于液面附近的分子与液体内部的分子所处的环境有所不同,出现了与液体内部不相同的性质。液体的性质介于气体和固体之间。一方面,它像固体那样具有一定的体积,不易压缩;另一方面,它又像气体那样,没有一定的形状,具有流动性,而且,物质性质上也是各向同性的。液体的这种宏观特征是因液体的分子聚集态不同于固体和气体,介于二者之间的缘故。这使液体表现出许多不同于固、气体的宏观性质如表面张力、液体对固体的润湿和不润湿、弯曲液面内外的压强差、毛细现象、溶解、扩散、渗透等。

8.3.1　表面张力

从微观角度看,**液体的表面并不是一个几何平面,而是厚度为分子有效距离的表面薄层,**这个认识对于理解表面张力至关重要。很多现象说明,液体表面有如紧张的弹性薄膜,有收缩的趋势。例如,钢针放在水面上不会下沉,仅将水面压下,略见弯曲;荷叶上的水珠和羽毛上的小水珠及焊接金属时熔化后的焊锡滴是呈球形的。这些现象说明,在液体表面上,一定存在着张力，**这种液体表面内的张力称为表面张力。**表面张力类似于固体内部的拉伸应力，是表面内分子力作用的结果。

1. *表面张力*

在液体表面上画一根直线(L)，如图 8.3.1 所示，线段两旁的液膜之间一定存在着相互作用的拉力(f)，拉力的方向处处垂直于所画线段。液体表面上出现的这种张力，叫做表面张力。这种力存在于液体的极薄的表面层内，不是由于弹性形变所能左右的，是表面内分子间作用的结果。

从液体分子间的相互作用力来说明表面张力的存在。

(1) 在液体内部，引力和斥力都是各向同性的。从微观的角度看来，液体表面并不是一个几何面，而是有一定厚度的薄层，称为表面层。表面层的厚度等于分子引力的有效作用距离 s。液体分子间的相互作用力可分为引力和斥力。不难理解，不论是液体内部还是局部表层，分子间都存在着相互作用，由于排斥力是短程力，不论是在液体内部还是液体表面，都能实现各向同性，对于斥力而言并无特殊表现。

(2) 表面层内，要受到一个指向内部的引力作用。在表面层内对于引力来说，情况则不一样。如图 8.3.2 所示，表面层内的情况与液体内部的情况有些不同。作为斥力是短程力，所以在 O 点周围很小范围内都能实现各向同性。但引力则不相同，引力是长程力，以有效作用距离 s 为半径作一个球，球内所有分子都能与 O 点处分子有引力相互作用，表面层中分子和内部分子相比，缺少了一些能吸引 O 的分子(图中画斜线的部分)，表面层内因引力得不到平衡，作细致的受力分析不难看到，其合力是垂直液面指向液体内部的引力，这种由于引力的不对称而造成的指向液体内部的引力称为表面张力。

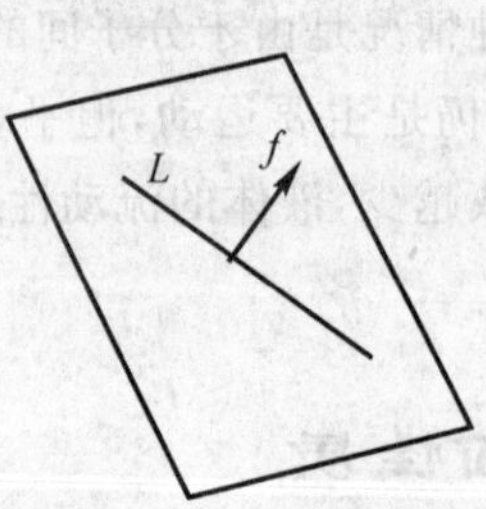

图 8.3.1 表面张力

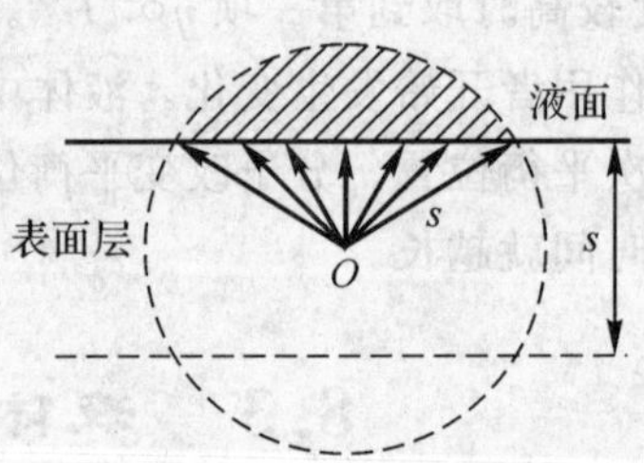

图 8.3.2 表面层内

从表面层中的能量情况来说明表面张力的存在。表面层中的分子由于缺少了一些具有长程影响的分子，由此引起的负的能量(引力势能)少了一些，表面层的整个能量就提高了。当液体表面增大时，表面层的势能就要增大，反之就要减小。表面越大，在表面层中的分子数就越多，整个表面层的势能就越大，而处于常态的液体系统总有使势能减少的趋势，表面就有收缩的趋势，从而说明表面张力的存在。从微观看来，表面自由能就是在等温条件下表面层中所有分子的势能。以上分析明显看出，表面张力与液体表面积有直接关系。

2. *表面张力系数 α 定义*

以上关于表面张力的分析是微观的、定性的，不便对表面张力进行直接描述。因而需要从宏观的现象出发，采用便于计算的形式来具体描述。

(1) 从力的角度定义表面张力系数 α。表面张力系数 α 定义一：**单位长度直线两旁液面的相互拉力，称为表面张力系数 α**，如图 8.3.1 所示。

$$f=\alpha L \tag{8.3.1}$$

(2) 从外力做功的角度定义表面张力系数 α。表面张力系数 α 定义二：**张力系数 α 数值上等于增加单位表面积时，外力所做的功。**因为液面存在表面张力而具有收缩的趋势，要增大液面就要外力做功。如图 8.3.3 所示，要使液膜的 BC 边保持不动，必须加一力 F 与表面张力平衡，则

$$F=2\alpha L \tag{8.3.2}$$

所做的功为

$$\Delta A=F\Delta x=2\alpha L\Delta x=\alpha\Delta S \tag{8.3.3}$$

$$\alpha=\frac{\Delta A}{\Delta S} \tag{8.3.4}$$

面积的增加量(两个表面，所以有 2)为

$$\Delta S=2L\Delta x\Delta S=2L\Delta x \tag{8.3.5}$$

可见，α 是增加单位表面积所需要的外界功。

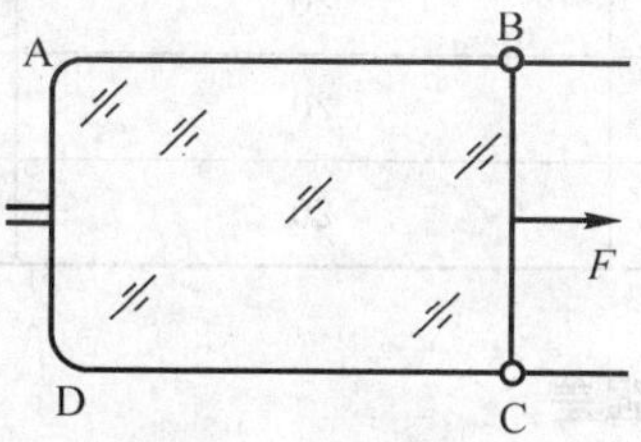

图 8.3.3 表面张力

(3) 从能量的角度定义表面张力系数 α。

表面张力系数 α 定义三：**表面张力系数数值上等于增加单位表面积时所增加的表面能。**由于外力 F 所做的功完全用于克服表面张力而转变为液膜表面能 E，即

$$\Delta E=\Delta A=\alpha\Delta S \tag{8.3.6}$$

所以有

$$\alpha=\frac{\Delta E}{\Delta S} \tag{8.3.7}$$

这表明，表面张力系数 α 等于增加单位表面积时所增加的表面自由能。显然，表面积的增加借助于外力做功，外力做的功又转化为液体的表面自由能。不受任何外力作用的液体，即当液体所受的重力和其他外力的合力为零时，在表面张力的作用下应使表面自由能为极小，液体应处于能量最低状态，而液体的能量与液体的表面积成正比，所以，只有取表面积最小的球形以实现最低能态。

影响表面张力系数 α 的因素。首先，表面张力系数与液体本身的成分有关，密度小，易挥发的液体，表面张力系数小。不同的液体其分子势能不等，结合的紧密程度不同，表面张力系数也不同。表面张力系数与温度有关，液体的表面张力系数与液体的表面积的大小无关，而仅是温度的函数，表面张力系数随着温度的升高而降低。表面张力系数与相邻物质的化学性质有关。表面张力系数与杂质有关，加入杂质能显著改变液体的表面张力系数。**能使表面张力系数减小的物质称为表面活性物质**，例如，肥皂是最常见的表面活性物质。几种液体的表面张力系数如表 8.3.1 所示。

表 8.3.1　几种液体的表面张力系数

物　质	t/℃	$\alpha/(10^{-3}\,N\cdot m^{-1})$
水	18	73
液体空气	−190	12
酒精	18	22.9
苯	18	29
醚	20	16.5
汞	18	490
铅	335	473
铂	2 000	1 819
水-苯	20	33.6
水-醚	20	12.2
汞-水	20	472

8.3.2　球形液面内外的压强差

在肥皂泡、水中气泡、液滴以及固体与液体接触的地方，液面都是弯曲的。在某些情况下可能是凸液面，在另一种情况下可能是凹液面。**由于表面张力的存在，液面内和液面外有一压强差，称为附加压强。**在凸面的情形下附加压强是正的，即液面内部的压强大于液面外部的压强，如图 8.3.4 所示 A；在凹面的情形下，附加压强是负的，即液面内部的压强小于液面外部的压强，如图 8.3.4 所示 B。

图 8.3.4　两种液面

作为一般的曲面是很复杂的，而规则的圆锥曲面如抛物面、椭球面和双曲类曲面已很复杂，讨论起来十分不便。这里，重点学习一种简单而常见的情况 —— 球型液面。

设在液面处隔离出一球帽状小液块，更确切地说，是球型液滴（如油滴）和球壳液面（如肥皂泡，其厚度可略）。其受力情况为：通过小液块的边线作用在液块上的表面张力；由附加压强引起的通过底面作用于液块的力 $\pi r^2 p$；重力忽略（因液块很小，可以忽略）。当小液块处于平衡时，则所受合力为 0，如图 8.3.5 所示。

稳定后，液滴处于平衡状态。沿液帽边沿 dl 一小段，有 $df=\alpha dl$，但只有垂直分量才会产生净余效果。垂直于底面的分力为

$$df_1 = df\sin\varphi = \alpha dl\sin\varphi \tag{8.3.8}$$

利用平衡条件 $f_1 = p\pi r^2$，积分可得

$$f_1 = \int df_1 = 2\pi r\alpha\sin\varphi = \frac{2\pi r^2\alpha}{R} = p\pi r^2 \tag{8.3.9}$$

平行于底面的分力为

$$\mathrm{d}f_2 = \mathrm{d}f\cos\varphi = \alpha\mathrm{d}l\cos\varphi \tag{8.3.10}$$

积分可得

$$f_2 = \int \mathrm{d}f_2 = 0 \tag{8.3.11}$$

其中

$$\sin\varphi = r/R \tag{8.3.12}$$

附加压强为

$$p = \frac{2\alpha}{R} \tag{8.3.13}$$

表面张力系数越大，球面的半径越小，附加压强就越大。若液面为凹面，则式(8.3.13) 多一负号，即若为凹形液面 $p = -\frac{2\alpha}{R}$。

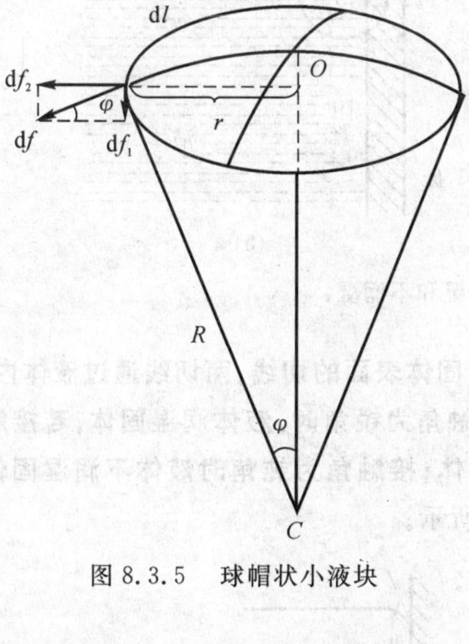

图 8.3.5　球帽状小液块

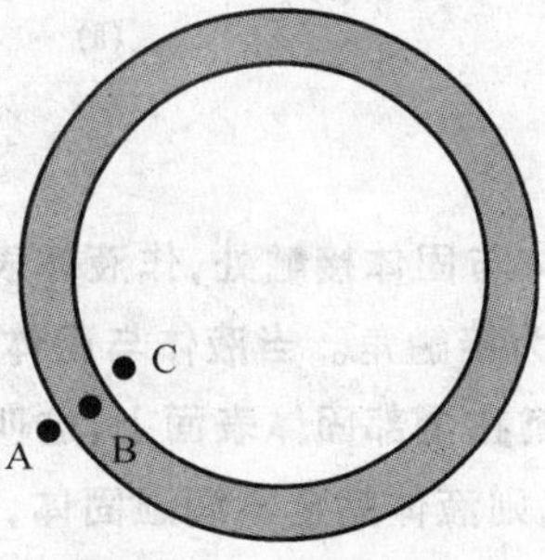

图 8.3.6　球形液膜

球形液膜(如肥皂泡) 的内、外压强差如图 8.3.6 所示。直接应用上述结果，有

$$\left.\begin{aligned} p_B - p_A &= \frac{2\alpha}{R} \\ p_B - p_C &= -\frac{2\alpha}{R} \end{aligned}\right\} \tag{8.3.14}$$

两式相减，得

$$p_C - p_A = \frac{4\alpha}{R} \tag{8.3.15}$$

这里忽略了液膜的厚度，视为内、外半径相等。因为球形液膜是凸的，$p_C > p_A$，符合规定；球形液膜越大，其内、外压强差越小。即内、外压强差减小，会使球形膜的半径增大。气象探测的气球在高空中破裂就是这种情况。在高空，气压降低，气球膨胀最终破裂。

8.3.3　液面与固体接触处的表面现象

润湿和不润湿现象是液体和固体接触处的表面现象。润湿和不润湿决定于液体和固体的性质。润湿和不润湿是由固、液分子间的相互吸引力(称为附着力)大于或小于液、液分子间相互吸引力(称为内聚力)决定的。一小滴水银在玻璃上总是近似成球形能在玻璃上滚动而不附着在上面,这是水银不润湿玻璃。在无油脂的玻璃板上放一滴水,水不仅不收缩成球形而且要沿着玻璃向外扩展,附着在玻璃上,这是水润湿玻璃。润湿和不润湿现象就是液体和固体接触处的表面现象。**如分子 A 受的内聚力大于附着力,合力指向液体内部,反抗合力做功,势能增大,因为势能总是有减小的倾向,附着层就有缩小的趋势,从而使液体不能润湿固体,如图 8.3.7(a) 所示,反之附着力大于内聚力,液体分子要尽量挤入附着层,结果使附着层扩展,从而使液体润湿固体,如图 8.3.7(b) 所示。**

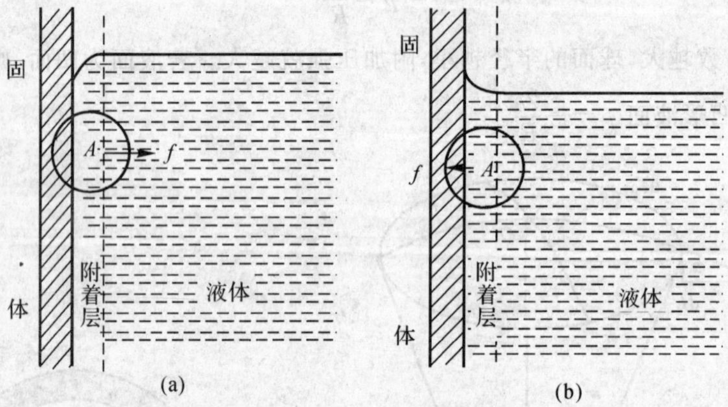

图 8.3.7　润湿和不润湿

在液体与固体接触处,作液体表面的切线与固体表面的切线,两切线通过液体内部所成的角度 θ,称为接触角。当液体与固体接触处的接触角为锐角时,液体润湿固体,若接触角为 0°,液体将展延在全部固体表面上,这叫完全润湿固体;接触角为钝角时液体不润湿固体,若接触角为 180°,则液体完全不润湿固体,如图 8.3.8 所示。

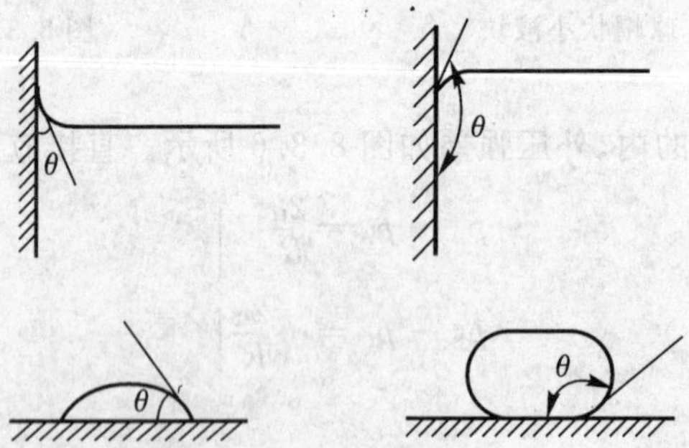

图 8.3.8　接触角

润湿和不润湿的起因从力的角度上看,是由于固液分子间的附着力和液液分子间的内聚力的相对大小引起的。附着力大于内聚力,表现为润湿;附着力小于内聚力,表现为不润湿。从能量的角度看,在附着层内,如果内聚力大于附着力,即合力指向液体内部,那么,要把一个液体从液体内部移到附着层内,首先要反抗合力做功而使附着层内的势能增大,但势能总有减少的趋势,从而附着层就有减少的趋势,液体就不能润湿固体,反之亦然。

8.3.4 毛细现象

1. 毛细现象

将很细的玻璃管插入水中，可以看到管内的水面比管外的水面高，而且，玻璃管越细，这种差异越明显；而把同样的玻璃管插入水银中，则出现相反的现象，管内的液面比管外的液面低。**润湿管壁的液体在毛细管内升高，不润湿管壁的液体在毛细管内降低，这种现象称为毛细现象，能够发生毛细现象的管子叫做毛细管。**如纸张、灯芯、纱布、土壤以及植物的根茎有毛细现象。这种重要现象是由表面张力和接触角所决定的。液体表面类似张紧的橡皮膜，如果液面是弯曲的，它就有变平的趋势。凹液面对下面的液体施以拉力，凸液面对下面的液体施以压力。润湿液体在毛细管中的液面是凹形的，它对下面的液体施加拉力，使液体沿着管壁上升，当向上的拉力跟管内液柱所受的重力相等时，管内的液体停止上升，达到平衡。同样的分析也可以解释不润湿液体在毛细管内下降的现象。

2. 毛细现象的液面高度差

先以液体润湿固体为例。如图 8.3.9 所示，设细管截面为圆形，则凹面可以近似看做半径为 R 的球面，α 是液体表面张力系数，h 是 B 点与 A 点的高度差，r 是毛细管的半径，θ 是接触角，流体力学的一个基本原理 —— 当流体静止时，等高点的压强相等。如图 8.3.9 所示，B 点与 C 点同一高度，C 点压强等于大气压强，B，C 两点的压强相等，即

$$p_{\mathrm{B}} = p_{\mathrm{C}} = p_0 \tag{8.3.16}$$

其中，p_0 是外界大气压。由于讨论的是液体润湿固体，接触角是锐角，液面是向下弯曲的。球形液面的压力差为

$$p_0 - p_{\mathrm{A}} = \frac{2\alpha}{R} \tag{8.3.17}$$

B 点处压强的另一种写法为

$$p_{\mathrm{B}} = p_{\mathrm{A}} + \rho g h = p_0 - \frac{2\alpha}{R} + \rho g h \tag{8.3.18}$$

可求出液面高度差为

$$h = \frac{2\alpha}{\rho g R} \tag{8.3.19}$$

但更多的时候，毛细管的半径比液面的半径更容易获得，且 $R = \frac{r}{\cos\theta}$，则

$$h = \frac{2\alpha}{\rho g r}\cos\theta \tag{8.3.20}$$

这是毛细现象中**液面高度差的公式**，经常使用。管子越细，液面上升就越高。这可以用来测定液体的表面张力系数。在液体不润湿管壁的情况下，管中液面为凸面，则上面算出的是下降距离。

在自然界和日常生活中有许多毛细现象的例子。植物茎内的导管就是植物体内的极细的毛细管，它能把土壤里的水分吸上来。砖块吸水、毛巾吸汗、粉笔吸墨水都是常见的毛细现象。在这些物体中有许多细小的孔道，起着毛细管的作用。

有些情况下毛细现象是有害的。例如，建筑房屋的时候，在砸实的地基中毛细管又多又细，它们会把土壤中的水分引上来，使室内潮湿。建房时在地基上面铺油毡，就是为了防止毛细现象造成的潮湿。

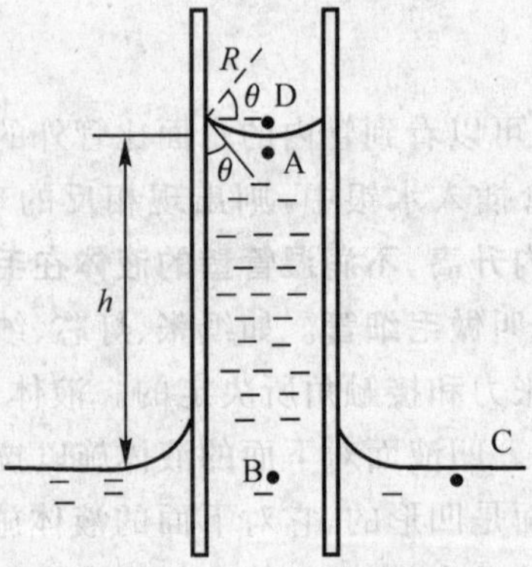

图 8.3.9 毛细现象

水沿毛细管上升的现象，对农业生产的影响很大。土壤里有很多毛细管，地下的水分经常沿着这些毛细管上升到地面上来。如果要保存地下的水分，就应当锄松地面的土壤，破坏土壤表层的毛细管，以减少水分的蒸发。

习 题

8.1 在 $2.0\times10^{10}\,\mathrm{m}^2$ 的湖面上，下了一场降雨量为 $5.0\times10^{-2}\,\mathrm{m}$ 的大雨，雨滴的半径 $r=1.0\times10^{-3}\,\mathrm{m}$。设温度不变，求这一降雨释放出来的能量是多少？

8.2 题图 8.2 是测表面张力系数的一种装置，先将薄铜片放入待测液体中，慢慢提起铜片，使其绝大部分都露出液面，刚要离开但还没有离开液面，测得此时所用的上提力 f，即可测得表面张力系数。设待测液体与铜片的接触角 $\theta=0°$，铜片的质量为 $m=5.0\times10^{-4}\,\mathrm{kg}$，铜片的宽度为 $L=3.977\times10^{-2}\,\mathrm{m}$，厚度为 $d=2.3\times10^{-4}\,\mathrm{m}$，上提力为 $f=1.07\times10^{-2}\,\mathrm{N}$，求液体的表面张力系数。

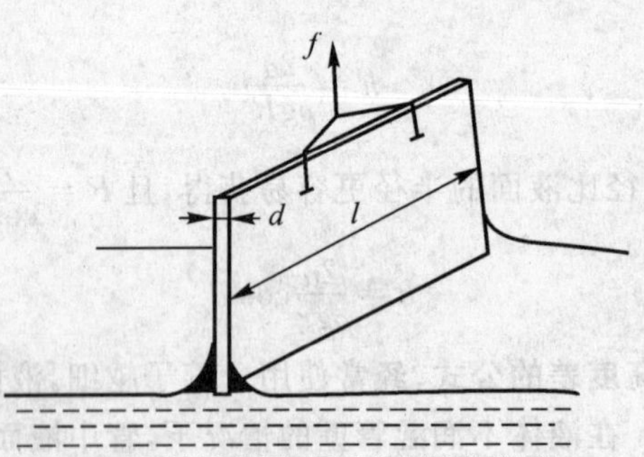

题图 8.2

8.3 一球形泡，直径等于 $1.0\times10^{-5}\,\mathrm{m}$，刚处在水面下，如水面上的气压为 $1.0\times10^{5}\,\mathrm{Pa}$，求泡内压强。已知水的表面张力系数 $\alpha=7.3\times10^{-2}\,\mathrm{N\cdot m^{-1}}$。

8.4 一个半径为 $1.0\times10^{-2}\,\mathrm{m}$ 的球形泡，在压强为 $1.013\,6\times10^{5}\,\mathrm{Pa}$ 大气中吹成，如泡膜的表面张力系数为 $\alpha=5.0\times10^{-2}\,\mathrm{N\cdot m^{-1}}$，问周围的大气压强有多大，才可使泡的半径增加为 $2.0\times10^{-2}\,\mathrm{m}$？设这种变化是在等温的情况下进行的。

8.5　在深为$h=2.0$ m的水池底部产生许多直径为$d=5.0\times10^{-5}$ m的气泡，当它们等温上升到水面上时，这些气泡的直径有多大？水的表面张力系数为$\alpha=7.3\times10^{-2}$ N·m^{-1}。

8.6　将少量水银放在两块水平的平玻璃板间。问什么负荷加在上板时，能使两板间的水银厚度处处都等于1.0×10^{-4} m，并且每板和水银的接触面积都为4.0×10^{-3} m^2，设水银的表面张力系数为$\alpha=0.45$ N·m^{-1}，水银与玻璃的接触角为$\theta=135°$。

8.7　在题图8.7中的U形管中注以水，设半径较小的毛细管A的内径为$r=5.0\times10^{-2}$ m，半径较大的毛细管B的内径为$R=2.0\times10^{-4}$ m，求两管的高度差h。水的表面张力系数为$\alpha=7.3\times10^{-2}$ N·m^{-1}。

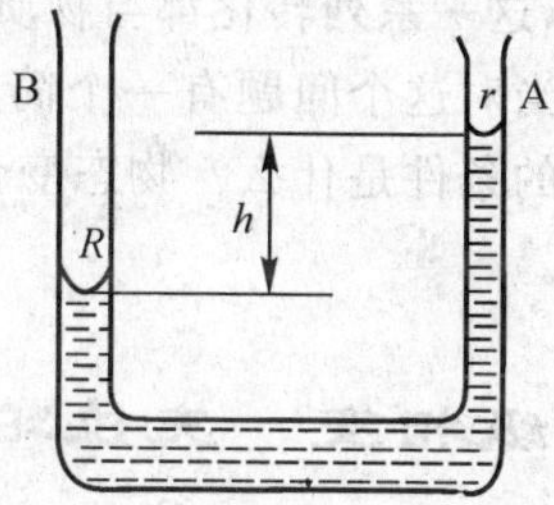

题图8.7

8.8　在内径为$R_1=1.5\times10^{-3}$ m的玻璃管中插入一半径为$r=1.5\times10^{-3}$ m的玻璃棒，棒与管壁的距离是到处一样的，求水在管中上升的高度是多少？已知水的密度为$\rho=1.00\times10^3$ kg·m^{-3}，表面张力系数为$\alpha=7.3\times10^{-2}$ N·m^{-1}，与玻璃的接触角为$\theta=0°$。

8.9　玻璃管的内直径$d=2.0\times10^{-5}$ m，长为$L=0.20$ m，垂直插入水中，管的上端是封闭的。问插入水面下的那一段的长度应为多少，才能使管内、外水面一样高？已知大气压为$p_0=1.013\times10^5$ Pa，水的表面张力系数为$\alpha=7.3\times10^{-2}$ N·m^{-1}，水与玻璃的接触角为$\theta=0°$。

8.10　将一充满水银的气压计下端浸在一个广阔的盛水银的容器中，读数为$p=0.950\times10^5$ Pa。

(1) 求水银柱高度是多少？

(2) 考虑到毛细现象后，真正的大气压强有多大？已知毛细管的直径为$d=2.0\times10^{-3}$ m，接触角为$\theta=180°$，水银的表面张力系数为$\alpha=0.49$ N·m^{-1}。

(3) 若允许误差0.1%，求毛细管直径所能允许的极小值是多少？

第9章 相 变

自然界中许多物质都以固、液、气三种聚集态存在。然而物质的三态可以互相转化并为物质的本性所决定。例如，常态下液体的水可变成水蒸气，也可变成冰，而且冰可直接变成汽，都非常形象地说明了这种联系。显然，这一系列转化都与物质内部微粒的热运动有着密切关系。因此，作为普通物理的热学，至少应当对这个问题有一个简明的回答，哪怕是最肤浅的。物质为什么会发生物态变化？物态变化的条件是什么？物态变化的规律是什么？这些都是必须回答的基本问题。这正是本章的内容。

9.1 一级相变 克拉珀龙方程

9.1.1 相变

1. 相

相指的是系统中物理性质均匀的部分，它和其他部分之间有一定的分界面隔离开来。如在冰和水组成的系统中，冰是一个相，水是一个相，共有两个相组成。例如，酒精可以溶解于水，水和酒精的混合溶液只是一个相。处于平衡条件下，当没有外力场作用时，单相系一定是宏观上的均匀系。以上相的定义是指物体系的平衡态而言的，在非平衡态，"均匀"不是一相所必需的条件。外力场不存在时单相系一定是均匀系，但外力场存在时，单相系不一定是均匀系，如重力场中处于平衡态的空气柱是单相系，但是是非均匀的。

2. 元

一种纯物质(单质或化合物)就叫做一个"元"。例如，冰水系统是单元二相系，酒精水溶液是二元单相系。**一种化学物质一个相的体系叫做单元单相系。**例如，冰总是水的单元单相系，水、水蒸气没有混合，是单元单相系。**多元系是含有两种或两种以上化学组分的系统。**金属(假如不生成单一的化合物)是多元系。**一种化学物质，有两个或两个以上的相叫做单元复相系。**例如，冰水混合物是水的单元二相系，开着的水也是水的一个单元二相系。对于固体不同的点阵结构，对应于不同的物理性质，可以有多种不同的相，例如，金刚石和石墨是碳的两个固相。α铁、β铁、γ铁和δ铁是铁的四个固相。对于单元系，在一定条件下两相或三相可以平衡共存。

3. 相变

不同相之间的相互转变称为相变。相变是十分普遍的物理过程，通常是由温度变化引起的，例如，温度升高冰变为水，水变为汽。但是，也经常利用压强变化来引起相变，例如，0℃ 的冰受压强较大时溶化成水。**在单元系固、液、气三相的相互转变过程中还要吸收或放出大量的热量，这种热量称为潜热。单位质量物质的液、气相变潜热叫汽化热。单位质量物质的液、固相变潜热叫熔解热。在相变时如果体积发生变化，且伴有相变潜热，这种相变叫做一级相变。如果相变时，体积不发生变化，也没有潜热吸收或放出，而有其他性质的变化，如热容量、热膨**

胀系数 β 等温压缩系数 K_T 等的突变，这类相变称为二级相变，我们只讨论一级相变。

9.1.2　一级相变的普遍特征

1. 相变时的体积变化

一般情况下，气相的体积比液相的体积大，当液相转变为气相时，气相的体积总是大于液相的体积。当固相转变为液相时，对于大多数的物质来说，溶解时体积要增大，但反常膨胀也是一种不可忽略的现象，如水、铋、灰铸铁等，在熔解时体积反而要缩小。

2. 相变潜热

在相变过程中，设 u_1，u_2 分别表示 1 相和 2 相单位质量的内能，v_1，v_2 分别表示 1 相、2 相的比容，根据热力学第一定律，单位质量的物质在等温等压条件由 1 相转变为 2 时，所吸收的相变潜热为

$$l=(u_2-u_1)+p(v_2-v_1) \tag{9.1.1}$$

相变中伴随着两种能量的变化。由 1 相变为 2 相时内能由 u_1 变为 u_2。因为一级相变是等温的，因此，这种能量的变化被温度恒定所掩盖，好比这两种变化潜伏在等温之中。所以把**内能的变化 u_2-u_1 叫内潜热。相变时克服恒定外部压强所做的体积功 $p(v_2-v_1)$ 称为外潜热。**把二者之和称为相变潜热，记作 l。若用 h_1，h_2 分别表示 1 相和 2 相单位质量的焓，则

$$l=(u_2+pv_2)-(u_1+pv_1)=h_2-h_1 \tag{9.1.2}$$

此式表明：一级相变的潜热等于两相焓之差。这是一个很重要的结论，因为一级相变是最常见、最易实现的，而焓是热力学工程实际问题中经常研究的对象，而且，已制成了各种物质在不同相变温度的焓值表。因此，计算一级相变潜热就很方便迅速，只要查一查相应的焓值表就可以了。

例 9.1.1　在外界压强 $p=1.013\times10^5$ Pa 时，水的沸点为 373K，这时汽化热为 $l=2.26\times10^{-6}\,\mathrm{J\cdot kg^{-1}}$，已知这时水蒸气的比容为 $v_2=1.673\,\mathrm{m^3\cdot kg^{-1}}$，求内潜热和外潜热。

解　外潜热为

$$p(v_2-v_1)=1.69\times10^5\ \mathrm{J\cdot kg^{-1}} \tag{1}$$

内潜热为

$$u_2-u_1=l-p(v_2-v_1)=2.0910^6\ \mathrm{J\cdot kg^{-1}} \tag{2}$$

9.1.3　克拉珀龙方程

沸点随压强而变化，说明两相平衡时温度 T 和压强 p 有函数关系。这可在 p-T 图上用曲线表示出来，如图 9.1.1 所示。设相平衡曲线的一方为 1 相，另一方为 2 相，则在相平衡曲线上 1 相和 2 相平衡共存。由热力学第二定律可以求出相平衡曲线的斜率。设物质作一微小可逆循环，在压强 p 和温度 T 下，设有 m kg 的物质由 1 相变为 2 相，相变过程在 p-V 图上由过程曲线 AB 表示。然后再经过一绝热过程 BC，使温度由 T 减小到 $T-\Delta T$，压强由 p 减小到 $p-\Delta p$，相应地，两相平衡共存的状态由 p-T 图上的 M 点移到 N 点，这时使 m kg 的物质由 2 相转变为 1 相，相变过程在 p-V 图上由过程曲线 CD 表示，最后再经过一绝热过程 DA 使温度回到 T，压强回到 p，即在 p-T 图上的 N 点回到 M 点。设单位质量物质的相变潜热为 l，则在这一微小的可逆卡诺循环中由高温热源（温度为 T）吸收的热量为 $Q_1=ml$，设 1 相的比容为 v_1，2 相的比容为 v_2，则在相变过程 AB 中所增加的体积为 $m(v_2-v_1)$，即 p-V 图上的 AB 的长度为 $m(v_2-v_1)$，当 ΔT 很小时，CD 与 AB 的长度差别很小，ABCD 可看做平行四边形，循环过程中对外界做的功为 A，就是平行四边形的面积，即

$$A = m(v_2 - v_1)\Delta p \tag{9.1.3}$$

循环的效率为

$$\eta = \frac{A}{Q_1} = \frac{m(v_2 - v_1)\Delta p}{ml} = \frac{(v_2 - v_1)\Delta p}{l} \tag{9.1.4}$$

根据卡诺定理

$$\eta = 1 - \frac{T - \Delta T}{T} = \frac{\Delta T}{T} \tag{9.1.5}$$

因而得到

$$\frac{(v_2 - v_1)\Delta p}{l} = \frac{\Delta T}{T} \tag{9.1.6}$$

当 ΔT 为无限小时，即得到

$$\frac{\mathrm{d}p}{\mathrm{d}T} = \frac{l}{T(v_2 - v_1)} \tag{9.1.7}$$

式(9.1.7)**称为克拉珀龙方程**，式中 $\frac{\mathrm{d}p}{\mathrm{d}T}$ 是二相平衡曲线(汽化曲线、熔解曲线)的斜率；T 是相变温度(沸点、熔点等)；l 是由第一相变到第二相的相变潜热(汽化热、熔解热等)；v_1，v_2 各是第一相和第二相的比容。

克拉珀龙方程是热力学第二定律的直接推论，它把沸点随压强的变化$\frac{\mathrm{d}p}{\mathrm{d}T}$和汽化时体积的变化联系起来了，把熔点随压强的变化和熔解时体积的变化也联系起来了。

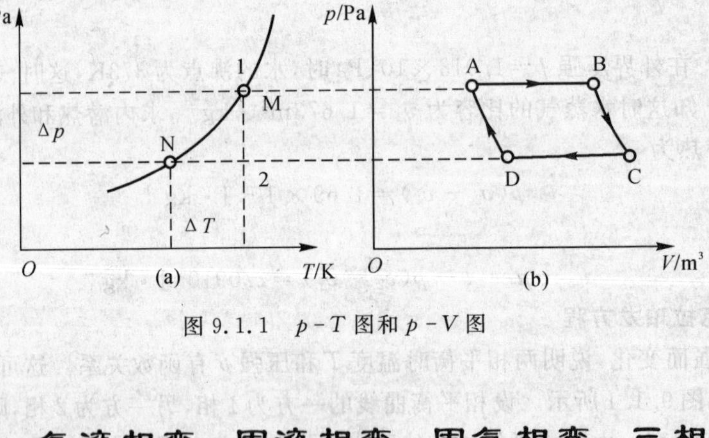

图 9.1.1　$p-T$ 图和 $p-V$ 图

9.2　气液相变　固液相变　固气相变　三相图

9.2.1　气液相变

物质由气相转变为液相的过程叫做凝结，物质由液相转变为气相的过程叫做汽化。液体汽化的形式有两种：蒸发和沸腾。**蒸发是发生在液体表面的汽化过程，任何温度下蒸发都在进行；沸腾是在整个液体内部发生的汽化过程，只在沸点下才能进行**，但从相变的机构看，二者无根本的区别。影响蒸发的因素有表面积、温度、通风等。

1. 蒸发与凝结

从微观上看，蒸发是液体分子从液面跑出的过程。当分子从液面跑出时须克服表面层液体分子做功，所以能够跑出液面的分子只有热运动动能较大的分子。若液体不从外界补充能

量，那么蒸发的结果将使液体变冷。同时，蒸气分子不断地返回液体中凝结成液体，因此，液体蒸发的数量，实际上就是液体分子跑出液面的数目减去蒸气分子进入液面的数目。

对于开口容器的蒸发情况，由于蒸气分子大量地离开开口容器，返回液体的分子数总是小于跑到液面的分子数，因此，液体不断蒸发，直到液体全部转变为蒸气时，蒸发过程才停止。对于同一种液体，影响单位时间蒸发量的因素有表面积、温度、通风等。表面积越大，蒸发就越快，温度越高蒸发也越快，液面上通风情况越好，蒸发越快。

在密封容器内蒸发的情况与开口容器内的蒸发不同，随着蒸发过程的进行，容器内蒸气的密度不断增大，因而，返回液体的分子数也不断增大，当单位时间内跑出液体的分子数等于单位时间内返回液体的分子数，宏观上看来蒸发现象就停止了。**这种与液体保持动态平衡的蒸气叫做饱和蒸气，或饱和气，它的压强叫饱和蒸气压(p)。液体和它的蒸气保持平衡的状态叫饱和状态。**例如，乙醚在20℃时饱和蒸气压为5.8×10^4 Pa，水在20℃时的饱和蒸气压为2.3×10^3 Pa，酒精在20℃时的饱和蒸气压为5.9×10^3 Pa。

饱和蒸气压与物质种类有关，易挥发的液体饱和蒸气压大，不易蒸发的液体饱和蒸气压小。20℃时的乙醚、水和酒精，饱和蒸气压的大小就不同。饱和蒸气压与物质温度有关，饱和蒸气压随温度的升高而增大，温度越高，具有足够动能跑出液面的分子数就越多，因此，与液体保持平衡的饱和蒸气的密度就越大，它的压强就越大。饱和蒸气压与液面弯曲状况有关，$p_{凸}>p_{平}>p_{凹}$。如图9.2.1所示，从某一离开液面的分子A受液面内分子引力作用球内的分子对A的作用情况来分析饱和蒸气压与液面的形状有关。如图9.2.1(a)所示，在凹液面情形下，分子逸出液面所需做的功比平液面时大，因为要多克服图中平面液面上增加的液体分子的引力而做功，因此，单位时间内逸出凹液面的分子数比平液面时少，从而使凹液面的饱和蒸汽压比平液面时小。同理可得，分子逸出凸液面所需做的功要比平液面时小，因为不必克服如图9.2.1(b)所示中平面液面下部减少的液体分子的引力而做功，从而使凸液面的饱和蒸汽压比平液面时大。由于引力作用的距离很短(分子作用半径$d\approx10^{-9}$ m)，因此，弯曲液面与平液面的饱和蒸气压的差别只有当气液分界的曲率半径很小时，如在小液滴或小气泡的情况下，才会显示出来。蒸气压与体积无关，与是否存在其他气体无关。

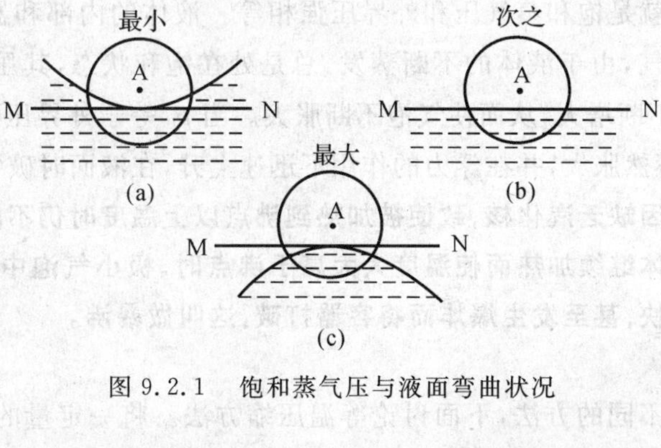

图9.2.1　饱和蒸气压与液面弯曲状况

在蒸气凝结的最初阶段形成的液滴很小，相应的饱和蒸气压就很大。**有时蒸气压超过正常饱和蒸气压几倍也不凝结，这种现象叫做过饱和，这种蒸气叫做过饱和蒸气。**但是，通常条件下，凝结很容易发生，这是由于蒸气中充满了尘埃和杂质等小微粒，它们起着凝结核的作用。这些微粒表面凝上一层液体后，便形成半径大些的液滴，凝结就易于发生。有凝结核时，蒸气压只需要超过饱和蒸气压的1%，液滴便可形成。

带电的粒子和离子也是很好的凝结核，静电吸引力使蒸气分子聚集在它的周围而形成液滴。在清洁而缺少带电粒子的晴空，即使存在当时温度下的过饱和蒸气，也不易形成云，需要有凝结核才能形成大、小水滴。云就是由这些大、小水滴（或许还有冰点）构成的，云中小水滴的饱和蒸气压大于大水滴的饱和蒸气压，因而小水滴附近的水蒸气分子将向该处扩散，使大水滴的水蒸气密度大于该处的饱和水蒸气密度，大水滴上将因水蒸气凝结而增大。反之，小水滴附近因蒸气扩散，而由饱和变为不饱和，小水滴将因蒸发而缩小，这一过程将进行到小水滴完全消失为止，水滴过大时，不能为上升气流所支持，下降成雨。

2. 沸腾

在液体表面及液体内部同时发生的剧烈的汽化现象称为沸腾。在一定压强下，当加热液体达某一温度时，液体内部和四壁上出现大量气泡，液体内部剧烈汽化，这种现象称为沸腾，**此时相应的温度称为沸点。**如在1atm下水的沸点是100℃。沸点与液面上的压强有关，压强越大沸点越高；沸点还与液体的种类有关，各种液体具有不同的沸点，应用此可以进行工业分馏。

沸腾时液体内部和器壁上小气泡起着所谓汽化核的作用，它使液体在其周围汽化。只要液体内部有可形成足够的汽化核的气体，且液体的饱和蒸气压等于或超过液体上方的气体压强，沸腾现象就可发生。

分析小气泡的平衡条件。泡内的压强是泡内气体的压强和该温度下的饱和蒸气压这两部分之和。平衡时，泡内、外的压强差应等于由表面张力所引起的附加压强，即

$$\left(p_0+\frac{nRT}{V}\right)-p=\Delta p=\frac{2\alpha}{r}=2\alpha\left(\frac{4\pi}{3}\right)^{\frac{1}{3}}\frac{1}{V^{\frac{1}{3}}}=\frac{\beta}{V^{\frac{1}{3}}} \tag{9.2.1}$$

则有

$$p+\frac{\beta}{V^{\frac{1}{3}}}=p_0+\frac{nRT}{V} \tag{9.2.2}$$

液体沸腾的条件就是饱和蒸气压和外界压强相等。液体的内部和器壁上，都有很多小的气泡。气泡内部的蒸气，由于液体的不断蒸发，总是处在饱和状态，其压强为饱和蒸气压 p_0，随着温度的升高，p_0 不断增大，从而使气泡不断胀大。当 p_0 等于外界压强 p 时，气泡则不能保持平衡，此时气泡将骤然胀大，并在浮力的作用下迅速上升，在液面时破裂出现沸腾现象。

久经煮沸的液体因缺乏汽化核，致使被加热到沸点以上温度时仍不能沸腾，这种液体称为过热液体。当过热液体继续加热而使温度大大高于沸点时，极小气泡中的饱和蒸气压迅速增大使气泡膨胀非常之快，甚至发生爆炸而将容器打破，这叫做暴沸。

3. 等温相变

气体液化有各种不同的方法，下面讨论等温压缩方法。将一定量的 CO_2 气体等温压缩，**在压缩的过程中压强和体积的关系曲线称为等温线，**如图9.2.2所示。AB段是液化以前气体的等温压缩过程，压强随体积的减小而增大，继续压缩时出现液体。BC段是液化过程，该过程每一状态都是气液两相平衡共存的状态，此时的压强为这一温度下的饱和蒸气压。C点为气体全部液化时的状态。CD段是液体的等温压缩过程。

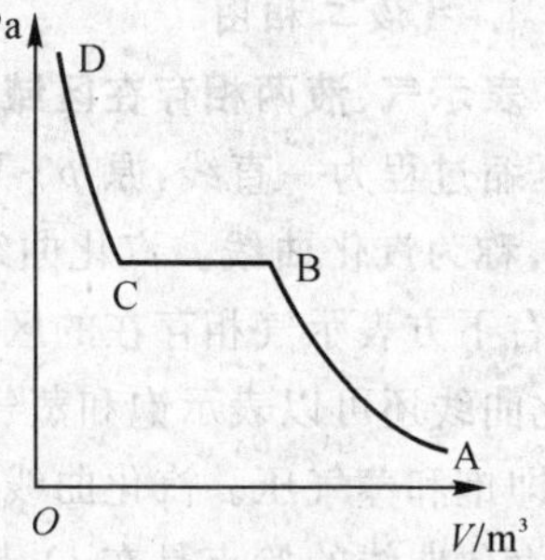

图 9.2.2　CO_2 气体等温线

如图 9.2.3 所示为实验测得的各种不同温度的等温线。温度越高，饱和蒸气压越大，图中气液相变的水平线就越上移。随着温度的升高，液体的比容越接近气体的比容，则图中的水平线越短，B，C 两点越靠拢。**温度越高，饱和蒸气压越大，当温度达到某一值 T_K 时水平线消失，B，C 两点重合于 K 点，T_K 称为临界温度，相应的等温线称为临界等温线，在临界等温线上的拐点 K 叫做临界点。临界点的压强和体积分别称为临界压强和临界体积。**如用等温压缩的方法使气体液化，首先要使气体的温度降到临界温度以下。当温度高于临界温度时，等温压缩过程不会出现气液两相平衡共存的状态，这时无论压强多大，气体都不会液化。许多物质的临界温度高于或接近于室温，在常温下就可使之液化。如图 9.2.3 所示可分为三个状态：区域 Ⅰ 的每一点都是单一的气态，区域 Ⅱ 的每一点都是气液两相共存的状态，区域 Ⅲ 的每一点都是单一的液态。

另一气体液化方法。设物质原来处于气态 L，通过定容加热到达状态 M，然后再在定压下冷却到液态 N，即绕过临界点 K，不经过两相平衡共存，而由气相连续地转变为液相，如图 9.2.3 所示。

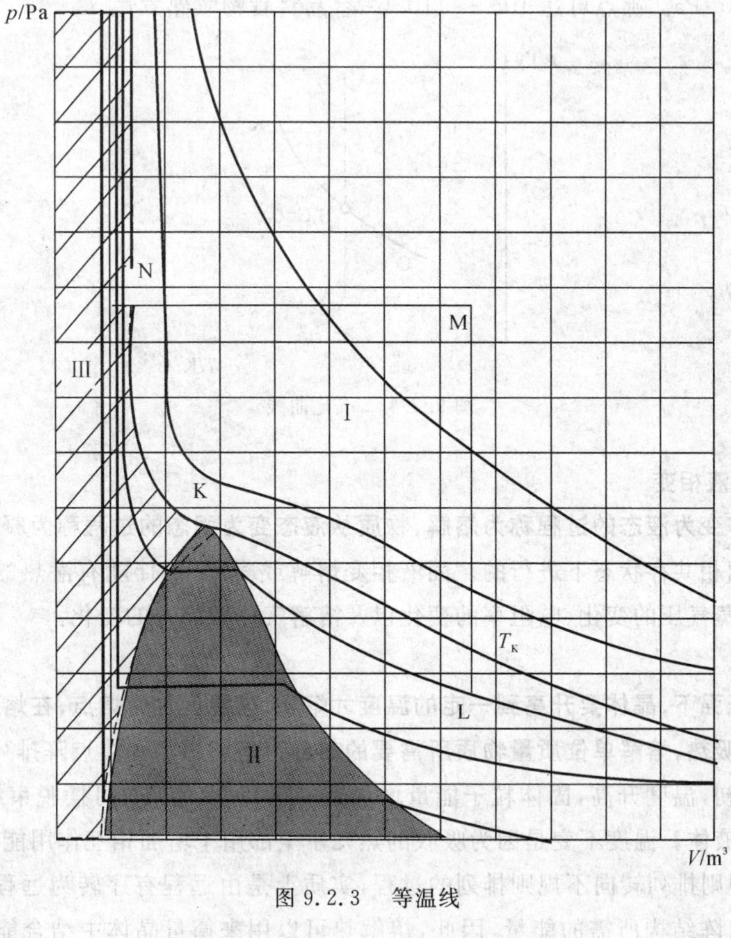

图 9.2.3　等温线

4. 气液二相图

表示气、液两相存在区域的 $p-T$ 图称为气液二相图,如图 9.2.4 所示。在 $p-T$ 图中,等温压缩过程为一直线,原 $p-V$ 图中整个**两相平衡共存的区域在 $p-T$ 图中对应着一条曲线 OK,称为汽化曲线。**汽化曲线是液相和气相的分界线,汽化曲线的左上方表示液相存在的区域,右下方表示气相存在的区域,而汽化曲线上的点代表在一定温度下两相平衡共存的状态,汽化曲线还可以表示饱和蒸气压与温度的关系,汽化曲线上一点的压强是两相平衡共存的压强,即饱和蒸气压。汽化曲线的终点就是临界点 K,显然在临界温度以上不存在气液共存的状态,汽化曲线的始点是在 O 点以下,气相只能与固相平衡共存。汽化曲线还可以表示沸点与外界压强的关系。设 1 相表示液相,2 相表示气相。当液相转变为气相时,$l>0$,$v_2>v_1$。因此,根据克拉珀龙方程,有

$$\frac{dp}{dT}=\frac{l}{T(v_2-v_1)}>0 \tag{9.2.3}$$

这说明,沸点随压强的增加而升高,随压强的减小而降低。即汽化曲线的斜率恒为正值。因为大气压强是随高度的增加而减小的,所以水的沸点也随海拔的高度增加而降低,例如,在 2 000 m 高空大气压强为 8.0×10^4 Pa 左右。因而沸点为 94℃ 左右,此时煮水易沸腾,但温度较低,食物不易煮熟,生活上使用高压锅使水蒸气在一定压强下不外逸,锅内压强可达 $1.22\times10^5\sim1.42\times10^5$ Pa。沸点可达 105 ~ 110 ℃,容易将食物煮熟煮烂。

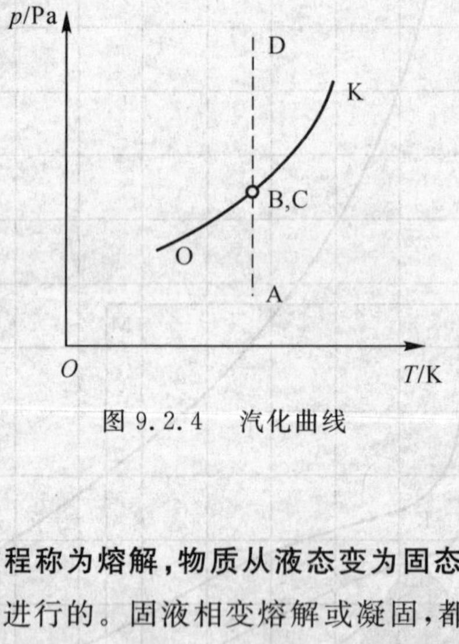

图 9.2.4　汽化曲线

9.2.2　固液相变

物质从固态变为液态的过程称为熔解,物质从液态变为固态的过程称为凝固,二者都是在一定温度下在两相共存状态下进行的。固液相变熔解或凝固,都伴随有潜热的吸放或体积的突变,还有饱和蒸气压的变化、电阻率的变化以及溶解气体的能力的变化。

1. 熔解

在一定的压强下,晶体要升高到一定的温度才熔解,该温度称为熔点,在熔解过程中,温度保持不变,但要吸热,熔解单位质量物质所需要的热称为熔解热。固体点阵排列对应于势能最小,固体吸热之初,温度升高,固体粒子能量增加到一定程度(熔点)可摆脱束缚,点阵结构解体,使固体变为液体。温度不变是因为吸收的热几乎全部用于增加相互作用能。对晶体来说,熔解是粒子由规则排列转向不规则排列的过程,实质上是由远程有序转为远程无序的过程。熔解热是破坏点阵结构所需的能量,因此,熔解热可以用来衡量晶体中结合能的大小。熔解

时，物质的物理性质要发生显著的变化，其中最重要的是体积变化、饱和蒸气压变化等。

在熔点时固液两相平衡共存，低于熔点时物质以固相存在，高于熔点时则以液相存在。**在 $p-T$ 图中熔点与压强的关系曲线 OL 称为熔解曲线**，OL 线的左方是固相存在的区域，OL 与汽化曲线 OK 之间是液相存在的区域，**OL 与 OK 的交点 O 称为三相点**，如图 9.2.5 所示。固液相变没有临界态，原因在于固、液的各向同性，不能连续变化，而且熔解曲线 OL 的斜率比汽化曲线 OK 的斜率大。

由于固、液的比容差别不大，因此，曲线的斜率一般很陡，熔点受压强的影响不是很大，但影响是存在的。如图 9.2.5 所示，l 为熔解热，T 为熔点，v_2 为液体的比容，v_1 为固体的比容。对大多数物质，熔解时体积要膨胀 $v_2>v_1$，$l>0$，$\frac{dp}{dT}=\frac{l}{T(v_2-v_1)}>0$，熔解曲线的斜率亦为正值，即熔点随压强的增大而升高。对于少数晶体，如冰、铋等，它们在熔解时体积要收缩 $v_2<v_1$，$\frac{dp}{dT}=\frac{l}{T(v_2-v_1)}<0$，熔解曲线的斜率为负值，即熔点随压强的增大而降低。

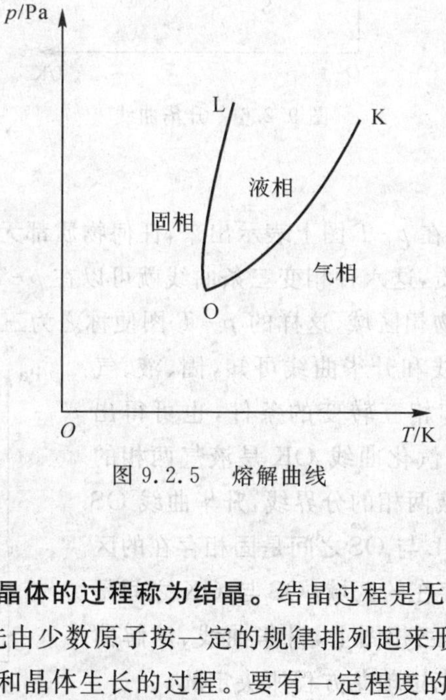

图 9.2.5　熔解曲线

2. 结晶

晶体的熔液凝固时形成晶体的过程称为结晶。结晶过程是无规则排列的原子形成空间点阵的过程。在结晶过程中，先由少数原子按一定的规律排列起来形成晶核，然后再围绕晶核生长成晶粒。结晶过程是生核和晶体生长的过程。要有一定程度的过冷才能进行结晶过程，过冷是指实际结晶温度 T_n 低于固液两相平衡共存温度 T_s，过冷度是指 $n=T_s-T_n$。生核是指在液体内部产生一些晶核。晶体生长指的是，围绕着晶核的原子继续按一定规律排列在上面，使晶体点阵发展长大。由于不同的晶面具有不同的单位表面能量，因此，显露在晶体外表面的，总是单位表面能量小的晶面。人工加入杂质产生晶核是最先进最有效的方法，可有效控制晶粒大小和金属性能。单晶体的制备具有很大的科学价值和重大的实际意义，特别是在半导体工业中。

9.2.3　固气相变　三相图

1. 固气相变

物质从固相直接转变为气相的过程称为升华，物质从气相直接转变为固相的过程称为凝华。当压强比三相点压强低时，将固体加热，就能使固体直接转变成气体，发生升华现象。

使 1 kg 的物质升华时所吸收的热量称为升华热，它等于熔解热与汽化热之和。由于升华时要吸收大量的热量，因此，固体的升华可用来制冷，干冰就是一种用途广泛的制冷剂。固气相变，饱和蒸气压越低，升华越不明显；饱和蒸气压越高，越容易升华。升华与温度无关，凝华在一定的温度和饱和蒸气压下进行。**在升华情况下，固体上方的饱和蒸气压与温度的关系称为升华曲线。**升华和凝华，都伴随有潜热的吸放或体积的突变。在 p-T 图上升华曲线 OS 是固相和气相的分界线，如图 9.2.6 所示，曲线上的点是固气两相平衡共存的状态。

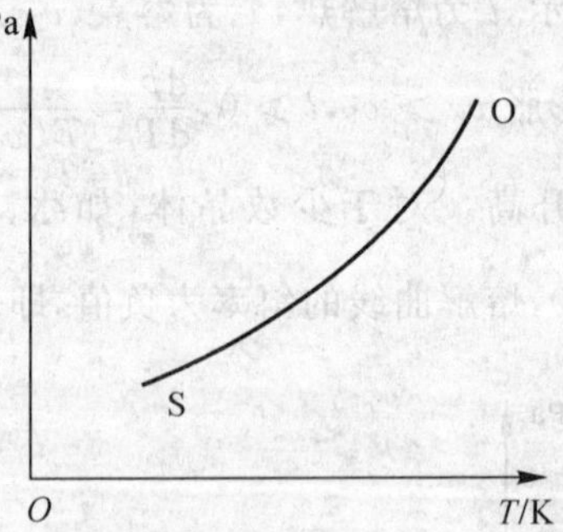

图 9.2.6　升华曲线

2. 三相图

不论是哪种相变都可以在 p-T 图上表示出来，任何物质都无一例外地可以进行这六种相变，那么对于某个确定的物质，这六种相变三条曲线就可以在 p-T 图上一次反应出来，从而将 p-T 图分成了三个不同的物相区域，这样的 p-T 图便称之为三相图，如图9.2.7 所示。

根据汽化曲线、熔解曲线和升华曲线可知，固、液、气三相中任意两相平衡共存和相互转变的条件，也可得出固、液、气三相存在的区域。汽化曲线 OK 是液气两相的分界线，熔解曲线 OL 是固液两相的分界线，升华曲线 OS 是固气两相的分界线。在 OL 与 OS之间是固相存在的区域，OL 与 OK 之间是液相存在的区域，OS 与 OK 之间是气相存在的区域。在 p-T 三相图上，升华曲线、熔解曲线、汽化曲线的斜率都是由克拉珀龙方程所决定的。

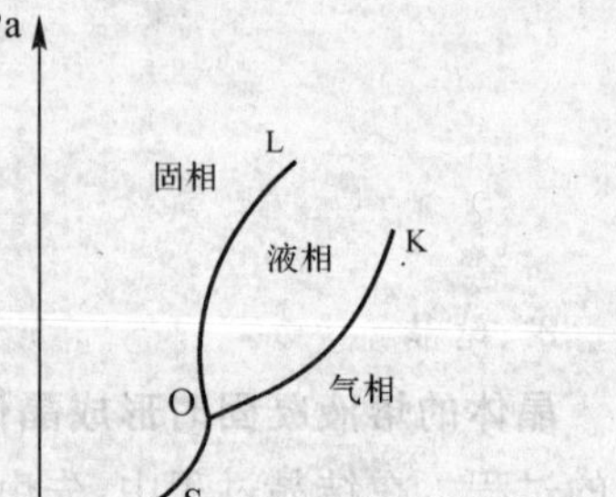

图 9.2.7　$p-T$ 三相图

如图 9.2.8 所示，分别是 CO_2 和 H_2O 的三相图。三条曲线共同的交点 O 就是三相点，它对应于一个确定不变的温度和一个确定不变的压强，它是固、液、气三相平衡共存的唯一状态。水的三相点温度即是 273.16K，是国际温标中最基本的一个固定参考点。选三相点温度作温标的固定点比选沸点、熔点优越之处，在于它的确不依赖于压强的测量。只要在没有空气的密闭容器内使水的三相达到平衡共存，那么其温度就是三相点的温度。三相点可以帮助分析一种物质在某一压强下或温度下的状态，以及它将朝什么方向变化。

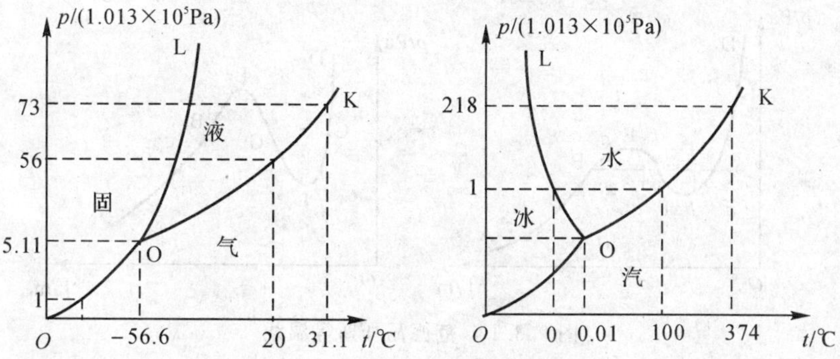

图 9.2.8　CO_2 和 H_2O 的三相图

9.3　范德瓦耳斯等温线　对比物态方程

9.3.1　范德瓦耳斯等温线

1. 范德瓦耳斯等温线

考虑分子力作用的范德瓦耳斯方程$\left(p+\frac{a}{v^2}\right)(v-b)=RT$，不仅能比理想气体状态方程更好地描述实际气体的状态，还能在一定程度上描述液体的状态和气液相变的某些特点。如图 9.3.1 所示，AB 段与 CD 段与实际的等温相变曲线一致，AB 段相当于未饱和蒸气。CD 段则相当于液体，它说明未饱和蒸气经过一定的过程可以转化为液体。这是实际气体的共性之一。按 AB 到 CD 这样的曲线是在有凝结核的情况下成立的，而在无凝结核的情况下就不沿这个路径进行，而是未饱和蒸气经压缩沿 BE 成为过饱和蒸气，这是稳定性不够好的平相态，一旦有扰动，直接变成双相态在 BC 直线上，同理，当缺少汽化核时，液体吸热沿 CF 段变成过热液体，这也是稳定性不够好的平相态，一旦充入气泡等，直接变成双相态在 BC 直线上，BC 段表示实际等温线。BE 段表示结核，CF 段则缺少气泡，BE，CF 的存在说明了亚稳存在。EF 段是不存在的，这说明虽然气体可以转变成液体，但不能以单相存在的方式连续转变成液体，只能以双相共存的方式进行。

EGF 段表示 V 增大时 p 也增大，实际不能实现。外界压强稍有偏差，就会使偏差越来越大，因此这种情况是不存在的。但是整个线段是连续的，就好像可以不经过双相共存而直接连续变成液相，由于 FGE 不可能，因此，单相连续相变 BEGFC 也是不可能的。这是由于范德瓦耳斯在处理分子间相互作用力时过简化带来的麻烦，但并没有完全失败。

如图 9.3.1 所示，在范德瓦耳斯等温线中，根据热力学第二定律物质在循环过程中不可能对外做正功，因此，当决定饱和蒸气压的平线 BC 时，应画得使 GEBG 的面积等于 CGFC 的面积，这称为等面积法则。

2. 临界点的状态参量

当温度升高到一定程度时，等温线上的极大 E 与极小 F 合而为一，等温线出现拐点 K，则此时的等温线称为临界等温线，对应的温度为临界温度，拐点 K 为临界点，如图 9.3.2 所示。

因为临界点同时兼有极大和极小的特征，有

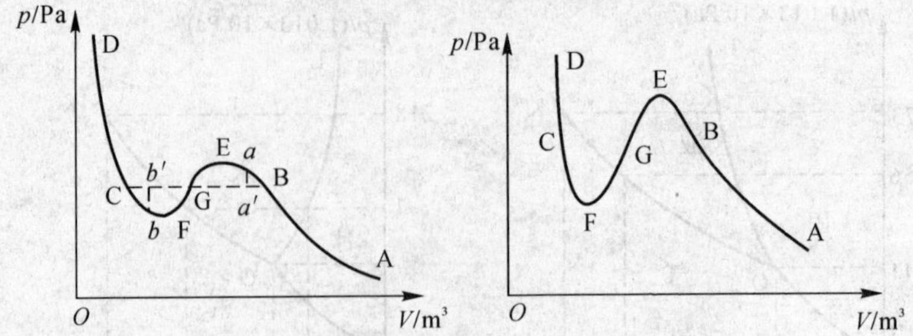

图 9.3.1　范德瓦耳斯等温线

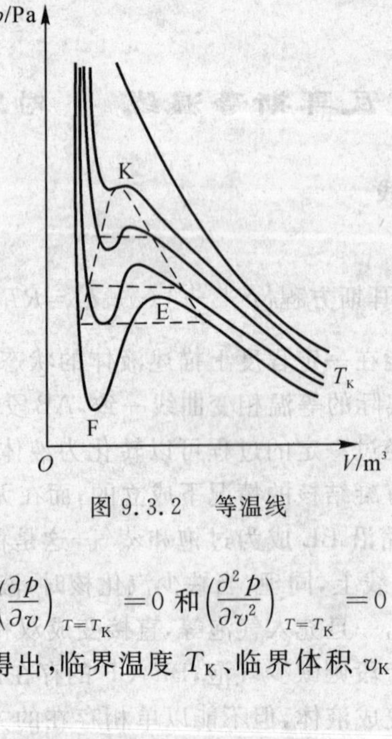

图 9.3.2　等温线

$$\left(\frac{\partial p}{\partial v}\right)_{T=T_K}=0 \text{ 和} \left(\frac{\partial^2 p}{\partial v^2}\right)_{T=T_K}=0 \tag{9.3.1}$$

代入范德瓦耳斯方程可以得出，临界温度 T_K、临界体积 v_K、临界压强 p_K 和临界系数 K_K 分别为

$$T_K=\frac{8a}{27bR} \tag{9.3.2}$$

$$v_K=3b \tag{9.3.3}$$

$$p_K=\frac{a}{27b^2} \tag{9.3.4}$$

$$K_K=\frac{RT_K}{p_K v_K}=2.667 \tag{9.3.5}$$

由此理论，临界系数对一切物质都相同，但实际情况是只有像氢和氦等最难液化的气体才比较接近。由此可知范德瓦耳斯方程的近似性。

9.3.2　对比物态方程

状态参量与临界点状态参量的比值分别称为对比压强、对比体积和对比温度，即

$$\pi=\frac{p}{p_K},\quad \omega=\frac{v}{v_K},\quad \tau=\frac{T}{T_K} \tag{9.3.6}$$

代入范德瓦耳斯方程，化简得到对比物态方程为

$$\left(\pi+\frac{3}{\omega^2}\right)(3\omega-1)=8\tau \tag{9.3.7}$$

一切物质在相同的对比压强π和对比温度τ下有相同的对比体积ω,这叫做对应态原理。不同物质而π,ω和τ都相同的状态,称为对应态。处于对应态的各种物质,许多性质(如压缩模量、热膨胀系数、黏滞系数、折射率等)都具有简单的关系,因此,可以不用实验而能相当精确地确定物质的某些性质。这种方法在物理化学中广泛应用。

习 题

9.1 在大气压$p_0=1.013\times10^5$ Pa下,4.0×10^{-3} kg酒精沸腾变为蒸气,已知酒精蒸气比容为$0.607\ \mathrm{m^3\cdot kg^{-1}}$,酒精的汽化热为$l=8.63\times10^{-5}\ \mathrm{J\cdot kg^{-1}}$,酒精的比容$v_1$与酒精蒸气的比容$v_2$相比可以忽略不计,求酒精内能的变化。

9.2 说明蒸发和沸腾的异同。试述发生沸腾的条件。

9.3 氢的三相点温度$T_3=14$K,在三相点,固态氢密度为$\rho=81.0\ \mathrm{kg\cdot m^{-3}}$,液态氢密度为$\rho=71.0\ \mathrm{kg\cdot m^{-3}}$,液态氢的蒸气压方程为$\ln p=18.33-\dfrac{122}{T}-0.3\ln T$,熔解温度和压强的关系为$T_m=14+2.991\times10^{-7}p$,式中压强的单位均为Pa,试计算:

(1) 在三相点的汽化热、熔解热及升华热(误差在5%以内)是多少?

(2) 升华曲线在三相点处的斜率。

9.4 饱和蒸气压和液面的形状有什么关系?为什么?

9.5 在容积为$1.5\times10^{-5}\ \mathrm{m^3}$的容器中,装入温度为291 K的水,并加热到临界温度$T=647$ K,恰好在容器内达到临界状态(预先将容器抽真空后再注入适量水),问应注入多少体积的水才合适?水的临界压强为$p=2.08\times10^4$ Pa,$M=1.80\times10^{-2}\ \mathrm{kg\cdot mol^{-1}}$,291K的水密度为$\rho=1.0\times10^{-3}\ \mathrm{kg\cdot m^{-3}}$,水临界系数$K=4.46$。

9.6 何谓临界温度、临界压强和临界体积?

9.7 一个半径为1.0×10^{-2} m的球形泡,在压强为1.0136×10^5 Pa的大气中吹成,如泡膜的表面张力系数为$\alpha=5.0\times10^{-2}\ \mathrm{N\cdot m^{-1}}$,问周围的大气压强有多大,才可使泡的半径增为$2.0\times10^{-2}$ m?设这种变化是在等温的情况下进行的。

9.8 结晶过程是由哪两种过程组成的?为什么一般情况下溶液凝结成多晶体?

9.9 假定蒸气可看做理想气体,由下表所列数据计算253K时冰的升华热。

温度/K	253.5	253	252.5
蒸气压/$\times10^5$ Pa	3.586	3.565	3.544

第 10 章　近独立粒子的最概然分布

热力学方法主要是用宏观参量表征的连续函数来描述物体的宏观性质。从这章开始要学习统计物理学，它是研究大量的微观粒子的运动状态和所遵从的力学规律，运用统计方法，得到物体的宏观性质。微观粒子的运动状态是指它的力学运动状态。如果粒子遵从经典力学的运动规律，对粒子运动状态的描述称为经典描述；如果粒子遵从量子力学运动规律，对粒子运动状态的描述称为量子描述。当然在原则上微观粒子是遵从量子运动规律的，不过经典理论在一定的极限条件下仍然具有意义。下面首先介绍粒子运动状态的经典描述。

10.1　粒子运动状态的经典描述

10.1.1　近独立粒子体系

在本章中所提到的粒子如无特殊说明指的都是近独立粒子，那么在介绍如何描述近独立粒子的运动状态之前，首先必须知道什么是近独立粒子体系。**若一个体系中粒子密度较低，相互作用力程又短，以致力程远小于粒子的平均自由程，则粒子在行进过程中大部分时间处于自由态，任何时间内只有极小部分粒子处于力程以内，故粒子间的相互作用可以忽略不计，这种体系称为近独立粒子体系。**其中每个粒子的能量仅与粒子本身状态有关，与其他粒子的运动状态无关。因此，单个粒子的状态、能量有确切的意义，体系的能量是各个粒子的能量之和。

10.1.2　粒子运动状态的经典描述

1. 粒子运动状态的数学描述

经典力学告诉我们，如果一个粒子的自由度为 r，则粒子在任一个时刻的运动状态可用粒子的 r 个广义坐标 $q_1,\cdots,q_r$ 和 r 个广义动量 $p_1,\cdots,p_r$ 描述，粒子的能量 ε 是其广义坐标和广义动量的函数，即 $\varepsilon=\varepsilon(q_1,\cdots,q_r;\ p_1,\cdots,p_r)$，如果存在外场，$\varepsilon$ 还是描述外场参量的函数。

2. 粒子运动状态的几何(形象)描述——μ 空间

设粒子自由度为 r，那么以 r 个广义坐标 $q_1,\cdots,q_r$ 为横轴，以 r 个广义动量 $p_1,\cdots,p_r$ 为纵轴所构成的 $2r$ 维空间叫 μ 空间。μ 空间中的任一个点代表了粒子在某时刻的运动状态($q_1,\cdots,q_r;p_1,\cdots,p_r$)，这种点叫做粒子运动状态的代表点；当粒子的运动状态随时间改变时，代表点在 μ 空间相应地移动所画出的一条轨迹叫相轨道。

对于 μ 空间的理解应注意以下两点：

(1)μ 空间是人为想象出来的超越空间，是个相空间。引进它只是为了使运动状态的描述几何化、形象化，以便于进行统计。μ 空间的一个代表点是一个粒子的微观运动状态而不是一个粒子。

(2) 在经典力学范围内，在无相互作用的粒子系统中，任何粒子都可以找到和它相应的 μ 空间来形象地描述它的运动状态，但不是所有的粒子的运动状态都可以在同一个 μ 空间中描述。如一个1维自由度的粒子，它的μ空间是2维的，而一个3维自由度的粒子，它的μ空间是6维的。

10.1.3 相轨道的做法

根据上面的讨论知道，要想形象地描述粒子的微观运动状态就必须在μ空间画出粒子的相轨道，那么怎样在μ空间画出粒子的相轨道呢？一般方法步骤是：首先应确定出粒子自由度r；其次由给定条件确定粒子的广义坐标和广义动量所满足的函数关系；最后在μ空间中画出相轨道。

下面通过两个例子具体说明一下相轨道的做法。

例 10.1.1 一质量为m的粒子在$t=0$时刻从静止开始沿直线以加速度a作匀加速运动，画出其相轨道。

解 根据题意取粒子的运动方向为x轴正向，假设粒子在$t=0$时刻位于x_0点，而在t时刻位于x点，其速率为v，那么粒子在t时刻的坐标和动量分别为

$$x=x_0+\frac{1}{2}at^2,\quad p=mv=mat \tag{1}$$

消去t得到

$$p=m\sqrt{2a(x-x_0)} \tag{2}$$

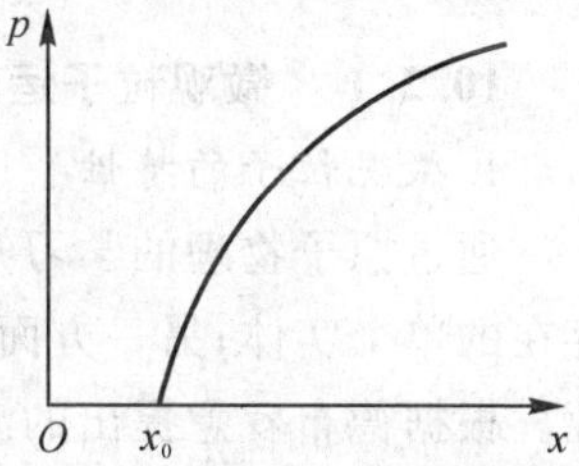

图 10.1.1 相轨道图

由式(2)画出的相轨道如图10.1.1所示。

例 10.1.2 画出线性谐振子的相轨道。

解 由经典力学知，质量为m的粒子在弹性力$f=-kx$作用下，将在原点附近简谐振动，称为线性谐振子。振动的圆频率$\omega=\sqrt{\frac{k}{m}}$取决于弹性系数$k$和粒子的质量$m$。在一定条件下，分子内的原子的振动，晶体中原子或者离子在其平衡位置附近的振动都可看做简谐振动。线性谐振子的自由度为1，在任一时刻线性谐振子的能量为其动能和势能之和，即

$$\varepsilon=\frac{p^2}{2m}+\frac{k}{2}x^2=\frac{p^2}{2m}+\frac{1}{2}m\omega^2x^2 \tag{1}$$

以x为横轴、动量p为纵轴做出直角坐标系，可构成2维μ空间。如前所述谐振子在任一时刻的运动状态由μ空间的一点表示。当振子的运动状态随时间改变时，运动状态的代表点在μ空间中描画出一条轨道。如果给定能量，画出谐振子的相轨道就是式(1)的椭圆。将式(1)写为标准椭圆方程形式为

$$\frac{p^2}{2m\varepsilon}+\frac{x^2}{\frac{2\varepsilon}{m\omega^2}}=1 \tag{2}$$

由式(2)可以看出，在给定能量ε时，椭圆的两个半轴分别为$a=\sqrt{2m\varepsilon}$和$b=\sqrt{\frac{2\varepsilon}{m\omega^2}}$。椭圆的面积为$\sigma=\pi ab=\frac{2\pi\varepsilon}{\omega}$。对于遵从经典力学规律的振子，振子的能量原则上可以取任何正值。当能量不同时，振子的相轨道椭圆也就不同。如图10.1.2所示为能量不同时的振子相轨道。

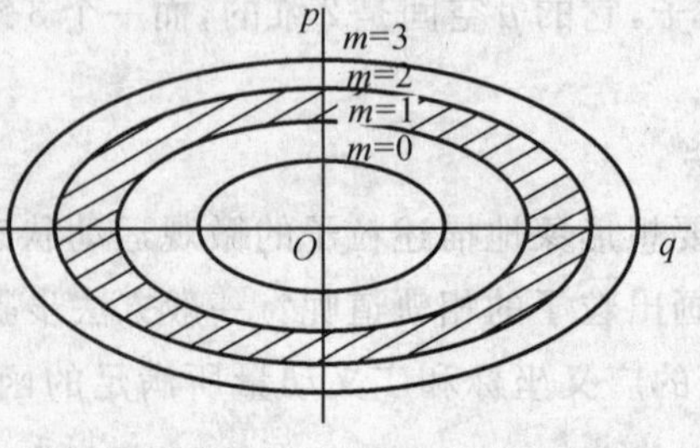

图 10.1.2　能量不同时的振子相轨道

10.2　微观粒子运动状态的量子描述

10.2.1　微观粒子运动状态的量子描述

1. 微观粒子的特性

通过原子物理的学习知道，微观粒子普遍具有粒子和波动的二象性。一方面它们是客观存在的单个实体；另一方面在适当的条件下又可观察到微观粒子显示的干涉、衍射等波动特性。根据德布罗意提出的波粒二象性理论，粒子能量 ε 与圆频率 ω，动量 $\boldsymbol{p}$ 与波矢 $\boldsymbol{k}$ 的关系为

$$\varepsilon = \hbar\omega,\quad \boldsymbol{p} = \hbar\boldsymbol{k} = \frac{h}{2\pi}\boldsymbol{k} \tag{10.2.1}$$

式(10.2.1)称为德布罗意关系，它适用于一切微观粒子。**常量 $\hbar$ 和 h 都称为普朗克常数**，其数值为 $h = 6.626\times10^{-34}\,\mathrm{J\cdot s}$，$\hbar = 1.055\times10^{-34}\,\mathrm{J\cdot s}$，它是量子物理中的基本常量，量纲为

$$[\text{时间}][\text{能量}] = [\text{长度}][\text{动量}] = [\text{角动量}]$$

粒子的波粒二象性的一个极重要特征是微观粒子不可能同时具有确定的动量和坐标，如果以 Δq 表示粒子坐标的不确定值，以 Δp 表示粒子动量的不确定值，则在量子力学所容许的最精确的描述中，Δq 与 Δp 的乘积满足

$$\Delta q\Delta p \approx h \tag{10.2.2}$$

式(10.2.2)称为**不确定关系**。它说明：当粒子的坐标具有完全确定的数值，即 $\Delta q \to 0$ 时，其动量将完全不确定，即 $\Delta p \to \infty$。反之，当粒子动量完全确定时，粒子的坐标将完全不确定。这说明微观粒子的运动不是轨道运动。

在经典力学中，粒子可同时具有确定的坐标和动量，这不是说实际测量可以精确到这一点，而是说在经典力学中原则上不允许对该精确度有任何限制，由于普朗克常数数值非常小，不确定关系在任何意义上都不会跟宏观物理学的经验知识发生矛盾。

2. 量子态

在量子力学中，微观粒子的运动状态称为量子态，用波函数 ψ 描述。由于波函数 ψ 满足单值、有限、连续的条件，因此，波函数实际上由一组数表征，这些数叫量子数，所以，通常又称由量子数描述的运动状态叫量子态。这组量子数的数目等于自由度数。

10.2.2　常见粒子的量子态

1. 自旋状态

对电子、质子、中子等粒子，若粒子质量为 m，电荷为 $-e$，具有自旋角动量 $\frac{1}{2}\hbar$，则粒子的自

旋磁矩 $\boldsymbol{\mu}$ 与自旋角动量 S 之比为 $\frac{\boldsymbol{\mu}}{S}=-\frac{e}{m}$，如果加上沿 z 方向的外磁场，则粒子自旋角动量在外磁场方向的投影有两个可能值，即 $S_z=\pm\frac{\hbar}{2}$，自旋磁矩在外磁场方向的投影相应地也有两个值 $\mu_S=\mp\frac{e\hbar}{2m}$ 值，若写为 $S_z=m_S\hbar$，则自旋磁量子数 $m_S=\pm\frac{1}{2}$。

2. 三维自由粒子的量子态

边长为 L 的立方体容器中的自由粒子，其运动状态由量子数 n_x,n_y,n_z 描述，它与粒子动量 p 的三个分量 p_x,p_y,p_z 的关系为

$$\left.\begin{aligned}p_x&=\frac{2\pi\hbar}{L}n_x,\quad n_x=0,\pm1,\pm2,\cdots\\p_y&=\frac{2\pi\hbar}{L}n_y,\quad n_y=0,\pm1,\pm2,\cdots\\p_z&=\frac{2\pi\hbar}{L}n_z,\quad n_z=0,\pm1,\pm2,\cdots\end{aligned}\right\}\tag{10.2.3}$$

其能量可能值为

$$\varepsilon=\frac{1}{2m}(p_x^2+p_y^2+p_z^2)=\frac{2\pi^2\hbar^2}{mL^2}(n_x^2+n_y^2+n_z^2)\tag{10.2.4}$$

当容器的体积 $V=L^3$ 较大时，由式(10.2.3)和式(10.2.4)可以看出动量 p_x,p_y,p_z 和能量 ε 实际上可视为连续变化。由此求得体积 V 内、动量在 p_x 到 $p_x+\mathrm{d}p_x$，p_y 到 $p_y+\mathrm{d}p_y$，p_z 到 $p_z+\mathrm{d}p_z$ 范围内自由粒子的量子态数为

$$\Delta N=\mathrm{d}n_x\mathrm{d}n_y\mathrm{d}n_z=\left(\frac{L}{2\pi\hbar}\right)^3\mathrm{d}p_x\mathrm{d}p_y\mathrm{d}p_z=\frac{V}{h^3}\mathrm{d}p_x\mathrm{d}p_y\mathrm{d}p_z\tag{10.2.5}$$

式(10.2.5)可根据不确定关系来理解，不确定关系指出，粒子坐标的不确定值和与之共轭的动量的不确定值满足 $\Delta q\Delta p\approx h$。因此，**如果用坐标和动量来描述粒子的运动状态，一个状态必然对应于 μ 空间中的一个体积，称它为一个相格。**对于自由度为 1 的粒子，相格的大小为 h。如果粒子的自由度为 r，各自由度的坐标和动量的不确定值分别满足不确定关系，则其相格的大小为

$$\Delta q_1\cdots\Delta q_r\Delta p_1\cdots\Delta p_r\approx h^r\tag{10.2.6}$$

因此式(10.2.5)可理解为，将 μ 空间的体积 $V\mathrm{d}p_x\mathrm{d}p_y\mathrm{d}p_z$ 除以相格大小 h^3 而得到的三维自由粒子，在体积 $V\mathrm{d}p_x\mathrm{d}p_y\mathrm{d}p_z$ 内的量子态数。

在某些时候需要用动量空间的球极坐标 p,θ,φ 来描述自由粒子的动量。球极坐标中粒子的动量与直角坐标中的动量存在如下关系：

$$\left.\begin{aligned}p_x&=p\sin\theta\cos\varphi\\p_y&=p\sin\theta\sin\varphi\\p_z&=p\sin\theta\end{aligned}\right\}\tag{10.2.7}$$

用球极坐标，动量空间的体积元为 $p^2\sin\theta\mathrm{d}p\mathrm{d}\theta\mathrm{d}\varphi$。在体积 V 内，动量大小在 p 到 $p+\mathrm{d}p$、动量方向在 θ 到 $\theta+\mathrm{d}\theta$、φ 到 $\varphi+\mathrm{d}\varphi$ 的范围内，自由粒子可能的状态数为

$$\frac{Vp^2\sin\theta\mathrm{d}p\mathrm{d}\theta\mathrm{d}\varphi}{h^3}\tag{10.2.8}$$

如果对 θ,φ 进行积分

$$\int_0^{2\pi} \mathrm{d}\varphi \int_0^{\pi} \sin\theta \mathrm{d}\theta = 4\pi \tag{10.2.9}$$

便可求得在体积V内，动量大小在p到$p+\mathrm{d}p$范围内（动量方向为任意），自由粒可能的量子态数为

$$\frac{4\pi V}{h^3} p^2 \mathrm{d}p \tag{10.2.10}$$

同时再利用能量$\varepsilon = \dfrac{p^2}{2m}$，便可得到在体积$V$内，能量在$\varepsilon$到$\varepsilon+\mathrm{d}\varepsilon$范围内时，自由粒子可能的量子态数为

$$D(\varepsilon)\mathrm{d}\varepsilon = \frac{2\pi V}{h^3}(2m)^{3/2}\varepsilon^{1/2}\mathrm{d}\varepsilon \tag{10.2.11}$$

10.2.3 粒子能态密度 $D(\varepsilon)$ 的概念和计算

1. 定义

设粒子能量在ε到$\varepsilon+\mathrm{d}\varepsilon$范围的可能的量子态数为$\mathrm{d}N$，则单位能量间隔的量子态数称为粒子能态密度，记为$D(\varepsilon)$，即

$$D(\varepsilon) = \frac{\mathrm{d}N}{\mathrm{d}\varepsilon}, \qquad \mathrm{d}N = D(\varepsilon)\mathrm{d}\varepsilon \tag{10.2.12}$$

2. 能态密度的计算

计算步骤为

(1) 求出粒子能量在ε到$\varepsilon+\mathrm{d}\varepsilon$范围内的可能量子态数$\mathrm{d}N$；

(2) 由$D(\varepsilon) = \dfrac{\mathrm{d}N}{\mathrm{d}\varepsilon}$求出$D(\varepsilon)$。

例 10.2.1 求面积L^2内二维自由粒子的态密度$D(\varepsilon)$。

解 二维自由粒子的量子态由量子数n_x, n_y描述，动量分量p_x, p_y与n_x, n_y的关系为

$$p_x = \frac{2\pi\hbar}{L} n_x, \quad n_x = 0, \pm 1, \pm 2, \cdots \tag{1}$$

$$p_y = \frac{2\pi\hbar}{L} n_y, \quad n_y = 0, \pm 1, \pm 2, \cdots \tag{2}$$

粒子动量在$p_x \to p_x + \mathrm{d}p_x, p_y \to p_y + \mathrm{d}p_y$范围的量子态数为

$$\Delta N = \Delta n_x \Delta n_y = \left(\frac{L}{2\pi\hbar}\right)^2 \mathrm{d}p_x \mathrm{d}p_y = \frac{V}{h^2}\mathrm{d}p_x \mathrm{d}p_y \tag{3}$$

如图 10.2.1 所示，利用动量空间的p_x, p_y与平面极坐标p, θ的关系，得

$$p_x = p\cos\theta, \quad p_y = p\sin\theta \tag{4}$$

动量空间平面极坐标面积元为

$$\mathrm{d}p_x \mathrm{d}p_y = p\sin\theta \mathrm{d}p \mathrm{d}\theta \qquad (0 \leqslant \theta \leqslant 2\pi) \tag{5}$$

可得到面积L^2内、动量的大小在$p \to p+\mathrm{d}p$，方向在θ到$\theta+\mathrm{d}\theta$范围内自由粒子可能状态为

$$\mathrm{d}N = \left(\frac{L}{2\pi\hbar}\right)^2 p\sin\theta \mathrm{d}\theta \mathrm{d}p \tag{6}$$

将θ由0到2π积分，得到面积L^2内，动量大小在$p \to p+\mathrm{d}p$（而方向任意）的自由粒子量子态数

$$\mathrm{d}N = \left(\frac{L}{2\pi\hbar}\right)^2 2\pi p \mathrm{d}p \tag{7}$$

利用 $\varepsilon=\frac{p^2}{2m}$ 和 $\hbar=\frac{h}{2\pi}$。由式(10.2.9)得到粒子能量在 ε 到 ε + dε 范围的可能状态数为

$$dN=\frac{2\pi L^2}{h^2}m\,d\varepsilon \tag{8}$$

于是，L^2 内二维自由粒子态密度为

$$D(\varepsilon)=\frac{dN}{d\varepsilon}=\frac{2\pi L^2}{h^2}m(\text{常数}) \tag{9}$$

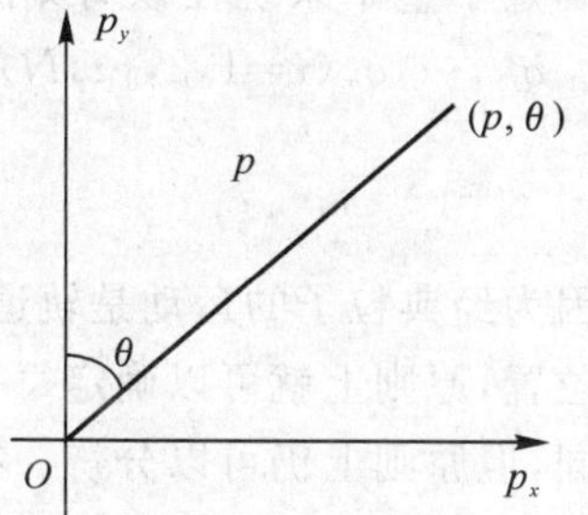

图 10.2.1　动量空间

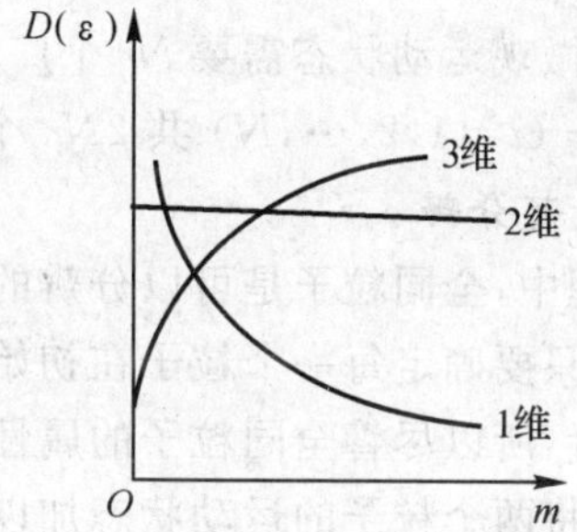

图 10.2.2　态密度与粒子质量的关系

例 10.2.2　求一维自由粒子的态密度。

解　采用类似于例 10.2.1 的方法求得 $D(\varepsilon)=\frac{dN}{d\varepsilon}=\frac{2L}{h}\left(\frac{m}{2\varepsilon}\right)^{\frac{1}{2}}$。

经过上面的讨论知道，当同一个自由粒子处于不同的空间时，其态密度不同，即

$$D(\varepsilon)d\varepsilon=\frac{2\pi V}{h^3}(2m)^{3/2}\varepsilon^{1/2}d\varepsilon\quad(3\text{ 维自由粒子}) \tag{1}$$

$$D(\varepsilon)=\frac{dN}{d\varepsilon}=\frac{2\pi L^2}{h^2}m\quad(2\text{ 维自由粒子}) \tag{2}$$

$$D(\varepsilon)=\frac{dN}{d\varepsilon}=\frac{2L}{h}\left(\frac{m}{2\varepsilon}\right)^{\frac{1}{2}}\quad(1\text{ 维自由粒子}) \tag{3}$$

如果把不同空间的态密度与粒子质量的关系形象地表示出来的话，可得到如图 10.2.2 所示内容。

10.3　系统微观运动状态的描述

所谓系统的微观状态指的是它的力学运动状态。这一节先重点讨论由全同粒子和近独立粒子组成的系统。

10.3.1　全同粒子

1. 定义

所谓全同粒子系统就是由具有完全相同的属性（相同的质量、自旋、电荷等）的同类粒子所组成的系统，如自由电子组成的自由电子气体是全同的粒子组成的系统。

2. 全同粒子系统的特点

(1) 全同粒子具有不可识别性，遵从全同性原理，即将任意两个全同粒子交换，不改变系统的微观状态；

(2) 全同粒子系统分为玻色子系统、费米子系统、玻耳兹曼系统，其中费米系统要遵从泡利不相容原理。

10.3.2　经典物理中系统微观运动状态的描述

1. 描述方式

设由 N 个全同粒子构成的系统，其中每一个粒子的自由度为 r，在任一时刻，第 i 个粒子的力学运动状态由 r 个广义坐标 $q_{i1}, q_{i2}, \cdots, q_{ir}$ 和 r 个广义动量 $p_{i1}, p_{i2}, \cdots, p_{ir}$ 确定。当系统中所有粒子在某一时刻的力学运动状态都确定时，也就确定了整个系统在该时刻的微观状态。因此，确定系统的微观运动状态需要 Nr 个广义坐标 $q_{i1}, q_{i2}, \cdots, q_{ir}$ $(i=1,2,\cdots,N)$ 和 Nr 个广义动量 $p_{i1}, p_{i2}, \cdots, p_{ir}$ $(i=1,2,\cdots,N)$ 共 $2Nr$ 个变量。

2. 全同粒子可分辨

在经典物理中，全同粒子是可以分辨的。这是因为经典粒子的运动是轨道运动，原则上是可以被跟踪的，只要确定每一个粒子在初始时刻的位置，原则上就可以确定每一个粒子在其后任一时刻的位置，所以尽管全同粒子的属性完全相同，但原则上仍可以分辨。在含有多个全同粒子的系统中，将两个粒子的运动状态加以交换，那么在交换前、后系统的力学运动状态是不同的。

一个粒子在某一时刻的力学运动状态可用 μ 空间中的一个点表示。那么由 N 个全同粒子组成的系统在某一时刻的微观运动状态可用 N 个点表示。而如果交换两个代表点的位置，相应的系统的微观状态是不同的。

10.3.3　量子物理中系统微观运动状态的描述

1. 全同粒子不可分辨

量子物理的一个基本原理就是微观粒子的全同性原理，其中指出全同是不可分辨的，在含有多个全同粒子的系统中，将任何两个全同粒子加以交换，不改变整个系统的微观运动状态。这个原理与经典物理中指出的全同粒子可以分辨的论断是完全不同的。其根本原因在于，经典粒子的运动是轨道运动，原则上可以跟踪经典粒子的运动而加以辨认，但是量子粒子具有波粒二象性，它的运动不是轨道运动，原则上不可以被跟踪。假设在 $t=0$ 时刻确定了两个粒子的位置，而在 $t>0$ 时刻由于与两粒子相联系的波动迅速扩散而相互重叠在一起，这样当发现粒子时已不能确认它到底是第一个粒子还是第二个粒子了。

2. 描述方式

假如全同粒子可以辨认，确定有全同近独立粒子组成的系统的微观运动状态也就是确定每一个粒子的个体量子态；而对于不可辨认的全同粒子，确定由全同近独立粒子组成的系统的微观运动状态也就是确定每一个量子态上的粒子数。

下面重点介绍量子粒子如何占据各个量子态。在此之前首先必须知道自然界中微观粒子可分为两类：玻色子和费米子。**所谓玻色子指那些自旋量子数为整数的基本粒子或复合粒子；而所谓费米子是指那些自旋量子数为半整数的基本粒子或复合粒子。**例如，光子(自旋量子数为 1)，π 介子(自旋量子数为 0)，^{1}H 原子，^{2}H 核，^{4}He 核，^{4}He 原子等都是玻色子。而象电子、质子、中子、μ 子(自旋量子数为 1/2)、^{2}H 原子、^{3}H 核等都是费米子。

由费米子组成的系统称为费米系统，遵从泡利不相容原理，即在含有多个全同近独立粒子的费米子系统中，一种量子态上最多只能容纳一个费米子。由玻色子组成的系统称为玻色系统，玻色系统不遵守泡利不相容原理，即在含有多个全同近独立粒子的玻色系统中，一种量子

态上能容纳的玻色子不受限制。在量子力学建立之前,也就是统计物理学发展的早期,玻耳兹曼认为粒子是可以分辨的,并由此导出了这种粒子的统计分布。现在把**由可分辨的全同近独立粒子组成,且处在每一种个体量子态上的粒子数不受限制的系统称为玻耳兹曼系统**。

下面举一个例子具体地说明一下玻耳兹曼系统、玻色系统、费米系统的区别。设系统含有两个粒子分别为 M,N,粒子的个体量子态有 3 种。那么对于玻耳兹曼系统、玻色系统、费米系统各有哪些可能的微观状态。

玻耳兹曼系统(如晶体中的离子):粒子可分辨,每一种个体量子态上能够容纳的粒子数不受限制。由于粒子可以分辨,则 M $\neq$ N,它们占据 3 种个体量子态的方式如表 10.3.1 所示。

表 10.3.1　玻耳兹曼系统中,粒子占据量子态的方式

量子态 1	量子态 2	量子态 3
M　N		
	M　N	
		M　N
M	N	
M		N
	M	N
N	M	
N		M
	N	M

由此可见,对于玻耳兹曼系统,可以有 9 种不同的微观状态。

玻色系统(如光子等):自旋为 0,$\hbar$,$2\hbar$ 等,粒子不可分辨而且一种个体量子态能容纳的粒子数不受限制。由于粒子不可分辨,则 M $=$ N。两个粒子占据 3 种个体量子态的方式如表 10.3.2 所示。

表 10.3.2　玻色系统中,粒子占据量子态的方式

量子态 1	量子态 2	量子态 3
M　M		
	M　M	
		M　M
M	M	
M		M
	M	M

由此可见,对于玻色系统,可以有 6 种不同的微观状态。

费米系统(如电子、质子等):自旋为$\frac{\hbar}{2}$,$\frac{3\hbar}{2}$等,粒子不可分辨,一种个体量子态上最多能容纳一个粒子。由于粒子不可分辨,则M=N。两个粒子占据3种个体量子态的方式如表10.3.3所示。

表 10.3.3　费米系统中,粒子占据量子态的方式

量子态 1	量子态 2	量子态 3
M	M	
M		M
	M	M

由此可见,对于费米系统,可以有 3 种不同的微观状态。

10.4　等概率原理

所谓等概率原理是指对于处于平衡状态的孤立系统,当能量给定时,系统各个可能的微观状态出现的概率是相等的。系统占据量子态的一种方式是该系统的一种微观状态。在给定条件下,系统可以有多种占据方式,故系统可以有多种微观状态,各个微观状态出现的概率是统计物理研究的基本问题,对于处于平衡状态的孤立系统,没有理由认为某一种状态出现的概率更大一些。因此,在 19 世纪 70 年代,玻耳兹曼提出等概率原理,这是统计物理唯一的基本公设。

在给定能量的系统,即系统和外界的能量都不变,但对该系统的动量和角动量没有限制。这样,在系统能量不变的前提下,这些物理量可以出现全部允许值。若系统有 f 个自由度,要用 f 个参数来确定系统的一个微观状态。假设每个参数是一个物理量,那么在能量给定以后,还有(f—1) 个物理量可以取一切允许值。因此,在给定某些物理量之后,仍有很多参量可以取任意值,系统可以有很多微观状态。在孤立系统处于平衡态情况下,即能量给定时,系统取各种微观状态的概率是相等的,这就是等概率原理 —— 统计物理学的基本公设。

根据等概率原理的文字叙述可以看到,等概率原理所适用的范围首先必须是由大量粒子组成的系统(其粒子的典型数值为 $10^{23}\ mol^{-1}$);其次,这个由大量粒子组成的系统必须是孤立系统;最后要求这个孤立系统必须是处于平衡态,即从宏观上来看,这一孤立系统必须要有确定的粒子数 N、体积 V 和能量 E。当然,实际上并不存在与外界完全没有相互作用的孤立系统,所以如果要精确地说,应当认为系统的能量是在 E 附近的一个狭窄的能量范围内,或者说系统的能量是在 E 到 $E+\Delta E$ 之间($\Delta E/E \ll 1$)。

等概率原理是统计物理的基本原理,是大量实验事实的总结概括而提出的基本假设,是统计物理学的基本公设。其正确性由实验检验,它不能用其他定理推导。以后各章节的内容以它为基础。

10.5　分布和微观状态

10.5.1　分布和微观状态

设由 N 个全同近独立粒子构成的系统，体积为 V、能量为 E，ε_l 表示粒子的能级、ω_l 表示能级 ε_l 的简并度，该能级上的粒子数为 a_l。N 个粒子按能级的分布为

能级	$\varepsilon_1,\varepsilon_2,\cdots,\varepsilon_l,\cdots$
简并度	$\omega_1,\omega_2,\cdots,\omega_l,\cdots$
粒子数	$a_1,a_2,\cdots,a_l,\cdots$

称各能级上粒子数排成的数列 $a_1,a_2,\cdots,a_l,\cdots$ 叫**一个分布**，记为 $\{a_l\}$。显然，对于具有确定的粒子数，能量以及体积的系统，分布 $\{a_l\}$ 必须满足条件：

$$\sum_l a_l = N,\quad \sum_l a_l\varepsilon_l = E \tag{10.5.1}$$

才有可能实现。

这里必须明白，分布和微观状态是不同的。给定一个分布 $\{a_l\}$，只是确定了在每一个能级 ε_l 上的粒子数 a_l。对于玻色系统和费米系统，要想确定系统的微观状态则必须确定处在每一种个体量子态上的粒子数。即分布给定后，要确定玻色（费米）系统的微观状态，还必须对每一种能级确定 a_l 个粒子占据其 ω_l 个量子态的方式。对于玻耳兹曼系统，确定系统的微观状态必须确定每一个粒子的个体量子态。因此，分布给定后必须确定处在各能级 ε_l 上的是 a_l 中的哪个粒子，以及在每一个能级 ε_l 上 a_l 个粒子占据其 ω_l 个量子态的方式。

由此可见，与一个分布 $\{a_l\}$ 相应的系统的微观状态往往是很多的。这些微观状态数对于玻耳兹曼系统、玻色系统、费米系统显然不同。下面分别加以介绍。

例 10.5.1　设 3 个全同粒子，个体量子态有 $\varphi_1,\varphi_2,\varphi_3$。能级非简并 $\omega_1=\omega_2=\omega_3=1$，设 $\varphi_1,\varphi_2,\varphi_3$ 态上的粒子数为 a_1,a_2,a_3，其中 φ_1 上的粒子数 $a_1=2$，φ_2 上的粒子数 $a_2=1$，φ_3 上的粒子数 $a_3=0$，那么相应的分布为 $\{a_l\}=2,1,0$。问对于玻耳兹曼系统、玻色系统和费米系统而言，它们的微观状态各有哪几种？

解　玻耳兹曼系统微观状态有如图 10.5.1(a)(b)(c) 所示 3 种，而玻色系统只有如图 10.5.1(d) 所示 1 种，费米系统没有这种分布的微观状态。

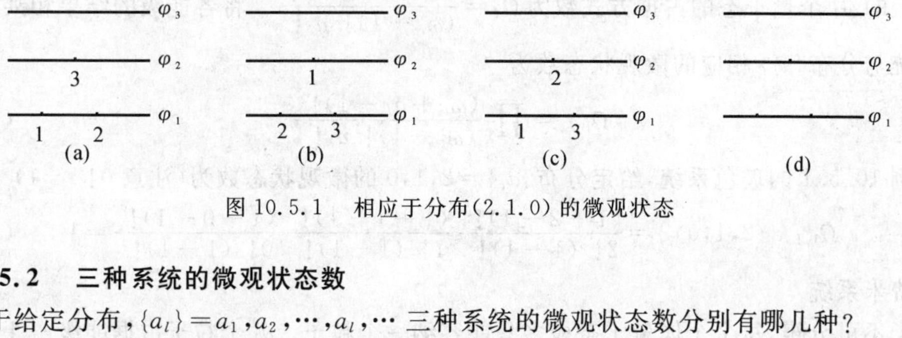

图 10.5.1　相应于分布(2.1.0) 的微观状态

10.5.2　三种系统的微观状态数

对于给定分布，$\{a_l\}=a_1,a_2,\cdots,a_l,\cdots$ 三种系统的微观状态数分别有哪几种？

1. 玻耳兹曼系统

系统中粒子可以分辨，对其编号，当 a_l 个编了号的粒子占据能级 ε_l 上的 ω_l 个量子态时，第一个粒子可以占据 ω_l 个量子态中的任一态，有 ω_l 种可能的占据方式。由于一个量子态可以容

纳的粒子数不受限制，那么在第一个粒子占据了某一个量子态以后，第二、第三、…… 个粒子仍然有 ω_l 种可能的占据方式，这样 a_l 个编了号的粒子占据 ω_l 个量子态共有 $\omega_l^{a_l}$ 种可能的占据方式。$a_1, a_2, \cdots, a_l, \cdots$ 编号的粒子分别占据能级 $\varepsilon_1, \varepsilon_2, \cdots, \varepsilon_l, \cdots$ 上的各量子态共有 $\prod_l \omega_l^{a_l}$ 种占据方式。而在玻耳兹曼系统中的粒子加以交换后，将给出系统的不同状态，因为粒子是可以分辨的。那么将 N 个粒子加以交换数，不管是否在同一个能级上，交换数是 $N!$。在这交换数中应除去在同一能级上 a_l 个粒子的交换数 $a_l!$，因此得到因子 $\frac{N!}{\prod_l a_l!}$。所以，对于玻耳兹曼系统，与分布 $\{a_l\}$ 对应的系统的微观状态数 $\Omega_{\text{M.B.}}\{a_l\}$ 是

$$\Omega_{\text{M.B.}} = \frac{N!}{\prod_l a_l!} \prod_l \omega_l^{a_l} \tag{10.5.2}$$

式中的 $\prod_l a_l!$ 表示对各能级的粒子数 a_l 的阶乘 a_l 的连乘。如例 10.5.1 的玻耳兹曼系统，给定分布 $\{a_l\} = 2,1,0$，且非简并 $\omega_1 = \omega_2 = \omega_3 = 1$ 的微观状态数为

$$\Omega_{\text{M.B.}}\{(2,1,0)\} = \frac{3!}{2!\ 1!\ 0!} \times 1^2 \times 1^1 \times 1^0 = 3 \tag{10.5.3}$$

2. 玻色系统

粒子不可分辨，每一种个体量子态容纳的粒子数没有限制。计算 a_l 个粒子占据 ε_l 能级上的 ω_l 个量子态有多少种可能的方式。为此以①，②，… 表示量子态 1，2，… 以 □ 表示粒子，将它们排成一行，使最左边为量子态 1。如图 10.5.2 所示 4 个量子态和 9 个粒子的一种排列。令任何一种这样的排列代表粒子占据各量子态的一种方式。

①□□②□③□□□④□□□

图 10.5.2　4 个量子态和 9 个粒子的一种排列

如图 10.5.2 所示在量子态 1 上有 2 个粒子，在量子态 2 上有 1 个粒子，在量子态 3 上有 3 个粒子，在量子态 4 上有 3 个粒子。由于最左方固定为量子态 1，其余的各量子态和粒子的总数是 $(\omega_l + a_l - 1)$ 个，将它们进行排列共有 $(\omega_l + a_l - 1)!$ 种方式。因为粒子是不可分辨的，除去粒子之间的相互交换数 $a_l!$ 和量子态之间的相互交换数 $(\omega_l - 1)!$，即可得到 a_l 个粒子占据 ε_l 能级上的 ω_l 个量子态的占据方式数为 $\Omega_l = \frac{(\omega_l + a_l - 1)!}{(\omega_l - 1)!\ a_l!}$。将各能级的结果相乘，就得到玻色系统与分布 $\{a_l\}$ 相应的微观状态数为

$$\Omega_{\text{B.E}} = \prod_l \frac{(\omega_l + a_l - 1)!}{(\omega_l - 1)!\ a_l!} \tag{10.5.4}$$

如例 10.5.1 的玻色系统，给定分布 $\{a_l\} = 2,1,0$ 的微观状态数为(注意 $0! = 1$)

$$\Omega_{\text{B.E.}}\{(2,1,0)\} = \frac{(1+2-1)!}{2!\ (1-1)!}\ \frac{(1+1-1)!}{1!\ (1-1)!}\ \frac{(1+0-1)!}{0!\ (1-1)!} = 1 \tag{10.5.5}$$

3. 费米系统

粒子不可分辨，每个个体量子态最多只能容纳一个粒子。a_l 个粒子占据能级 ε_l 上的 ω_l 个量子态，相当于从 ω_l 个量子态中选出 a_l 个来占据粒子($a_l < \omega_l$)，有 $C_{\omega_l}^{a_l} = \frac{\omega_l!}{(\omega_l - a_l)!\ a_l!}$ 种可能的占据方式。将各能级的结果相乘，就得费米系统与分布 $\{a_l\}$ 相应的微观状态数为

$$\Omega_{\text{F. D.}}\{a_l\}=\prod_l \frac{\omega_l!}{a_l!\ (\omega_l-a_l)!} \tag{10.5.6}$$

式(10.5.6)要求 $a_l<\omega_l$，否则 $\Omega_{\text{F. D.}}\{a_l\}=0$。对非简并($\omega_1=\omega_2=\omega_3=1$)费米系统和分布 $\{a_l\}=2,1,0$，因为 $a_l>\omega_l$，所以 $\Omega_{\text{F. D.}}=0$

4. 非简并条件

如果在玻色系统或者费米系统中，任一能级 ε_l 上的粒子数均远小于该能级的量子态数，即

$$\frac{a_l}{\omega_l}\ll 1 \tag{10.5.7}$$

则式(10.5.4)和式(10.5.6)给出的玻色系统和费米系统的微观状态数可近似为

$$\Omega_{\text{B. E.}}=\prod_l \frac{(\omega_l+a_l-1)!}{a_l!\ (\omega_l-1)!}=\prod_l \frac{(\omega_l+a_l-1)(\omega_l+a_l-2)\cdots\omega_l}{a_l!}\approx\prod_l \frac{\omega_l^{a_l}}{a_l!}=\frac{\Omega_{\text{M. B.}}}{N!} \tag{10.5.8}$$

$$\Omega_{\text{F. D.}}=\prod_l \frac{\omega_l!}{a_l!\ (\omega_l-a_l)!}=\prod_l \frac{\omega_l(\omega_l-1)\cdots(\omega_l-a_l+1)}{a_l!}\approx\prod_l \frac{\omega_l^{a_l}}{a_l!}=\frac{\Omega_{\text{M. B.}}}{N!} \tag{10.5.9}$$

式(10.5.7)称为经典极限条件或者非简并性条件。其物理意义是当所有能级的粒子数都远小于量子态数，即平均而言，处在每一量子态上的粒子数均远小于 1，这时，不可识别的粒子就变成可识别的粒子，粒子间的关联可以忽略。在这种情形下，粒子全同性原理的影响只表现在因子 $\frac{1}{N!}$ 上。

10.5.3　经典统计中的分布和微观状态数

在经典力学中，粒子在某一时刻的运动状态由它的广义坐标和广义动量确定，对应于 μ 空间的一个代表点。系统在某一时刻的运动状态由 N 个粒子的广义坐标和广义动量确定，对应于 μ 空间的 N 个点。由于坐标和动量都是连续变量，粒子和系统的微观状态都是不可数的。那么为了计算微观状态数，将坐标和动量分为大小相等的小间隔，使得 $\Delta q_i\Delta p_i=h_0$，h_0 是一个小量、量纲为〔长度〕.〔动量〕对于具有 r 个自由度的粒子，$\Delta q_1\cdots\Delta q_r.\Delta p_1\cdots\Delta p_r=h_0^r$ 相当于 μ 空间的一个相格。假设 h_0 足够小，就可由粒子运动状态代表点所在的相格确定粒子的运动状态。处在同一相格的代表点，代表相同的运动状态。显然，h_0 越小描述就越精确。根据经典力学，h_0 可取任意小的值。量子力学中规定 h_0 的最小值为普朗克常数 h。

将 μ 空间分为许多体积元 $\Delta\omega_l=\Delta q_{1l}\cdots\Delta q_{rl}\Delta p_{1l}\cdots\Delta p_{rl}(l=1,2,\cdots)$，以 ε_l 表示运动状态处在 $\Delta\omega_l$ 内的粒子所具有的能量。由于粒子的微观运动状态由大小为 h_0^r 的相格确定，体积元 $\Delta\omega_l$ 内粒子的运动状态数为 $\frac{\Delta\omega_l}{h_0^r}$，这个量与量子统计的简并度相当。这样 N 个粒子处在各体积元的分布可以描述如下：

能量	$\varepsilon_1,\varepsilon_2,\cdots,\varepsilon_l,\cdots$
体积元	$\Delta\omega_1,\Delta\omega_2,\cdots,\Delta\omega_l,\cdots$
粒子数	$a_1,a_2,\cdots,a_l,\cdots$
简并度	$\frac{\Delta\omega_1}{h_0^r},\ \frac{\Delta\omega_2}{h_0^r},\cdots,\frac{\Delta\omega_l}{h_0^r},\cdots$

由于经典粒子可以分辨而且处在同一个相格中的粒子没有限制，因此可以类比玻耳兹曼

系统的微观状态数，写出经典统计中与分布 $\{a_l\}$ 对应的微观状态数为

$$\Omega_d = \frac{N!}{\prod_l a_l!} \prod_l \left(\frac{\Delta\omega_l}{h_0^r}\right)^{a_l} \tag{10.5.10}$$

10.6 玻耳兹曼分布

10.5 节求出了与一个分布相对应的系统的微观状态数。根据等概率原理，对于处在平衡状态的孤立系统，每一个可能的微观状态出现的概率是相等的。因此，**微观状态数最多的分布，出现的概率最大，称为最概然分布。**本节导出**玻耳兹曼系统粒子的最概然分布，称为玻耳兹曼分布。**

1. 证明

证明：

$$\ln m! = m(\ln m - 1) \tag{10.6.1}$$

式中，m 是远大于 1 的整数。

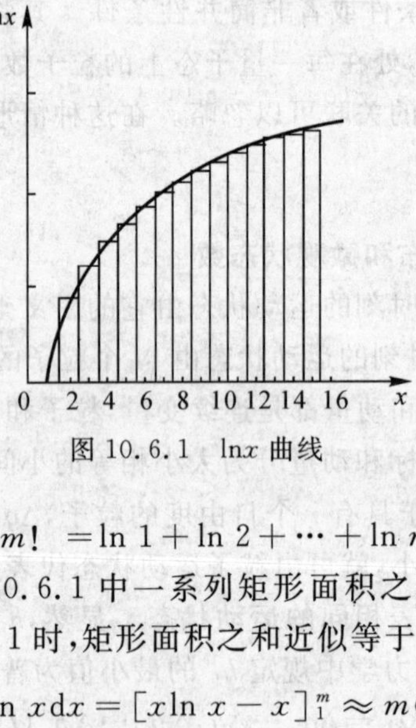

图 10.6.1 lnx 曲线

$$\ln m! = \ln 1 + \ln 2 + \cdots + \ln m \tag{10.6.2}$$

式(10.6.2) 右方等于如图 10.6.1 中一系列矩形面积之和，各矩形的宽为 1，高分别为 $\ln 1, \ln 2, \cdots, \ln m$。当 m 远大于 1 时，矩形面积之和近似等于曲线 $\ln x$ 下的面积。所以

$$\ln m! \approx \int \ln x \mathrm{d}x = [x\ln x - x]_1^m \approx m(\ln m - 1) \tag{10.6.3}$$

2. 玻耳兹曼分布

为方便将 $\Omega_{\mathrm{M.E.}}$ 简记为 Ω

$$\Omega = \frac{N!}{\prod_l \alpha_l!} \prod_l \omega_l^{\alpha_l} \tag{10.6.4}$$

玻耳兹曼分布是玻耳兹曼系统处于平衡态时的最概然（即最可几）分布，按照等概率原理，也就是系统微观状态数 Ω 最大的分布。由于 $\ln\Omega$ 随 Ω 变化是单调的，那么可以等价地讨论使 $\ln\Omega$ 取最大的分布。

对式(10.6.4) 取对数，得

$$\ln\Omega = \ln N! - \sum_l \ln \alpha_l! + \sum_l \alpha_l \ln \omega_l \tag{10.6.5}$$

假设所有的 a_l 都很大，便可以应用式(10.6.1)的近似，即

$$\ln a_l! = a_l(\ln a_l - 1) \tag{10.6.6}$$

$$\ln\Omega = N(\ln N - 1) - \sum_l a_l(\ln a_l - 1) + \sum_l a_l \ln \omega_l =$$

$$N\ln N - \sum_l a_l \ln a_l + \sum_l a_l \ln \omega_l \tag{10.6.7}$$

为了求得使 $\ln\Omega$ 为极大的分布，令 a_l 有 δa_l 的变化，那么 $\ln\Omega$ 将有 $\delta\ln\Omega$ 的变化。

为使 $\ln\Omega$ 有极大分布，所以令 $\delta\ln\Omega = 0$，有

$$\delta\ln\Omega = -\sum_l \ln\left(\frac{a_l}{\omega_l}\right)\delta a_l = 0 \tag{10.6.8}$$

但 δa_l 不完全是独立的，它们必须满足条件：

$$\delta N = \sum_l \delta a_l = 0, \quad \delta E = \sum_l \varepsilon_l \delta a_l = 0 \tag{10.6.9}$$

用拉格朗日未定乘子 α 和 β 乘这两个式子并从 $\delta\ln\Omega$ 中减去，得

$$\delta\ln\Omega - \alpha\delta N - \beta\delta E = -\sum_l\left(\ln\frac{a_l}{\omega_l} + \alpha + \beta\varepsilon_l\right)\delta a_l = 0 \tag{10.6.10}$$

根据拉格朗日乘子法原理，每个 δa_l 的系数都等于零，所以得

$$\ln\frac{a_l}{\omega_l} + \alpha + \beta_l = 0 \tag{10.6.11}$$

$$a_l = \omega_l e^{-\alpha-\beta\varepsilon_l} \tag{10.6.12}$$

式(10.6.12)给出了玻耳兹曼系统粒子的最概然分布，称为玻耳兹曼分布 。拉格朗日乘子 α 和 β 由条件式(10.5.1)确定，即

$$N = \sum_l \omega_l e^{-\alpha-\beta\varepsilon_l} \tag{10.6.13}$$

$$E = \sum_l \varepsilon_l \omega_l e^{-\alpha-\beta\varepsilon_l} \tag{10.6.14}$$

在许多时候，也常将 β 看做由实验确定的已知参量，而由式(10.6.14)求系统的内能。

式(10.6.12)给出了在最概然分布下处在能级 ε_l 的粒子数。能级 ε_l 有 ω_l 个量子态，处在其中任何一个量子态的平均粒子数应该是相同的。因此，处在能量 ε_s 为 f_s 的量子态 s 上的平均粒子数为

$$f_s = e^{-\alpha-\beta\varepsilon_s} \tag{10.6.15}$$

在这有必要作几点说明：

(1) 上面只证明了玻耳兹曼分布使 $\ln\Omega$ 取极值。要证明这个极值为极大值，还要证明玻耳兹曼分布使 $\ln\Omega$ 的一级微分等于零，即 $\delta\ln\Omega = 0$ 且 $\ln\Omega$ 的二级微分小于零。

$$\delta^2\ln\Omega = -\delta\sum_l \ln\left(\frac{a_l}{\omega_l}\right)\delta a_l = -\sum_l \frac{(\delta a_l)^2}{a_l}, (a_l > 0) \tag{10.6.16}$$

这就证明了玻耳兹曼分布是使 $\ln\Omega$ 为极大的分布。

(2) 玻耳兹曼分布是出现概率最大的分布。从原则上说，在给定 N, E, V 的条件下，满足下列条件的分布都是可以实现的。

$$\sum_l a_l = N, \quad \sum_l \varepsilon_l a_l = E \tag{10.6.17}$$

不过对于宏观系统，与最概然分布相应的 Ω 的极大值非常陡，使其他分布的微观状态数与最概然分布的微观状态数相比几乎为 0，为了说明这一点，将玻耳兹曼分布的微观状态数 Ω 与对玻

耳兹曼分布有偏离 $\Delta a_l(l=1,2,...)$ 的一个分布的微观状态数 $\Omega+\Delta\Omega$ 加以比较。将 $\ln(\Omega+\Delta\Omega)$ 展开,得

$$\ln(\Omega+\Delta\Omega)=\ln\Omega+\delta\ln\Omega+\frac{1}{2}\delta^2\ln\Omega+\cdots \tag{10.6.18}$$

将式(10.6.5)的 $\delta\ln\Omega$ 和式(10.6.10)的 $\delta^2\ln\Omega$ 代入,有

$$\ln(\Omega+\Delta\Omega)=\ln\Omega-\frac{1}{2}\sum_l\frac{(\Delta a_l)^2}{a_l} \tag{10.6.19}$$

如果假设对玻耳兹曼分布的相对偏离为 $\frac{\Delta a_l}{a_l}\sim 10^{-5}$,则

$$\ln\frac{\Omega+\Delta\Omega}{\Omega}=-\frac{1}{2}\sum_l\frac{(\Delta a_l)^2}{a_l}a_l=-\frac{1}{2}\times 10^{-10}N \tag{10.6.20}$$

对于 $N\approx 10^{23}$ 的宏观系统,$\frac{\Omega+\Delta\Omega}{\Omega}\approx e^{-10^{13}}$。这个估计说明,即使对最概然分布仅有极小偏离的分布,它的微观状态数与最概然分布的微观状态数相比也是几乎为 0,这说明,最概然分布的微观状态数非常接近于全部可能的微观状态数。根据等概率原理,处在平衡态下的孤立系统,每一个可能的微观状态出现的概率相等,如果忽略其他分布而认为在平衡状态下粒子实际上处在玻耳兹曼分布,所引起的误差应当是可以忽略的。

(3) 在前面的推导中,对所有的 α_l 都应用了式(10.6.1)的近似。这要求所有的 α_l 都远大于1。但是这个条件实际上并不是都能得到满足。这是推导中的一个严重的缺点。

(4) 在前面的讨论中,假设系统只含有一种粒子,即系统是单元系。这个假设不是原则性的,可以把理论推广到多个组成的情形。

(5) 根据式(10.5.2)和式(10.5.10)的相似性,可以直接写出经典统计中玻耳兹曼分布的表达式,即

$$a_l=e^{-\alpha-\beta\varepsilon_l}\frac{\Delta\omega_l}{h_0^r} \tag{10.6.21}$$

式中,α,β 满足

$$N=\sum_l e^{-\alpha-\beta\varepsilon_l}\frac{\Delta\omega_l}{h_0^r} \tag{10.6.22}$$

$$E=\sum_l\varepsilon_l e^{-\alpha-\beta\varepsilon_l}\frac{\Delta\omega_l}{h_0^r} \tag{10.6.23}$$

10.7 玻色分布和费米分布

本节导出在玻色系统和费米系统中粒子的最概然分布。

处在平衡状态的孤立系统具有确定的粒子数 N,体积 V 和能量 E(E 到 $E+\Delta E$ 之间)。以 $\varepsilon_l(l=1,2,\cdots)$ 表示粒子的各个能级,ω_l 表示能级 ε_l 的简并度。$\{\alpha_l\}$ 表示处在各能级上的粒子数。显然,分布 $\{\alpha_l\}$ 必须满足条件:

$$\sum_l\alpha_l=N,\qquad \sum_l\varepsilon_l\alpha_l=E \tag{10.7.1}$$

才有可能实现。在 10.5 节中曾导出了与一个分布 $\{\alpha_l\}$ 相应的系统微观状态数 Ω。

玻色系统的 Ω 为

$$\Omega = \prod_l \frac{(\omega_l + \alpha_l - 1)!}{\alpha_l!\ (\omega_l - 1)!} \tag{10.7.2}$$

费米系统的 Ω 为

$$\Omega = \prod_l \frac{\omega_l!}{\alpha_l!\ (\omega_l - \alpha_l)!} \tag{10.7.3}$$

同样，为了书写方便其间，把 10.5 节中的 $\Omega_{B,E}$ 和 $\Omega_{F,D}$ 都简记为 Ω。

10.7.1　玻色系统中粒子的最概然分布

根据等概率原理，对于处在平衡状态的孤立系统，每一个可能的微观运动状态出现的概率都是相等的。因此，使 Ω 为极大的分布，出现的概率最大，是最概然分布。采取与 10.6 节相同的方法，对式(10.7.3) 取对数，得

$$\ln\Omega = \sum [\ln(\omega_l + \alpha_l - 1)! - \ln \alpha_l! - \ln(\omega_l - 1)!] \tag{10.7.4}$$

假设 $\alpha_l \gg 1, \omega_l \gg 1$，因而

$$\omega_l + \alpha_l - 1 \approx \omega_l + \alpha_l, \quad \omega_l - 1 \approx \omega_l \tag{10.7.5}$$

且可用近似式

$$\ln m! = m(\ln m - 1) \tag{10.7.6}$$

即有

$$\ln\Omega = \sum_l [(\omega_l + \alpha_l)\ln(\omega_l + \alpha_l) - \alpha_l \ln \alpha_l - \omega_l \ln \omega_l] \tag{10.7.7}$$

同样令 α_l 有 $\delta\alpha_l$ 的变化，那么 $\ln\Omega$ 将有 $\delta\ln\Omega$ 的变化。使 Ω 为极大的分布，必使 $\delta\ln\Omega$ 为零。

$$\delta\ln\Omega = \sum_l [\ln(\omega_l + \alpha_l) - \ln \alpha_l]\delta\alpha_l = 0 \tag{10.7.8}$$

但是 $\delta\alpha_l$ 不是任意的，必须满足条件：

$$\delta N = \sum_l \delta\alpha_l = 0, \quad \delta E = \sum_l \varepsilon_l \delta\alpha_l = 0 \tag{10.7.9}$$

用拉格朗日乘子 α 和 β 乘这两个式子并从中减去 $\delta\ln\Omega$，得

$$\sum_l [\ln(\omega_l + \alpha_l) - \ln \alpha_l - \alpha - \beta\omega_l]\delta\alpha_l = 0 \tag{10.7.10}$$

根据拉格朗日乘子原理，式(10.7.8) 中每一个 $\delta\alpha_l$ 的系数都必须为零：

$$\ln(\omega_l + \alpha_l) - \ln \alpha_l - \alpha - \beta\varepsilon_l = 0 \tag{10.7.11}$$

即

$$\alpha_l = \frac{\omega_l}{e^{\alpha+\beta\varepsilon_l} - 1} \tag{10.7.12}$$

这就是玻色系统中粒子的最概然分布，称为玻色-爱因斯坦分布或玻色分布。拉格朗日乘子 α 和 β 由下式确定：

$$\sum_l \frac{\omega_l}{e^{\alpha+\beta\varepsilon_l} - 1} = N, \quad \sum_l \frac{\varepsilon_l \omega_l}{e^{\alpha+\beta\varepsilon_l} - 1} = E \tag{10.7.13}$$

10.7.2　费米系统中粒子的最概然分布

现在推导费米系统中粒子的最概然分布

费米系统的 Ω 为

$$\Omega = \prod_l \frac{\omega_l!}{\alpha_l!\ (\omega_l - \alpha_l)!} \tag{10.7.14}$$

对上式取对数，得

$$\ln\Omega = \sum_l [\ln \omega_l! - \ln a_l! - \ln (\omega_l - a_l)!] \tag{10.7.15}$$

假设 $\omega_l \gg 1, a_l \gg 1, \omega_l - a_l \gg 1$,式(10.7.15)可近似为

$$\ln\Omega \approx \sum_l [\omega_l \ln \omega_l - a_l \ln a_l - (\omega_l - a_l)\ln (\omega_l - a_l)] \tag{10.7.16}$$

利用推导玻色分布类似的方法,可得费米系统中粒子的最概然分布为

$$a_l = \frac{\omega_l}{e^{\alpha+\beta\varepsilon_l}+1} \tag{10.7.17}$$

此式称为费米-狄拉克分布或费米分布。

拉格朗日乘子 α 和 β 由下式确定:

$$\sum_l \frac{\omega_l}{e^{\alpha+\beta\varepsilon_l}+1} = N, \quad \sum_l \frac{\varepsilon_l \omega_l}{e^{\alpha+\beta\varepsilon_l}+1} = E \tag{10.7.18}$$

在许多问题中,常常将 α 和 β 都当做由实验条件确定的已知参量,而由式(10.7.13)或者式(10.7.18)的两式确定系统的平均粒子数和内能。

10.7.3 平均粒子数

式(10.7.12)和式(10.7.17)分别给出了玻色系统和费米系统在最概然分布下处在能级 ε_l 的粒子数。能级 ε_l 有 ω_l 个量子态,处在其中任何一个量子态上的平均粒子数应该是相同的,因此处在能量为 ε_s 量子态 s 上的平均粒子数为

$$f_s = \frac{1}{e^{\alpha+\beta\varepsilon_s} \mp 1} \tag{10.7.19}$$

式(10.7.13)和式(10.7.18)也可表示为

$$N = \sum_s \frac{1}{e^{\alpha+\beta\varepsilon_s} \pm 1} \tag{10.7.20}$$

$$E = \sum_s \frac{\varepsilon_s}{e^{\alpha+\beta\varepsilon_s} \pm 1} \tag{10.7.21}$$

式中,$\sum_s$ 表示对粒子的所有量子状态 s 求和。

最后要说明的是,在前面玻色分布和费米分布的推导中,都应用了诸如 $a_l \gg 1, \omega_l \gg 1$ 等条件。这些条件在实际中往往不能满足,因此以上的推导是有严重缺点的。后面可用另一种方法严格地导出玻色分布和费米分布。

10.8 三种分布的关系

10.8.1 三种分布

10.6 节和 10.7 节分别导出了玻耳兹曼分布、玻色分布和费米分布:

玻耳兹曼分布为

$$a_l = \omega_l e^{-\alpha-\beta\varepsilon_l} \tag{10.8.1}$$

玻色分布为

$$a_l = \frac{\omega_l}{e^{\alpha+\beta\varepsilon_l}-1} \tag{10.8.2}$$

费米分布为

$$\alpha_l = \frac{\omega_l}{e^{\alpha+\beta\varepsilon_l}+1} \tag{10.8.3}$$

式中,参数 α 和 β 由下述条件确定

$$\sum_l a_l = N,\quad \sum_l \varepsilon_l a_l = E \tag{10.8.4}$$

10.8.2　三种分布的关系

由玻色分布和费米分布都可以看出,当 α 满足条件

$$e^{\alpha} \gg 1 \tag{10.8.5}$$

时,有

$$a_l = \frac{\omega_l}{e^{\alpha+\beta\varepsilon_s}\pm 1} \approx \frac{\omega_l}{e^{\alpha+\beta\varepsilon_s}} \tag{10.8.6}$$

这时玻色分布和费米分布都过渡到玻耳兹曼分布。同时,当式(10.8.5) 成立时,有

$$\frac{a_l}{\omega_l} = \frac{1}{e^{\alpha+\beta\varepsilon_l}} \ll 1 \qquad (\text{对所有 } l) \tag{10.8.7}$$

反过来,如果对所有的 l,式(10.8.7) 均成立,那么肯定有 $e^{\alpha} \gg 1$。所以式(10.8.7) 和式(10.8.5) 是等价的,也称式(10.8.5) 为经典极限条件或非简并条件。当非简并条件满足时,每一个量子态上的粒子数都远远地小于 1,此时,费米分布和玻色分布都过渡到玻耳兹曼分布,即

$$\Omega_{\text{B.E.}} \approx \frac{\Omega_{\text{M.B.}}}{N!} \approx \Omega_{\text{F.D.}} \tag{10.8.8}$$

在粒子可分辨的假设下,导出了玻耳兹曼分布。自然界中有些系统可看做由定域的粒子组成。例如,晶体中的原子或者离子在其平衡位置附近作微振动。这些粒子虽然就其量子本性来讲是不可分辨的,但可以根据其位置而加以区分。在这意义下就可以将定域粒子看做可分辨的粒子。因此,由定域粒子组成的系统,称为定域系统,它遵从玻耳兹曼分布。

定域系统和满足经典极限条件的玻色(费米) 系统虽然遵从同样的分布,但它们的微观状态数是不同的,前者为 $\Omega_{\text{M.B.}}$,后者为 $\Omega_{\text{M.B.}}/N!$ 因此对那些直接由分布函数导出的热力学量,两者具有相同的统计表达式。然而,对于例如熵和自由能等与微观状态有关的热力学量,两者的统计表达式有差异。

习　　题

10.1　二维线性谐振子的 μ 空间是几维的? 当给定谐振子的能量时,它的代表点在 μ 空间中描画出一条什么形状的轨道?

10.2　如果用坐标 q 和动量 p 来描述粒子的运动状态,根据量子力学的不确定关系,一个状态与 μ 空间中的一个体积相对应称它为相格。对于自由度为 4 的粒子,相格大小是多少? 对于自由度为 r 的粒子,相格大小又为多少?

10.3　一个由 N 个没有相互作用的相同粒子构成的系统的一个微观运动状态在 μ 空间中有 N 个代表点与之对应,现在交换其中任两个代表点在 μ 空间的位置,问交换前后,系统的经典微观运动状态是否相同?

10.4　设系统由 4 个相同粒子构成,粒子有两种个体量子状态,问:

(1) 粒子可以分辨,每种个体量子态上容纳的粒子数不受限制,系统可以有几个可能的不同状态?

(2) 粒子为玻色子,系统有几种可能不同状态?

(3) 粒子为费米子,系统有几种可能的不同状态?

10.5　一个孤立系统的任一分布 $\{a_l\}$ 所包含的微观状态数是1种还是多种?

10.6　试证明,在体积 V 内,在 ε 到 $\varepsilon+\mathrm{d}\varepsilon$ 的能量范围内,三维自由粒子的量子态数为

$$D(\varepsilon)\mathrm{d}\varepsilon=\frac{2\pi V}{h^3}(2m)^{\frac{3}{2}}\varepsilon^{\frac{1}{2}}\mathrm{d}\varepsilon$$

10.7　试证明,对于一维自由粒子,在长度 L 内,在 ε 到 $\varepsilon+\mathrm{d}\varepsilon$ 的能量范围内,量子态数为

$$D(\varepsilon)\mathrm{d}\varepsilon=\frac{2L}{h}\left(\frac{m}{2\varepsilon}\right)^{1/2}\mathrm{d}\varepsilon$$

10.8　试证明,对于二维自由粒子,在面积 L^2 内,在 ε 到 $\varepsilon+\mathrm{d}\varepsilon$ 的能量范围内,量子态数为

$$D(\varepsilon)\mathrm{d}\,\varepsilon=\frac{2\pi L^2}{h^2}m\mathrm{d}\varepsilon$$

10.9　在极端相对论情形下,粒子的能量动量关系为 $\varepsilon=cp$,试求在体积 V 内,ε 到 $\varepsilon+\mathrm{d}\varepsilon$ 的能量范围内,三维自由粒子的量子态数为

$$D(\varepsilon)\mathrm{d}\varepsilon=\frac{4\pi V}{(ch)^3}\varepsilon^2\mathrm{d}\varepsilon$$

10.10　设系统含有两种粒子,其粒子数分别为 N 和 N' 粒子间的相互作用很弱,可以看做是近独立的。假设粒子可以分辨,处在一种个体量子态的粒子数不受限制。试证明,在平衡状态下两种粒子的最概然分布分别为

$$a_l=\omega_l\mathrm{e}^{-\alpha-\beta\varepsilon_l}$$

和

$$a_l'=\omega_l'\mathrm{e}^{-\alpha'-\beta\varepsilon_l'}$$

式中,ε_l 和 ε_l' 是两种粒子的能级,ω_l 和 ω_l' 是能级的简并度。

讨论:如果把一种粒子看做是一个子系统,系统由两个子系统组成。以上结果表明,两个子系统具有相同的 β。

10.11　同10.5题,如果粒子是玻色子或费米子,结果如何?

10.12　设有一个盒子中理想气体有 N 个粒子.现将盒子假想为左右体积相同的两半,每个粒子就有或左或右2个微观状态,求体系微观状态的总数目和最概然分布中包含的微观状态的数目,并讨论它们什么时候相等?

第 11 章 玻耳兹曼统计

11.1 热力学量的统计表达式

在10.8节,定域系统和满足经典极限条件的玻色(费米)系统都遵从玻耳兹曼分布。本章根据玻耳兹曼分布讨论这两类系统的热力学性质。本节首先推导热力学量的统计表达式。

11.1.1 配分函数

内能是系统中粒子无规则运动总能量的统计平均值。所以

$$U=\sum_l a_l\varepsilon_l=\sum_l \varepsilon_l\omega_l \mathrm{e}^{-\alpha-\beta\varepsilon_l} \tag{11.1.1}$$

引入函数 Z_1,即

$$Z_1=\sum_l \omega_l \mathrm{e}^{-\beta\varepsilon_l} \tag{11.1.2}$$

称为粒子配分函数。由式(10.6.12) 得

$$N=\sum_l \omega_l \mathrm{e}^{-\alpha-\beta\varepsilon_l}=\mathrm{e}^{-\alpha}\sum_l \omega_l \mathrm{e}^{-\beta\varepsilon_l}=\mathrm{e}^{-\alpha}Z_1 \tag{11.1.3}$$

11.1.2 热力学量

1. 内能

式(11.1.3) 给出参量 α 与 N 和 Z_1 的关系,可以利用它消去式(11.1.1) 中的 α,经过简单的运算,可得

$$U=\mathrm{e}^{-\alpha}\left(-\frac{\partial}{\partial\beta}\right)\sum_l \omega_l \mathrm{e}^{-\beta\varepsilon_l}=\frac{N}{Z_1}\left(-\frac{\partial}{\partial\beta}\right)Z_1=-N\frac{\partial}{\partial\beta}\ln Z_1 \tag{11.1.4}$$

式(11.1.4) 是内能的统计表达式。

2. 广义力 广义功

在热力学中讲过,系统在过程中可以通过功和热量两种方法与外界交换能量。在无穷小过程中,系统在过程前、后内能的变化 $\mathrm{d}U$ 等于在过程中外界对系统所做的功 $\mathrm{d}A$ 及系统从外界吸收的热量 $\mathrm{d}Q$ 之和,即

$$\mathrm{d}U=\mathrm{d}A+\mathrm{d}Q \tag{11.1.5}$$

如果过程是准静态的,$\mathrm{d}A$ 可以表达为 $Y\mathrm{d}y$ 的形式,其中,$\mathrm{d}y$ 是外参量的改变量,Y 是与外参量 y 相应的外界对系统的广义作用力。粒子的能量是外参量的函数。一个常见的例子是式(10.2.4),其中自由粒子的能量是体积 V 的函数。由于外参量的改变,外界施于处于能级 ε_l 的一个粒子的力为 $\frac{\partial\varepsilon_l}{\partial y}$。因此,外界对系统的广义作用力为

$$Y=\sum_l \frac{\partial\varepsilon_l}{\partial y}a_l=\sum_l \frac{\partial\varepsilon_l}{\partial y}\omega_l \mathrm{e}^{-\alpha-\beta\varepsilon_l}=-\frac{N}{\beta}\frac{\partial}{\partial y}\ln Z_1 \tag{11.1.6}$$

式(11.1.6) 是广义作用力的统计表达式。它的一个重要例子是

$$p=\frac{N}{\beta}\frac{\partial}{\partial V}\ln Z_1 \tag{11.1.7}$$

在无穷小的准静态过程中，当外参量有 $\mathrm{d}y$ 的改变时，外界对系统所做的功是

$$Y\mathrm{d}y=\mathrm{d}y\sum_l\frac{\partial\varepsilon_l}{\partial y}a_l=\sum_l a_l\mathrm{d}\varepsilon_l \tag{11.1.8}$$

将内能 $U=\sum_l\varepsilon_l a_l$ 求全微分，有

$$\mathrm{d}U=\sum_l a_l\mathrm{d}\varepsilon_l+\sum_l\varepsilon_l\mathrm{d}a_l \tag{11.1.9}$$

式(11.1.9)指出，内能的改变可以分成两项，第一项是粒子分布不变时由于能级改变而引起的内能变化；第二项是粒子能级不变时由于分布改变所引起的内能变化。与式(11.1.8)比较可知，第一项代表在准静态过程中外界对系统所做的功。因此，第二项代表在准静态过程中系统从外界吸收的热量。这就是说，在准静态过程中系统从外界吸收的热量等于粒子在各能级重新分布所增加的内能。热量是热现象所特有的宏观量，与内能和广义力不同，热量没有与之相应的微观量。

3. 熵

(1) 熵的统计表达式。在热力学中讲过，系统在过程中从外界吸收的热量与过程有关，因此，$\mathrm{d}Q$ 不是全微分而只是一个无穷小量。根据热力学第二定律可以证明，$\mathrm{d}Q$ 有积分因子 $\frac{1}{T}$，用 $\frac{1}{T}$ 乘 $\mathrm{d}Q$ 后得到完整微分 $\mathrm{d}S$：

$$\mathrm{d}S=\frac{1}{T}\mathrm{d}Q=\frac{1}{T}(\mathrm{d}U-Y\mathrm{d}y) \tag{11.1.10}$$

由式(11.1.4)和式(11.1.6)可得

$$\mathrm{d}Q=\mathrm{d}U-Y\mathrm{d}y=-N\mathrm{d}\left(\frac{\partial\ln Z_1}{\partial\beta}\right)+\frac{N}{\beta}\frac{\partial\ln Z_1}{\partial y}\mathrm{d}y \tag{11.1.11}$$

用 β 乘式(11.1.11)，得

$$\beta(\mathrm{d}U-Y\mathrm{d}y)=-N\beta\mathrm{d}\left(\frac{\partial\ln Z_1}{\partial\beta}\right)+N\frac{\partial\ln Z_1}{\partial y}\mathrm{d}y \tag{11.1.12}$$

由式(11.1.2)引入的配分函数是 β,y 的函数，$\ln Z_1$ 的全微分为

$$\mathrm{d}\ln Z_1=\frac{\partial\ln Z_1}{\partial\beta}\mathrm{d}\beta+\frac{\partial\ln Z_1}{\partial y}\mathrm{d}y \tag{11.1.13}$$

因此有

$$\beta(\mathrm{d}U-Y\mathrm{d}y)=N\mathrm{d}(\ln Z_1-\beta\frac{\partial}{\partial\beta}\ln Z_1) \tag{11.1.14}$$

式(11.1.14)指出 β 也是 $\mathrm{d}Q$ 的积分因子，既然 β 与 $1/T$ 都是 $\mathrm{d}Q$ 的积分因子，可以令

$$\beta=\frac{1}{kT} \tag{11.1.15}$$

式中，$k=1.381\times10^{-23}\,\mathrm{J\cdot K^{-1}}$。根据微分方程关于积分因子的理论，当微分方程有一个积分因子时，它就有无穷多个积分因子，任意两个积分因子之比是 S 的函数。比较式(11.1.10)和式(11.1.14)，并利用式(11.1.15)，得

$$\mathrm{d}S=Nk\,\mathrm{d}\left(\ln Z_1-\beta\frac{\partial}{\partial\beta}\ln Z_1\right) \tag{11.1.16}$$

积分得

$$S = Nk\left(\ln Z_1 - \beta\frac{\partial}{\partial\beta}\ln Z_1\right) \tag{11.1.17}$$

此式即为熵的统计表达式。

(2) 熵函数的统计意义。

对式(11.1.3) 两边取对数,得

$$\ln Z_1 = \ln N + \alpha \tag{11.1.18}$$

将其代入式(11.1.17),有

$$S = k(N\ln N + \alpha N + \beta U) = k\left[N\ln N + \sum_l(\alpha + \beta\varepsilon_l)a_l\right] \tag{11.1.19}$$

由玻耳兹曼分布 $a_l = \omega_l e^{-\alpha-\beta\varepsilon_l}$ 得

$$\alpha + \beta\varepsilon_l = \ln\frac{\omega_l}{a_l} \tag{11.1.20}$$

所以

$$S = k\left[N\ln N + \sum_l a_l\ln\omega_l - \sum_l a_l\ln a_l\right] \tag{11.1.21}$$

与式(10.6.7) 比较得

$$S = k\ln\Omega \tag{11.1.22}$$

式(11.1.22) 称为玻耳兹曼关系。玻耳兹曼关系给熵函数以明确的统计意义,**某个宏观状态的熵等于玻耳兹曼常数乘以相应微观状态数的对数**。在热力学部分曾经说过,熵是混乱程度的量度,就是指式(11.1.22) 说的。某个宏观状态对应的微观状态数越多,它的混乱程度就越大,熵也越大。

应当注意的是,式(10.6.4) 中的微观状态数指的是玻耳兹曼系统的微观状态数。因此,熵的表达式(11.1.17) 和式(11.1.22) 适用于粒子可分辨系统(定域系统)。对于满足经典极限条件的玻色(费米)系统,由玻耳兹曼分布导出的内能和广义力的统计表达式仍然适用。但由于玻色(费米)系统的微观状态数为 $\Omega_{\mathrm{M.B.}}/N!$,要想使得玻耳兹曼关系式仍成立,熵的表达式(11.1.17) 和式(11.1.22) 应改为

$$S = Nk\left(\ln Z_1 - \beta\frac{\partial}{\partial\beta}\ln Z_1\right) - k\ln N! \tag{11.1.17$'$}$$

和

$$S = k\ln\frac{\Omega_{\mathrm{M.B.}}}{N!} \tag{11.1.22$'$}$$

综上所述可以知道,如果求得配分函数 Z_1,根据式(11.1.4)、式(11.1.6) 和式(11.1.17),式(11.1.17′) 就可以求得基本热力学函数内能,物态方程和熵,从而确定系统的全部平衡性质。因此 Z_1 是以 β, y(对于简单系统即 T, V) 为变量的特性函数。

4. 自由能函数

在热力学部分讲过,以 T, V 为变量的特性函数是自由能 $F = U - TS$。将式(11.1.4) 和式(11.1.17) 代入,可得

$$F = -N\frac{\partial}{\partial\beta}\ln Z_1 - NkT\left(\ln Z_1 - \beta\frac{\partial}{\partial\beta}\ln Z_1\right) = -NkT\ln Z_1 \tag{11.1.23}$$

$$F = -NkT\ln Z_1 + kT\ln N! \tag{11.1.23$'$}$$

以上两式分别适用于定域系统和满足经典极限条件的玻色(费米)系统。

11.1.3 经典统计热力学函数表达式

比较玻耳兹曼分布的量子表达式(10.6.12)和经典表达式(10.6.21)可知,配分函数的经典表达式为

$$Z_1 = \sum_l \mathrm{e}^{-\beta\varepsilon_l} \frac{\Delta\omega_l}{h_0^r} \tag{11.1.24}$$

取 $\Delta\omega_l$ 足够小,式(11.1.24)的求和便可转化为积分

$$Z_1 = \int \mathrm{e}^{-\beta\varepsilon_l} \frac{\Delta\omega_l}{h_0^r} = \int\cdots\int \mathrm{e}^{-\beta\varepsilon(p,q)} \frac{\mathrm{d}q_1\mathrm{d}q_2\cdots\mathrm{d}q_r\mathrm{d}p_1\mathrm{d}p_2\cdots\mathrm{d}p_r}{h_0^r} \tag{11.1.25}$$

因此,只要将配分函数式(11.1.2)改为式(11.1.25),内能、物态方程和熵的统计表达式(11.1.4)、式(11.1.7)、式(11.1.17)和式(11.1.22)保持不变。

下面再研究一下当选择不同的 h_0 对经典统计结果的影响。玻尔兹曼分布的经典表达式为

$$a_l = \mathrm{e}^{-\alpha-\beta\varepsilon_l} \frac{\Delta\omega_l}{h_0^r} \tag{11.1.26}$$

而由式(11.1.3)知 $\mathrm{e}^{-\alpha} = \dfrac{N}{Z_1}$,因此 a_l 也可表示为

$$a_l = \frac{N}{Z_1} \mathrm{e}^{-\beta\varepsilon_l} \frac{\Delta\omega_l}{h_0^r} \tag{11.1.27}$$

式中的 h_0^r 与配分函数 Z_1 所含的 h_0^r 相互抵消。根据配分函数式(11.1.25)求得的内能和物态方程中也不含常数 h_0^r,因此,上述结果与 h_0 的选择无关。但是根据式(11.1.17)和式(11.1.22)求得的熵中却含有 h_0。选择不同的$\dfrac{\partial\varepsilon_l}{\partial y}$值,得到的熵将相差一个常数。这说明绝对熵是量子力学的概念。

后面将看到,若选取 $h_0 = h$,并考虑到微观粒子的全同性的影响,即对于定域系统熵函数采用式(11.1.3)或式(11.1.22),而对于非定域系统,熵函数则采用式(11.1.17′)或式(11.1.22′)。在能级密集,即任意两个邻能级的能量差 $\Delta\varepsilon$ 远小于 kT 的极限条件下,经典统计的结果可作为量子统计的极限结果。

11.2 理想气体的物态方程

作为玻耳兹曼统计最简单的应用,本节讨论理想气体的物态方程。在 10.8 节说过,一般气体满足经典极限条件,遵从玻耳兹曼分布,本节将对此详细加以分析。

11.2.1 单原子分子理想气体

为简单起见,首先考虑单原子分子理想气体。后面将说明,所得结果对双原子分子或多原子分子理想气体是同样适用的。在一定近似下,可以把单原子分子看做没有内部结构的质点。理想气体忽略分子间的相互作用。因此,当没有外场时,可以把单原子分子理想气体中分子的运动看做粒子在容器内的自由运动。根据式(10.2.4),其能量表达式为

$$\varepsilon = \frac{1}{2m}(p_x^2 + p_y^2 + p_z^2) \tag{11.2.1}$$

式中，p_x, p_y, p_z 的可能值由式(10.2.7) 给出。不过在宏观大小的容器内，动量值和能量值实际上是连续的。根据式(10.2.5)，在 $\mathrm{d}x\mathrm{d}y\mathrm{d}z\mathrm{d}p_x\mathrm{d}p_y\mathrm{d}p_z$ 范围内，分子可能的微观状态数为

$$\frac{\mathrm{d}x\mathrm{d}y\mathrm{d}z\mathrm{d}p_x\mathrm{d}p_y\mathrm{d}p_z}{h^3} \tag{11.2.2}$$

将式(11.2.1) 和式(11.2.2) 代入经典统计的配分函数中，可得

$$Z_1 = \frac{1}{h^3}\int\cdots\int \mathrm{e}^{-\frac{\beta}{2m}(p_x^2+p_y^2+p_z^2)}\,\mathrm{d}x\mathrm{d}y\mathrm{d}z\mathrm{d}p_x\mathrm{d}p_y\mathrm{d}p_z \tag{11.2.3}$$

将积分求出，可得

$$Z_1 = V\left(\frac{2\pi m}{h^2\beta}\right)^{3/2} \tag{11.2.4}$$

其中，$V=\iiint \mathrm{d}x\mathrm{d}y\mathrm{d}z$ 是理想气体的体积。

根据式(11.1.7) 可求得理想气体的压强为

$$p = \frac{N}{\beta}\frac{\partial}{\partial V}\ln Z_1 = \frac{NkT}{V} \tag{11.2.5}$$

式(11.2.5) 是理想气体的物态方程。玻耳兹曼常量的数值就是将式(11.2.5) 与实验测得的物态方程 $pV=nRT$ 相比较而求得的。

11.2.2　讨论

1. *双原子或多原子分子*

分子的能量除了式(11.2.1) 给出的平动能量外，还包括振动、转动等能量。但是这些转动、振动能量不改变配分函数 Z_1 对 V 的依赖关系，所以，根据式(11.1.7) 求物态方程仍将得到式(11.2.5)。

2. *用统计理论求理想气体的物态方程*

将分子平动能量的经典表达式代入配分函数，积分后得到的配分函数与式(11.2.3) 形式相同，只需将配分函数中的 h_0^r 变成 h_0 即可。由此得到的物态方程与式(11.2.5) 完全相同。所以在这个问题上，由量子统计理论和经典统计理论得到的结果是相同的，除玻耳兹曼分布适用外，能量 ε 是准连续的变量。

3. *满足经典极限条件 $\mathrm{e}^{\alpha}\geqslant 1$ 的气体*

由式(11.1.3) 得 $\mathrm{e}^{\alpha}=Z_1/N$，再将式(11.2.4) 代入该式可得

$$\mathrm{e}^{\alpha} = Z_1/N = \frac{V}{N}\left(\frac{2m\pi kT}{h^2}\right)^{3/2} \gg 1 \tag{11.2.6}$$

由此可以看出经典极限愈易得到满足的条件，即：

(1) N/V 越小，即气体越稀薄，经典极限条件越满足；

(2) T 越大，即温度越高，经典极限条件越满足；

(3) 分子的质量 m 愈大，经典极限条件愈满足。

4. *经典极限条件的另一表达式*

气体中分子间的平均距离远大于德布罗意波的热波长。

分子的德布罗意波的平均热波长为 $\lambda=\dfrac{h}{p}=\dfrac{h}{\sqrt{2m\varepsilon}}$，若 ε 为分子热运动的平均能量，即 $\varepsilon=\dfrac{3kT}{2}$ 可得 $\lambda=\dfrac{h}{\sqrt{3mkT}}$。

将式(11.2.6)改写为

$$\left(\frac{V}{N}\right)^{1/3} \gg h\left(\frac{1}{2\pi mkT}\right)^{1/2} \tag{11.2.7}$$

式子的左边为气体中分子间的平均距离,后面接近于分子的德布罗意波的平均热波长。由此可见,气体中分子间的平均距离远大于德布罗意波的热波长。

11.3 麦克斯韦速度分布律

本节根据玻耳兹曼分布研究气体分子质心的平移运动,导出气体分子的速度分布律。

11.3.1 麦克斯韦速度分布律

设气体中含有 N 个分子,体积为 V。在11.2节中讲过,当气体满足经典极限条件,遵从玻耳兹曼分布,而且在宏观大小的容器内,分子的平动能量可以看做准连续的变量。因此,在这问题上,量子统计理论和经典统计理论给出相同的结果。为明确起见,在本节中用经典统计理论进行讨论。

玻耳兹曼分布的经典表达式是

$$a_l = e^{-\alpha-\beta\varepsilon_l}\frac{\Delta\omega_l}{h_0^r} \tag{11.3.1}$$

在没有外场时,分子质心运动能量的经典表达式为

$$\varepsilon = \frac{1}{2m}(p_x^2+p_y^2+p_z^2) \tag{11.3.2}$$

在体积 V 内,在 $\mathrm{d}p_x\mathrm{d}p_y\mathrm{d}p_z$ 的动量范围内,分子质心平动的状态数为

$$\frac{V}{h_0^3}\mathrm{d}p_x\mathrm{d}p_y\mathrm{d}p_z \tag{11.3.3}$$

因此,在体积 V 内,质心平动动量在 $\mathrm{d}p_x\mathrm{d}p_y\mathrm{d}p_z$ 范围内的分子数为

$$\frac{V}{h_0^3}e^{-\alpha-\frac{1}{2mkT}(p_x^2+p_y^2+p_z^2)}\mathrm{d}p_x\mathrm{d}p_y\mathrm{d}p_z \tag{11.3.4}$$

参数 α 由总分子数为 N 的条件定出

$$\frac{V}{h_0^3}\iiint e^{-\alpha-\frac{1}{2mkT}(p_x^2+p_y^2+p_z^2)}\mathrm{d}p_x\mathrm{d}p_y\mathrm{d}p_z = N \tag{11.3.5}$$

将积分求出,整理后可得

$$e^{-\alpha} = \frac{N}{V}\left(\frac{h_0^2}{2\pi mkT}\right)^{3/2} \tag{11.3.6}$$

将式(11.3.6)代入式(11.3.4),即可得质心动量在 $\mathrm{d}p_x\mathrm{d}p_y\mathrm{d}p_z$ 范围内的分子数为

$$N\left(\frac{1}{2\pi mkT}\right)^{3/2} e^{-\frac{1}{2mkT}(p_x^2+p_y^2+p_z^2)}\mathrm{d}p_x\mathrm{d}p_y\mathrm{d}p_z \tag{11.3.7}$$

这结果与 h_0 数值的大小无关。

如果用速度作变量,以 v_x, v_y, v_z 分别代表速度的三个分量

$$p_x = mv_x,\quad p_y = mv_y,\quad p_z = mv_z \tag{11.3.8}$$

代入式(11.3.7)便可得在 $\mathrm{d}v_x\mathrm{d}v_y\mathrm{d}v_z$ 范围内的分子数为

$$N\left(\frac{m}{2\pi kT}\right)^{3/2} e^{-\frac{m}{2kT}(v_x^2+v_y^2+v_z^2)}\mathrm{d}v_x\mathrm{d}v_y\mathrm{d}v_z \tag{11.3.9}$$

以 $n=\frac{N}{V}$ 表示单位体积内的分子数，则在单位体积内，速度在 dv_x,dv_y,dv_z 内的分子数为

$$f(v_x,v_y,v_z)dv_x dv_y dv_z = n\left(\frac{m}{2\pi kT}\right)^{3/2} e^{-\frac{m}{2kT}(v_x^2+v_y^2+v_z^2)} dv_x dv_y dv_z \tag{11.3.10}$$

式(11.3.10)就是熟知的麦克斯韦速度分布律。

函数 $f(v_x,v_y,v_z)$ 满足条件

$$\iiint_{-\infty}^{+\infty} f(v_x,v_y,v_z)dv_x dv_y dv_z = n \tag{11.3.11}$$

11.3.2　麦克斯韦速率分布律

当引入速度空间中的球坐标 v,θ,φ，以球坐标的体积元 $v^2\sin\theta dv d\theta d\varphi$ 代替直角坐标的体积元 $dv_x dv_y dv_z$，那么对 θ,φ 积分后可得，在单位体积内，速率在 dv 范围内的分子数为

$$4\pi n\left(\frac{m}{2\pi kT}\right)^{3/2} e^{-\frac{m}{2kT}v^2} v^2 dv \tag{11.3.12}$$

式(11.3.12)称为气体分子的速率分布。速率分布函数满足

$$4\pi n\left(\frac{m}{2\pi kT}\right)^{3/2}\int_0^{\infty} e^{-\frac{m}{2kT}v^2} v^2 dv = n \tag{11.3.13}$$

11.3.3　碰壁数

麦克斯韦速度分布律有广泛的应用。作为一个例子，计算**在单位时间内碰到单位面积器壁上的分子数，称为碰壁数。**

如图 11.3.1 所示，dA 是器壁上的一个面积元，其法线方向沿 x 轴。以 $d\Gamma dA dt$ 表示在 dt 时间内，碰到 dA 面积上，速率在 $dv_x dv_y dv_z$ 范围内的分子数。这分子数就是位于以 dA 为底，以 $\boldsymbol{v}(v_x,v_y,v_z)$ 为轴线，以 $v_x dt$ 为高的柱体内，速度在 $dv_x dv_y dv_z$ 范围内的分子数。柱体体积是 $v_x dA dt$，所以

$$d\Gamma dA dt = f dv_x dv_y dv_z v_x dA dt \tag{11.3.14}$$

即

$$d\Gamma = v_x f dv_x dv_y dv_z \tag{11.3.15}$$

对速度积分，v_x 从 0 到 ∞，v_y 和 v_z 从 $-\infty$ 到 $+\infty$，即可求得在单位时间内碰到单位面积的器壁上的分子数 Γ 为

$$\Gamma = \int_0^{+\infty} v_x f dv_x \int_{-\infty}^{+\infty} dv_y \int_{-\infty}^{+\infty} dv_z$$

将麦氏分布代入，求积分得

$$\Gamma = \int_0^{+\infty} v_x f dv_x \int_{-\infty}^{+\infty} dv_y \int_{-\infty}^{+\infty} dv_z = n\sqrt{\frac{kT}{2\pi m}} \tag{11.3.16}$$

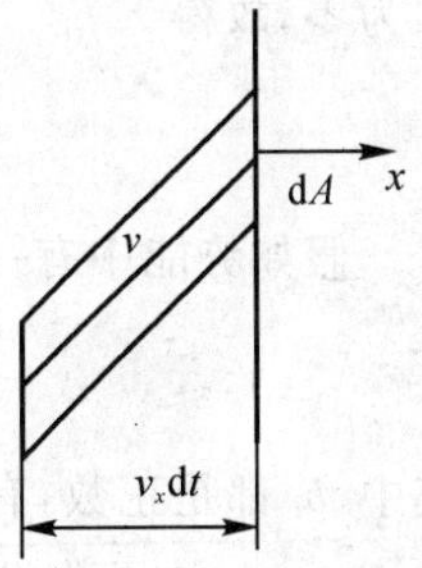

图 11.3.1　碰壁数

式(11.3.16)也可表示为

$$\Gamma = \frac{1}{4}n\bar{v} \tag{11.3.17}$$

由式(11.3.17)可以求得，在 1 atm 和 0℃ 下氮分子的每秒碰壁数为 3×10^{23}。

假设器壁有小孔，分子可以通过小孔逸出。如果小孔足够小，对容器内分子平衡分布的影响几乎可以忽略，则单位时间内逸出的分子数与碰到小孔面积上的分子数相同。**分子从小孔逸出的过程称为泻流。**

11.4 能量均分定理

本节根据经典玻耳兹曼分布导出一个重要的定理——能量均分定理,并应用能量均分定理讨论一些物质系统的热容量。

11.4.1 能量均分定理

所谓能量均分定理指对于处在温度为 T 的平衡状态的经典系统,粒子能量中每一个平方项的平均值等于$\frac{1}{2}kT$。

由经典力学知道粒子的能量是动能 ε_p 和势能 ε_q 之和。动能可以表示为动量的平方项

$$\varepsilon_p=\frac{1}{2}\sum_{i=1}^{r}a_i p_i^2 \tag{11.4.1}$$

其中系数 a_i 都是正数,有可能是 $q_1,q_2,\cdots,q_r$ 的函数,但与 $p_1,p_2,\cdots,p_r$ 无关。$\frac{1}{2}a_1p_1^2$ 的平均值为

$$\begin{aligned}\overline{\frac{1}{2}a_1p_1^2}&=\frac{1}{N}\int\frac{1}{2}a_1p_1^2\mathrm{e}^{-\alpha-\beta\varepsilon}\ \frac{\mathrm{d}q_1\mathrm{d}q_2\cdots\mathrm{d}q_r\mathrm{d}p_1\mathrm{d}p_2\cdots\mathrm{d}p_r}{h_0^r}=\\&\frac{1}{Z_1}\int\frac{1}{2}a_1p_1^2\mathrm{e}^{-\beta\varepsilon}\ \frac{\mathrm{d}q_1\mathrm{d}q_2\cdots\mathrm{d}q_r\mathrm{d}p_1\mathrm{d}p_2\cdots\mathrm{d}p_r}{h_0^r}\end{aligned} \tag{11.4.2}$$

由分部积分,得

$$\int_{-\infty}^{+\infty}\frac{1}{2}a_1p_1^2\mathrm{e}^{-\frac{\beta}{2}a_1p_1^2}\mathrm{d}p_1=\left[-\frac{p_1}{2\beta}\mathrm{e}^{-\frac{\beta}{2}a_1p_1^2}\right]_{-\infty}^{-\infty}+\frac{1}{2\beta}\int_{-\infty}^{+\infty}\mathrm{e}^{-\frac{\beta}{2}a_1p_1^2}\mathrm{d}p_1 \tag{11.4.3}$$

因为 $a_1>0$,$\left[-\frac{p_1}{2\beta}\mathrm{e}^{-\frac{\beta}{2}a_1p_1^2}\right]_{-\infty}^{+\infty}$ 当 $p_1=\pm\infty$ 时 $-\frac{\beta}{2}a_1p_1^2=-\infty$,$\mathrm{e}^{-\frac{\beta}{2}a_1p_1^2}=\mathrm{e}^{-\infty}=0$,故上式第一项为零,故得

$$\overline{\frac{1}{2}a_1p_1^2}=\frac{1}{2\beta}\ \frac{1}{Z_1}\int\mathrm{e}^{-\beta\varepsilon}\ \frac{\mathrm{d}q_1\mathrm{d}q_2\cdots\mathrm{d}q_r\mathrm{d}p_1\mathrm{d}p_2\cdots\mathrm{d}p_r}{h_0^r}=\frac{1}{2}kT \tag{11.4.4}$$

假如势能中有一部分可表示为平方项

$$\varepsilon_q=\frac{1}{2}\sum_{i=1}^{r'}b_iq_i^2+\varepsilon'_q(q'_{r+1},\cdots,q_r) \tag{11.4.5}$$

其中,b_i 都是正数,有可能是 $q_{r'+1},\cdots,q_r(r'<r)$ 的函数,而且式(11.4.1)中的系数 a_i 也只是 $q'_{r+1},\cdots,q_r$ 的函数,与 $q_1,q_2,\cdots,q_{r'}$ 无关,则可同样证明

$$\overline{\frac{1}{2}b_1q_1^2}=\frac{1}{2}kT \tag{11.4.6}$$

这样就证明了能量 ε 中每一个平方项的平均值等于$\frac{1}{2}kT$。

应用能量均分定理,可以方便得求得一些物质系统的内能和热容量。

11.4.2 气体热容量的经典理论

1. 单原子分子理想气体

单分子只有平动,其能量为

$$\varepsilon=\frac{1}{2m}(p_x^2+p_y^2+p_z^2) \tag{11.4.7}$$

有三个平方项。根据能量均分定理，当温度为 T 时，单原子分子的平均能量为

$$\varepsilon=\frac{3}{2}kT \tag{11.4.8}$$

单原子分子理想气体的内能为

$$U=\frac{3}{2}NkT \tag{11.4.9}$$

定容热容量 C_V 为

$$C_V=\frac{3}{2}Nk \tag{11.4.10}$$

由热力学公式 $C_p-C_V=Nk$，可以求得定压热容量 C_p 为

$$C_p=\frac{5}{2}Nk \tag{11.4.11}$$

因此，定压热容量与定容热容量之比 γ 为

$$\gamma=\frac{C_p}{C_V}=\frac{5}{3}=1.667 \tag{11.4.12}$$

表 11.4.1 给出了实验数据以作比较。可以看出理论结果与实验结果符合得很好。不过在前面的讨论中，完全没有考虑原子内电子的运动。原子内的电子对热容量没有贡献是经典理论所不能解释的，要量子理论才能解释。

表 11.4.1　实验数据表

气　体	温度 /K	γ
氦(He)	291	1.660
	93	1.673
氖(Ne)	292	1.642
氩(Ar)	299	1.650
	93	1.690
氪(Kr)	292	1.689
氙(Xe)	292	1.666
钠(Na)	750 ～ 926	1.680
钾(K)	660 ～ 1 000	1.640
汞(Hg)	548 ～ 629	1.666

2. 双原子分子理想气体

双原子分子的能量为

$$\varepsilon=\frac{1}{2m}(p_x^2+p_y^2+p_z^2)+\frac{1}{2I}\left(p_\theta^2+\frac{1}{\sin^2\theta}p_\varphi^2\right)+\frac{1}{2\mu}p_r^2+u(r) \tag{11.4.13}$$

双原子分子的平均能量为

$$\bar{\varepsilon}=\frac{5}{2}kT \tag{11.4.14}$$

双原子分子气体的内能和热容量为

$$U=\frac{5}{2}NkT,\quad C_V=\frac{5}{2}Nk,\quad C_p=\frac{7}{2}Nk \tag{11.4.15}$$

因此,定压热容量与定容热容量之比 γ 为

$$\gamma=\frac{C_p}{C_V}=1.40 \tag{11.4.16}$$

表 11.4.2 给出了几种双原子分子气体的定压热容量与定容热容量之比的实验数据。把实验数据和理论得到的结果进行比较,可以看到除了在低温之下的氢气以外,其余的实验结果与理论都符合。氢气在低温下的性质是经典理论所不能解释的。此外,若不考虑两原子的相对运动也缺乏根据。更合理的假设应该是两原子保持一定的平均距离而作相对振动。但是,如果采取这个假设,双原子分子的能量将有七个平方项,而能量均分定理给出的结果将与实验结果也不符。这一点也是经典理论所不能解释的。

表 11.4.2　实验数据表

气体	温度 /K	γ
氢(H_2)	289 197 92	1.407 1.453 1.597
氮(N_2)	293 92	1.398 1.419
氧(O_2)	293 197 92	1.398 1.411 1.404
CO	291 93	1.396 1.417
NO	288 228 193	1.38 1.39 1.38
HCl	290 ~ 373	1.40

11.4.3　固体热容量的经典理论

固体中的原子可以在其平衡位置附近作微振动。假设各原子的振动是相互独立的简谐振动。原子在一个自由度上的能量为

$$\varepsilon=\frac{1}{2m}p^2+\frac{1}{2}m\omega^2q^2 \tag{11.4.17}$$

由于每个原子有 3 个自由度,根据能量均分定理,当温度为 T 时,一个原子的平均能量为

$$\bar{\varepsilon}=3kT \tag{11.4.18}$$

因此,固体的内能为

$$U = 3NkT \tag{11.4.19}$$

定容热容量为

$$C_V = 3Nk \tag{11.4.20}$$

通常实验测量的固体热容量是定压热容量 C_p，两者在固体情形下有点差别，要使理论结果与实验结果能更好地比较，需要应用热力学公式

$$C_p - C_V = \frac{TV\alpha^2}{K_T} \tag{11.4.21}$$

把实验测得的 C_p 换成 C_V。将理论结果与实验结果比较，在室温和高温范围内符合很好。但在低温范围，实验发现固体的热容量随温度降低得很快，当温度趋近绝对零度时，热容量也趋近于零，这个事实经典理论不能解释。此外金属中存在自由电子，如果将能量均分定理应用于电子，自由电子的热容量与离子振动的热容量相比，可忽略不计。这个事实经典理论也不能解释。

11.4.4　平衡辐射

考虑一个封闭的空窖，窖壁原子不断地向空窖发射并从空窖吸收电磁波，经过一定的时间以后，空窖内的电磁辐射与吸收达到平衡，称为平衡辐射，二者具有共同的温度 T。

空窖内的辐射场可以分解为无穷多个单色平面波的叠加。如果采用周期性边界条件，单色平面波的电场分量可表示为

$$E = E_0 \mathrm{e}^{i(\boldsymbol{k}r - \omega t)} \tag{11.4.22}$$

式中，ω 是圆频率；$\boldsymbol{k}$ 是波矢。$\boldsymbol{k}$ 的三个分量 k_x, k_y, k_z 的可能值分别为

$$\left.\begin{aligned} k_x &= \frac{2\pi}{L}n_x, \quad n_x = \pm 1, \pm 2, \cdots \\ k_y &= \frac{2\pi}{L}n_y, \quad n_y = \pm 1, \pm 2, \cdots \\ k_z &= \frac{2\pi}{L}n_z, \quad n_z = \pm 1, \pm 2, \cdots \end{aligned}\right\} \tag{11.4.23}$$

E_0 有两个偏振方向，这两个偏振方向与 $\boldsymbol{k}$ 垂直，并且相互垂直。单色平面波的磁场分量也有相应的表示。将式(11.4.22) 代入波动方程

$$\nabla^2 E - \frac{1}{c^2}\frac{\partial^2}{\partial t^2}E = 0 \tag{11.4.24}$$

可得，ω 与 $\boldsymbol{k}$ 间存在关系

$$\omega = ck \tag{11.4.25}$$

式中，c 是电磁波在真空中的传播速度。

具有一定波矢 $\boldsymbol{k}$ 和一定偏振的单色平面波可以看做辐射场的一个自由度。它以圆频率 ω 随时间做简谐变化，因此相应于一个振动自由度。另外由式(11.4.23) 可求得体积 V 内，在 $\mathrm{d}k_x\mathrm{d}k_y\mathrm{d}k_z$ 的波矢范围内，辐射场的振动自由度数为 $V\mathrm{d}k_x\mathrm{d}k_y\mathrm{d}k_z/4\pi^3$。利用式(11.4.25) 将 $\boldsymbol{k}$ 换成 ω，可求得，在体积 V 内，在 $\omega \to \omega + \mathrm{d}\omega$ 圆频率范围内，辐射场的振动自由度为

$$D(\omega)\mathrm{d}\omega = \frac{V}{\pi^2 c^3}\omega^2 \mathrm{d}\omega \tag{11.4.26}$$

根据能量均分定理，当温度为 T 时，每一振动自由度的平均能量为 $\varepsilon = kT$。所以在体积 V 内，在 $\mathrm{d}\omega$ 范围内平衡辐射的内能为

$$U_\omega \mathrm{d}\omega = D(\omega) kT \mathrm{d}\omega = \frac{V}{\pi^2 c^3}\omega^2 kT \mathrm{d}\omega \tag{11.4.27}$$

这结果是瑞利和金斯得到的，称为瑞利-金斯公式。

如图 11.4.1 所示画出了瑞利-金斯公式的曲线和实验曲线，将其进行比较可知：在低频范围内二者符合得很好，但在高频（紫外）范围二者有很大的差异，理论曲线无限上升，而实验曲线经过极大后迅速地降到零。

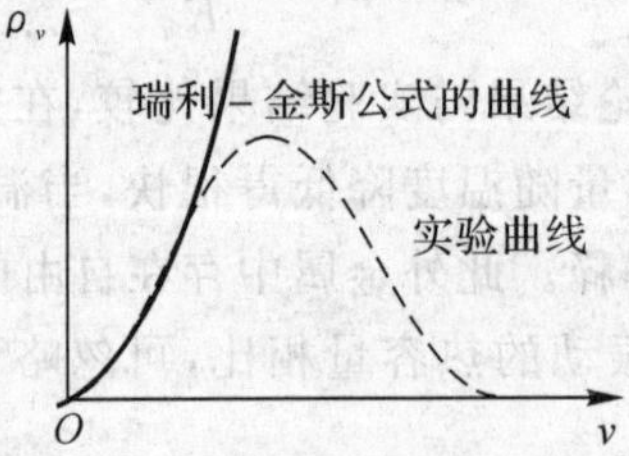

图 11.4.1　瑞利-金斯公式的曲线

根据瑞利-金斯公式，在有限温度下平衡辐射的总能量是发散的，即

$$U = \int_0^\infty U_\omega \mathrm{d}\omega = \frac{V}{\pi^2 c^3}\int_0^\infty \omega^2 kT \mathrm{d}\omega \to \infty \tag{11.4.28}$$

由此还可以得到，平衡辐射的定容热容量也是发散的。这样的话，辐射场也就不可能与其他物体（例如窖壁）达到平衡，这与常识不符。而导致这个荒谬结论的原因在于根据经典电动力学辐射场具有无穷多个振动自由度，而根据经典统计的能量均分定理，每个振动自由度在温度为 T 时的平均能量为 kT。由此可以看出，经典物理存在根本性的原则困难。

在热力学部分讲过，平衡辐射的能量与温度的四次方成正比，是一个有限值：

$$U = \sigma T^4 V \tag{11.4.29}$$

因此式(11.4.28)与实验结果不符。

综上所述，经典统计的能量均分定理既得到一些与实验相符的结果，又有许多结论与实验不符。这些问题在量子理论中得到解决。在历史上，普朗克就是在解决平衡辐射的紫外困难时首先提出了量子概念的。

11.5　理想气体的内能和热容量

11.4 节根据经典统计的能量均分定理讨论了理想气体的内能和热容量，所得结果与实验结果大体相符，但是有几个问题没有得到合理的解释。第一，原子内的电子对气体的热容量为什么没有贡献。第二，双原子分子的振动在常温范围内为什么对热容量没有贡献。第三，低温下氢的热容量所得结果与实验不符。这些问题都要用量子理论才能解释。本节以双原子分子理想气体为例讲述理想气体内能和热容量的量子统计理论。

11.5.1　理想气体内能和热容量的量子统计理论

如果暂不考虑原子内电子的运动，在一定近似下双原子分子的能量可以表示为平动能 ε^t、振动能 ε^v、转动能 ε^r 之和

$$\varepsilon = \varepsilon^t + \varepsilon^v + \varepsilon^r \tag{11.5.1}$$

以 $\omega^t, \omega^v, \omega^r$ 分别表示平动、振动、转动能级的简并度，则配分函数 Z_1 可表示为

$$\omega = \omega^t \omega^v \omega^r \tag{11.5.2}$$

$$Z_1 = \sum_l \omega_l e^{-\beta \varepsilon_l} = Z_1^t Z_1^v Z_1^r \tag{11.5.3}$$

也就是说，总的配分函数 Z_1 可以写成平动配分函数 Z_1^t，振动配分函数 Z_1^v 和转动配分函数 Z_1^r 之积。

双原子分子理想气体的内能为

$$U = N \frac{\partial}{\partial \beta} \ln Z_1 = U^t + U^v + U^r \tag{11.5.4}$$

定容热容量为

$$C_V = \left(\frac{\partial U}{\partial T}\right)_V = C_V^t + C_V^v + C_V^r \tag{11.5.5}$$

即内能和热容量可以表示为平动、转动和振动等项之和。

1. 平动

首先考虑平动对内能和热容量的贡献。平动配分函数 Z_1^t 已由式(11.2.4) 给出为

$$Z_1^t = V\left(\frac{2\pi m}{h^2 \beta}\right)^{3/2} \tag{11.5.6}$$

因此

$$U^t = -N \frac{\partial}{\partial \beta} \ln Z_1^t = -N \frac{1}{Z_1^t} \frac{\partial}{\partial \beta} Z_1^t = \frac{3}{2} NkT \tag{11.5.7}$$

$$C_V^t = \left(\frac{\partial U^t}{\partial T}\right)_V = \frac{3}{2} Nk \tag{11.5.8}$$

式(11.5.7) 与由经典统计的能量均分定理得到的结果一致。

2. 振动

在一定的近似下双原子分子中两原子的相对振动可以看成线性谐振子。以 ω 表示振子的圆频率，振子的能级为

$$\varepsilon_n = \left(n + \frac{1}{2}\right) \hbar \omega, \quad n = 0, 1, 2, \cdots \tag{11.5.9}$$

振动配分函数为

$$Z_1^v = \sum_{n=0}^{\infty} e^{-\beta \hbar \omega (n+1/2)} = e^{-\frac{\beta \hbar \omega}{2}} \sum_{n=0}^{\infty} e^{-\beta \hbar \omega n} \tag{11.5.10}$$

利用公式

$$1 + x + x^2 + \cdots + x^n = \frac{1}{1-x}, (|x| < 1) \tag{11.5.11}$$

将式(11.5.10) 中的因子 $e^{-\beta \hbar \omega}$ 看做 x，可以将振动配分函数 Z_1^v 表达为

$$Z_1^v = \sum_{n=0}^{\infty} e^{-\beta \hbar \omega (n+1/2)} = \frac{e^{-\beta \hbar \omega}}{1 - e^{-\beta \hbar \omega}} \tag{11.5.12}$$

因此振动对内能的贡献为

$$U^v = -N \frac{\partial}{\partial \beta} \ln Z_1^v = -N \frac{1}{Z_1^v} \frac{\partial}{\partial \beta} Z_1^v = \frac{N\hbar \omega}{2} + \frac{N\hbar \omega}{e^{\beta \hbar \omega} - 1} \tag{11.5.13}$$

式中，第一项是 N 个振子的零点能量，与温度无关；第二项是温度为 T 时，N 个振子的热激发能量。

振动对定容热容量的贡献为

$$C_V^v = \left(\frac{\partial U}{\partial T}\right)_V = Nk\left(\frac{\hbar\omega}{kT}\right)^2 \frac{e^{\hbar\omega/kT}}{(e^{\hbar\omega/kT}-1)^2} \tag{11.5.14}$$

引入**振动特征温度** θ_v，即

$$k\theta_v = \hbar\omega \tag{11.5.15}$$

$$\beta\hbar\omega = \frac{1}{kT}k\theta_v = \frac{\theta_v}{T} \tag{11.5.16}$$

可以将式(11.5.13) 和式(11.5.14) 表示为

$$U^v = \frac{Nk\theta_v}{2} + \frac{Nk\theta_v}{e^{\frac{\theta_v}{T}}-1} \tag{11.5.17}$$

$$C_V^v = Nk\left(\frac{\theta_v}{T}\right)^2 \frac{e^{\theta_v/T}}{(e^{\theta_v/T}-1)^2} \tag{11.5.18}$$

式(11.5.5) 引入的 θ_v 取决于分子的振动频率，可以由分子光谱的数据定出。

由于双原子分子的振动特征温度是 10^3 K 的量级，在常温下有 $T \ll \theta_v, \theta_v/T \gg 1, e^{\frac{\theta_v}{T}}-1 \approx e^{\frac{\theta_v}{T}}$。因此 U^v 和 C_V^v 可近似为

$$U^v = \frac{Nk\theta_v}{2} + Nk\theta_v e^{-\frac{\theta_v}{T}} \tag{11.5.13$'$}$$

$$C_V^v = Nk\left(\frac{\theta_v}{T}\right)^2 e^{-\theta_v/T} \tag{11.5.14$'$}$$

式(11.5.14′) 指出，在常温范围，振动自由度对热容量的贡献接近于零。其原因可以这样理解，在常温范围双原子分子的振动能级间距 $\hbar\omega$ 远大于 kT。由于能级分立，振子必须取得能量 $\hbar\omega$ 才有可能跃迁到激发态。在 $T \ll \theta_v$ 的情形下，振子取得 $\hbar\omega$ 的热运动能量而跃迁到激发态的概率是极小的。因此平均而言，几乎全部振子都冻结在基态。当气体温度升高时，它们也几乎不吸收能量。这就是在常温下振动自由度不参与能量均分的原因。

3. 转动

(1) 异核双原子分子的转动(CO，NO，HCl)。

转动能级为

$$\varepsilon^r = \frac{l(l+1)\hbar^2}{2I}, \quad l = 0,1,2,\cdots \tag{11.5.19}$$

l 为转动量子数。能级的兼并度为 $2l+1$，因此转动配分函数为

$$Z_1^r = \sum_{l=0}^{\infty}(2l+1)e^{-\frac{l(l+1)\hbar^2}{2IkT}} \tag{11.5.20}$$

引入转动特征温度 θ_r，即

$$\frac{\hbar^2}{2I} = k\theta_r, \quad \frac{\hbar^2}{2IkT} = \frac{k\theta_r}{kT} = \frac{\theta_r}{T} \tag{11.5.21}$$

可以将 Z_1^r 表为

$$Z_1^r = \sum_{l=0}^{\infty}(2l+1)e^{-\frac{\theta_r}{T}l(l+1)} \tag{11.5.20$'$}$$

式中，θ_r 取决于分子的转动惯量，可以由分子光谱的数据定出。

在常温范围，$\frac{\theta_r}{T} \ll 1$。在这情形下当 l 改变时，$\frac{\theta_r}{T}l(l+1)$ 可以近似看成准连续变量。因

此，式(11.5.20′)的求和可以用积分代替。令 $x=l(l+1)\dfrac{\theta_r}{T}$，$\mathrm{d}x=(2l+1)\dfrac{\theta_r}{T}$，$\mathrm{d}l=1$，即有

$$Z_1^r=\frac{T}{\theta_r}\int_0^\infty \mathrm{e}^{-x}\mathrm{d}x=\frac{T}{\theta_r}=\frac{2I}{\beta\hbar^2} \tag{11.5.22}$$

由此得

$$U^r=-N\frac{\partial}{\partial\beta}\ln Z_1^r=NkT \tag{11.5.23}$$

$$C_V^r=Nk \tag{11.5.24}$$

正是经典统计能量均分定理的结果。这是易于理解的，在常温范围转动能级间距远小于 kT，因此，转动能量可以看成准连续的能量。在这种情形下，量子统计和经典统计得到的转动热容量相同。

(2) 同核双原子分子 H_2。

若两个氢核的自旋是平行的，转动量子数只能取奇数，称为正氢状态。若两个氢核的自旋是反平行的，则转动量子数只能取偶数，称为仲氢状态。这两种状态的转变概率极小，在通常状态下，正氢占四分之三，仲氢占四分之一，可以认为氢气是正氢和仲氢的混合物。

正氢配分函数为

$$Z_{1\mathrm{o}}^r=\sum_{l=1,3,\cdots}(2l+1)\mathrm{e}^{-\frac{\theta_r}{T}l(l+1)} \tag{11.5.25}$$

仲氢的配分函数为

$$Z_{1\mathrm{p}}^r=\sum_{l=0,2,4,\cdots}(2l+1)\mathrm{e}^{-\frac{\theta_r}{T}l(l+1)} \tag{11.5.26}$$

则氢的转动配分函数的对数可表示为

$$\ln Z_1^r=\frac{3}{4}\ln Z_{1\mathrm{o}}^r+\frac{1}{4}\ln Z_{1\mathrm{p}}^r \tag{11.5.27}$$

根据从配分函数求内能和热容量的熟知公式，由式(11.5.27)可求出氢的转动热容量。氢的转动特征温度 $\theta_r=85.4\mathrm{K}$。当 $T\gg\theta_r$ 时，氢分子可以处在转动量子数大的转动状态。对式(11.5.26)求和可近似为

$$\sum_{l=0,2,\cdots}^{\infty}\cdots=\sum_{l=1,3,\cdots}^{\infty}\cdots\approx\frac{1}{2}\sum_{l=0,1,2,\cdots}^{\infty}\cdots \tag{11.5.28}$$

并用积分代替求和。与式(11.5.24)相似，仍然得到

$$C_V^r=Nk \tag{11.5.29}$$

这与能量均分定理的结果是一致的。

由量子力学可知在原子核势场中电子的激发态能量与最低态能量之差，大约是 $10^{-19}\sim10^{-18}\mathrm{J}$ 的数量级，相应的特征温度为 $10^4\sim10^5\mathrm{K}$。在此情况下，常温已是很好的低温，因而热运动不足以使电子取得足够的能量而跃迁到激发态。所以电子都“冻结”在基态，对热容量没有贡献。

当利用 $\varepsilon=\varepsilon^t+\varepsilon^v+\varepsilon^r$ 来研究双原子分子理想气体的热容量时，需要指出，分子中两个原子核的平动、转动、振动三种运动状态并不是互相孤立的。例如，由振动能级的变化，会引起两原子之间平衡距离的变化，这种变化又会影响到转动惯量 $I=\mu r^2$ 的值，从而影响转动运动；在讨论中，忽略了这些影响而认为平动、转动、振动是相互独立的，因此，所得的结果仅是初级近似的结果。

上面讲述了理想气体内能和热容量的量子统计理论，并将结果与经典统计的能量均分定理所得的结果作了比较。从中看到，在玻耳兹曼分布适用的情形下，如果任意两个相邻能级的能量差 $\Delta\varepsilon$ 远小于热运动能量 kT，粒子的能量就可以看做准连续的变量，由量子统计和经典统计得到的内能和热容量是相同的。

11.5.2　理想气体内能和热容量的经典统计理论

前面得到的内能和热容量的经典统计结果是从能量均分定理得到的。然而通过配分函数求热力学量是经典玻耳兹曼统计的一般程序。下面用经典配分函数求异核双原子分子的热容量。

异核双原子分子能量为

$$\varepsilon=\frac{1}{2m}(p_x^2+p_y^2+p_z^2)+\frac{1}{2I}\left(p_\theta^2+\frac{1}{\sin^2\theta}p_\varphi^2\right)+\frac{1}{2\mu}(p_r^2+\mu^2\omega^2r^2) \tag{11.5.30}$$

第一项是质心的平动能量，其中，m 是分子的质量，等于两个原子的质量之和，即 $m=m_1+m_2$；第二项是分子绕质心的转动能量，$\mu=\dfrac{m_1m_2}{m_1+m_2}$ 是约合质量，r 是两个原子之间的距离；第三项是两原子相对运动（简谐振动）的能量，$\dfrac{1}{2\mu}p_r^2$ 是相对运动的动能。

代入经典配分函数的表达式(11.1.25)有

$$Z_1=\int e^{-\beta\varepsilon_l}\frac{\Delta\omega_l}{h_0^r}=\int\cdots\int e^{-\beta\varepsilon(p,q)}\frac{dq_1dq_2\cdots dq_rdp_1dp_2\cdots dp_r}{h_0^r} \tag{11.5.31}$$

得

$$Z_1=Z_1^tZ_1^vZ_1^r \tag{11.5.32}$$

代入配分函数

$$\begin{aligned}Z_1=&\sum e^{-\beta\varepsilon_l}\frac{\Delta\omega_l}{h_0^r}=\int\cdots\int e^{-\beta\varepsilon(p,q)}\frac{dq_1dq_2\cdots dq_rdp_1dp_2\cdots dp_r}{h_0^r}=\\&\int\cdots\int e^{-\frac{\beta}{2m}(p_x^2+p_y^2+p_z^2)}\frac{dxdxdydp_xdp_ydp_z}{h_0^3}\times\iint e^{-\frac{\beta}{2\mu}(p_r^2+\mu^2\omega^2r^2)}\frac{drdp_r}{h_0}\times\\&\int\cdots\int e^{-\frac{\beta}{2I}(p_\theta^2+\frac{1}{\sin^2\theta}p_\varphi^2)}\frac{d\theta d\varphi dp_\theta dp_\varphi}{h_0^2}=Z_1^tZ_1^vZ_1^r\end{aligned} \tag{11.5.33}$$

平动配分函数为

$$Z_1^t=\frac{1}{h_0^3}\int\cdots\int e^{-\frac{\beta}{2m}(p_x^2+p_y^2+p_z^2)}dxdydzdp_xdp_ydp_z=V\left(\frac{2m\pi}{\beta h_0^2}\right)^{3/2} \tag{11.5.34}$$

振动配分函数为

$$\begin{aligned}Z_1^v=&\iint e^{-\frac{\beta}{2\mu}(p_r^2+\mu^2\omega^2r^2)}\frac{drdp_r}{h_0}=\frac{1}{h_0}\int_{-\infty}^{+\infty}e^{-\frac{\beta}{2\mu}p_r^2}dp_r\int_{-\infty}^{+\infty}e^{-\frac{\beta\mu^2\omega^2}{2\mu}r^2}dr=\\&\frac{1}{h_0}\left(\frac{2\pi\mu}{\beta}\right)^{1/2}\left(\frac{2\pi\mu}{\beta\mu^2\omega^2}\right)^{1/2}=\frac{2\pi}{h_0\beta\omega}\end{aligned} \tag{11.5.35}$$

转动配分函数为

$$\begin{aligned}Z_1^r=&\int\cdots\int e^{-\frac{\beta}{2I}(p_\theta^2+\frac{1}{\sin^2\theta}p_\varphi^2)}\frac{d\theta d\varphi dp_\theta dp_\varphi}{h_0^2}=\\&\frac{1}{h_0^2}\int_0^{2\pi}d\varphi\int_0^{\pi}d\theta\int_{-\infty}^{+\infty}e^{-\frac{\beta}{2I}p_\theta^2}dp_\theta\int_{-\infty}^{+\infty}e^{-\frac{\beta}{2I\sin^2\theta}p_\varphi^2}dp_\varphi=\end{aligned}$$

$$\frac{2\pi}{h_0^2}\int_0^{\pi}\mathrm{d}\theta\left(\frac{2\pi I}{\beta}\right)^{1/2}\left(\frac{2\pi I\sin^2\theta}{\beta}\right)^{1/2}=$$

$$\frac{4\pi^2 I}{h_0^2\beta}\int_0^{\pi}\sin\theta\mathrm{d}\theta=\frac{8\pi^2 I}{h_0^2\beta} \tag{11.5.36}$$

内能和热容量

$$\left.\begin{aligned} U^t&=-N\frac{\partial}{\partial\beta}\ln Z_1^t=-N\frac{\partial}{\partial\beta}\left[-\frac{3}{2}\ln\beta+\ln V\left(\frac{2\pi m}{h_0^2}\right)^{\frac{3}{2}}\right]=\frac{3}{2}NkT\\ U^v&=-N\frac{\partial}{\partial\beta}\ln Z_1^v=-N\frac{\partial}{\partial\beta}\left[-\ln\beta+\ln\left(\frac{2\pi}{h_0\omega}\right)\right]=NkT\\ U^r&=-N\frac{\partial}{\partial\beta}\ln Z_1^r=-N\frac{\partial}{\partial\beta}\left[-\ln\beta+\ln\left(\frac{8\pi^2 I}{h_0^2}\right)\right]=NkT \end{aligned}\right\} \tag{11.5.37}$$

$$\left.\begin{aligned} C_V^t&=\left(\frac{\partial U^t}{\partial T}\right)_V=\frac{3}{2}Nk\\ C_V^v&=\left(\frac{\partial U^v}{\partial T}\right)_V=Nk\\ C_V^r&=\left(\frac{\partial U^r}{\partial T}\right)_V=Nk \end{aligned}\right\} \tag{11.5.38}$$

其结果与能均分定理结果一致。同时也看到内能和热容量的大小与 h_0 无关。

例 11.5.1　已知粒子遵从经典玻耳兹曼分布，其能量表达式为

$$\varepsilon=\frac{1}{2m}(p_x^2+p_y^2+p_z^2)+ax^2+bx$$

式中，a，b 是常数，求粒子的平均能量。

解
$$\varepsilon=\frac{p^2}{2m}+a\left(x^2+\frac{bx}{a}+\frac{b^2}{4a^2}\right)-\frac{b^2}{4a}=$$

$$\frac{1}{2m}(p_x^2+p_y^2+p_z^2)+a\left(x+\frac{b}{2a}\right)^2-\frac{b^2}{4a} \tag{1}$$

由上式可以看到共有四个平方项，那么根据能量均分定理，有

$$\bar{\varepsilon}=4\times(1/2)Tk-\frac{b^2}{4a}=2kT-\frac{b^2}{4a} \tag{2}$$

11.6　理想气体的熵

比较用经典统计方法和量子统计方法得到的理想气体的熵。为简单起见，只讨论单原子分子理想气体的熵。

11.6.1　经典统计方法

将组成理想气体的单原子分子看做经典粒子，其配分函数

$$Z_1=\sum_l\frac{\Delta\omega_l}{h_0^3}\mathrm{e}^{-\beta\varepsilon_l}=\sum_l\frac{\mathrm{d}x\mathrm{d}y\mathrm{d}z\mathrm{d}p_x\mathrm{d}p_y\mathrm{d}p_z}{h_0^3}\mathrm{e}^{-\beta\varepsilon_l}=V\left(\frac{2m\pi}{\beta h_0^2}\right)^{3/2} \tag{11.6.1}$$

$$S_C=Nk\left(\ln Z_1-\beta\frac{\partial}{\partial\beta}\ln Z_1\right)=$$

$$\frac{3}{2}Nk\ln T+Nk\ln V+\frac{3}{2}Nk\left[1+\ln\left(\frac{2\pi mk}{h_0^2}\right)\right] \tag{11.6.2}$$

11.6.2 量子统计方法

将组成理想气体的单原子分子看做满足经典极限条件的玻色(费米)系统。

$$Z_1=\sum_l \omega_l e^{-\beta\varepsilon_l}=\sum_l \frac{dxdydzdp_xdp_ydp_z}{h^3}e^{-\beta\varepsilon_l}=$$

$$\frac{1}{h^3}\int\cdots\int e^{-\frac{1}{2m}(p_x^2+p_y^2+p_z^2)}dxdydzdp_xdp_ydp_z=V\left(\frac{2m\pi}{\beta h^2}\right)^{3/2} \tag{11.6.3}$$

$$S_Q=Nk\left(\ln Z_1-\beta\frac{\partial}{\partial\beta}\ln Z_1\right)-k\ln N!\ =$$

$$\frac{3}{2}Nk\ln T+Nk\ln\frac{V}{N}+\frac{3}{2}Nk\left[\frac{5}{3}+\ln\left(\frac{2\pi mk}{h^2}\right)\right] \tag{11.6.4}$$

11.6.3 两种方法得到的熵之差别

将式(11.6.2)与式(11.6.4)比较,可以看出以下差别:

(1)量子统计得到的熵满足广延量的性质,但经典统计得到的熵不满足广延量的性质。

$$S_Q=\frac{3}{2}Nk\ln T+Nk\ln\frac{V}{N}+\frac{3}{2}Nk\left[\frac{5}{3}+\ln\left(\frac{2\pi mk}{h^2}\right)\right]=$$

$$n\left\{\frac{3}{2}N_0k\ln T+N_0k\ln\frac{V_m}{N_0}+\frac{3}{2}N_0k\left[\frac{5}{3}+\ln\left(\frac{2\pi mk}{h^2}\right)\right]\right\}=nS_{Qm} \tag{11.6.5}$$

$$S_C=\frac{3}{2}Nk\ln T+Nk\ln V+\frac{3}{2}Nk\left[1+\ln\left(\frac{2\pi mk}{h_0^2}\right)\right]\neq nS_{Cm} \tag{11.6.6}$$

(2)量子统计得到的熵为绝对熵,其中不含任意常数,但经典统计得到的熵因 h_0 的不同而有不同的相加常数。

(3)若在经典统计得到的结果中选择 $h_0=h$,同时计及粒子全同性的影响。

$$-k\ln N!\ =-Nk\ln N+kN$$

则经典统计的熵转化为绝对熵。

$$S_C=\frac{3}{2}Nk\ln T+Nk\ln V+\frac{3}{2}Nk\left[1+\ln\left(\frac{2\pi mk}{h_0^2}\right)\right]=S_Q \tag{11.6.7}$$

11.6.4 单原子分子理想气体的化学势为负值

用量子统计方法计算单原子分子理想气体的化学势。

由热力学基本方程

$$dF=-SdT-pdV+\mu dN$$

和

$$F=-NkT\ln Z_1+kT\ln N!\ =-NkT\ln Z_1+kTN\ln N-NkT$$

有

$$\mu=\left(\frac{\partial F}{\partial N}\right)_{T,V}=-kT\ln Z_1+kT\frac{\partial}{\partial N}\ln N! \tag{11.6.8}$$

根据 $\ln N!\ =N(\ln N-1)$ 的近似,可得

$$\frac{\partial}{\partial N}\ln N!\ =\frac{\partial}{\partial N}[N(\ln N-1)]=\ln N \tag{11.6.9}$$

则

$$\mu=\left(\frac{\partial F}{\partial N}\right)_{T,V}=-kT\ln\frac{Z_1}{N} \tag{11.6.10}$$

再将 $Z_1=V\left(\frac{2m\pi}{\beta h^3}\right)^{3/2}$ 代入式(11.6.10)，得

$$\mu=-kT\ln\frac{Z_1}{N}=kT\ln\left[\frac{N}{V}\left(\frac{h^2}{2\pi mkT}\right)^{3/2}\right] \tag{11.6.11}$$

当满足经典极限条件 $e^{\alpha}=\frac{V}{N}\left(\frac{2m\pi kT}{h^2}\right)^{3/2}\gg 1$ 时，$\mu<0$ 为负值。而理想气体满足经典极限条件 $\frac{V}{N}\left(\frac{2m\pi kT}{h^2}\right)^{3/2}\gg 1$，所以理想气体的化学势是负的。

例 11.6.1　双原子分子理想气体的振动熵。

解　双原子分子理想气体的振动配分函数为

$$Z_1^v=\frac{e^{-\beta\hbar\omega/2}}{1-e^{-\beta\hbar\omega}} \tag{1}$$

对其双边取对数，得

$$\ln Z_1=-\beta\hbar\omega/2-\ln(1-e^{-\beta\hbar\omega}) \tag{2}$$

再对式(2) 双边取偏导得

$$\frac{\partial\ln Z_1}{\partial\beta}=-\hbar\omega/2-\frac{\hbar\omega e^{-\beta\hbar\omega}}{1-e^{\beta\hbar\omega}} \tag{3}$$

双原子分子理想气体满足经典极限条件，将其代入玻耳兹曼系统熵的表达式，有

$$S=Nk\left(\ln Z_1-\beta\frac{\partial}{\partial\beta}\ln Z_1\right)=Nk\left(\frac{\theta_v}{T}\right)\frac{1}{e^{\frac{\theta_v}{T}}-1}-Nk\ln\left(1-e^{-\frac{\theta_v}{T}}\right) \tag{4}$$

式中，$\hbar\omega=k\theta_v$。

例 11.6.2　对于双原子分子，常温下 kT 远大于转动的能级间距。试求双原子分子理想气体的转动熵。

解　由式(11.5.4) 转动配分函数，有

$$Z_1^r=\frac{2I}{\beta\hbar^2} \tag{1}$$

对其两边求对数，得

$$\ln Z_1^r=\ln\frac{2I}{\beta\hbar^2} \tag{2}$$

在对式(2) 两边取偏导，得

$$\frac{\partial\ln Z_1^r}{\partial\beta}=-\frac{1}{\beta} \tag{3}$$

根据题意有 $\frac{\Delta\omega}{kT}\ll 1$，即满足经典极限条件，那么

$$S=Nk\left(\ln Z_1^r-\beta\frac{\partial}{\partial\beta}\ln Z_1^r\right)=Nk+Nk\ln\left(\frac{T}{\theta_r}\right) \tag{4}$$

其中，$\frac{\hbar^2}{2I}=k\theta_r$。

11.7　固体热容量的爱因斯坦理论

11.7.1　固体的内能

如前所述，固体中原子的热运动可以看成 $3N$ 个振子的振动。爱因斯坦假设这 $3N$ 个振子的频率都相同。以 ω 表示振子的圆频率，振子的能量级为

$$\varepsilon_n=\left(n+\frac{1}{2}\right)\hbar\omega,\quad n=0,1,2,\cdots \tag{11.7.1}$$

由于每一个振子都定域在其平衡位置附近作振动，振子是可以分辨的，遵从玻耳兹曼分布，则配分函数为

$$Z_1=\sum_l\omega_l e^{-\beta\varepsilon_l}=\sum_{n=0}^{\infty}e^{-\beta\hbar\omega(n+1/2)}=e^{-\beta\hbar\omega/2}\sum_{n=0}^{\infty}(e^{-\beta\hbar\omega})^n=\frac{e^{-\beta\hbar\omega/2}}{1-e^{-\beta\hbar\omega}} \tag{11.7.2}$$

根据式(11.1.4)，固体的内能为

$$U=-3N\frac{\partial}{\partial\beta}\ln Z_1=-3N\frac{\partial}{\partial\beta}\left[-\frac{1}{2}\beta\hbar\omega-\ln(1-e^{-\beta\hbar\omega})\right]=3N\hbar\omega/2+\frac{3N\hbar\omega}{e^{\beta\hbar\omega}-1} \tag{11.7.3}$$

式(11.7.3)的第一项是 $3N$ 个振子的零点能量，与温度无关；第二项是温度为 T 时 $3N$ 个振子的热激发能量。

引入**爱因斯坦特征温度 θ_E，满足关系式 $k\theta_E=\hbar\omega$ 的温度称为爱因斯坦温度。**则内能可表述为

$$U=3Nk\theta_E/2+\frac{3Nk\theta_E}{e^{\theta_E/T}-1} \tag{11.7.4}$$

11.7.2　固体的热容量

固体的定容热容量为

$$C_V=\left(\frac{\partial U}{\partial T}\right)_V=3Nk\left(\frac{\hbar\omega}{kT}\right)^2\frac{e^{\hbar\omega/kT}}{(e^{\hbar\omega/kT}-1)^2} \tag{11.7.5}$$

利用爱因斯坦特征温度 θ_E，则可将热容量表示为

$$C_V=3Nk\left(\frac{\theta_E}{T}\right)^2\frac{e^{\theta_E/T}}{(e^{\theta_E/T}-1)^2} \tag{11.7.6}$$

因此根据爱因斯坦的理论，C_V 随温度降低而减少，并且 C_V 作为$\frac{\theta_E}{T}$的函数是一个普适函数。

1. 高温近似

当 $T\gg\theta_E$ 时，利用 $e^x=1+x+\frac{x^2}{2!}+\cdots$ 的前两项近似和 $e^{\theta_E/T}\approx1$，即

$$e^{\theta_E/T}-1\approx\theta_E/T$$

得

$$C_V=3Nk\left(\frac{\theta_E}{T}\right)^2\frac{e^{\theta_E/T}}{(e^{\theta_E/T}-1)^2}=3Nk \tag{11.7.7}$$

此结果与能均分定理结果一致，原因是当 $kT\gg k\theta_E=\hbar\omega$ 时，能级趋于连续，经典统计适用。

2. 低温近似

当 $T\ll\theta_E$ 时，利用 $e^{\theta_E/T}-1\approx e^{\theta_E/T}$，得

$$C_V = 3Nk\left(\frac{\theta_E}{T}\right)^2 \frac{e^{\theta_E/T}}{(e^{\theta_E/T}-1)^2} = 3Nk\left(\frac{\theta_E}{T}\right)^2 e^{-\theta_E/T} \tag{11.7.8}$$

容易证明式(11.7.8)随温度趋于零而趋于零,与实验结果定性相符。但在定量上与实验结果符合得不好。其原因是在低温范围,振子能级间距 $\hbar\omega$ 远大于 kT,能级分立,振子必须取得能量 $\hbar\omega$ 才有可能跃迁到激发态。在 $T \ll \theta_E$ 的情形下,振子取得 $\hbar\omega$ 的热运动能量而跃迁到激发态的概率是极小的。因此平均而言,几乎所有振子都冻结在基态。当温度升高时,它们几乎不吸收能量,因此对热容量没有贡献。

11.8 顺磁性固体

假设磁性离子定域在晶体的特定格点上,密度比较低,彼此相距足够远,其相互作用可以忽略。在这种情形下,顺磁性固体可以看成是由定域近独立的磁性离子组成的系统,遵从玻耳兹曼分布。

11.8.1 磁化强度 M 与磁场 B 和温度 T 的关系

最简单情形:磁性离子的总角动量量子数为 1/2,离子磁矩 μ 在外磁场中能量的可能值为 $-\mu B$(磁矩沿外磁场方向)和 μB(磁矩逆外磁场方向)。根据式(11.1.2),配分函数 Z_1 为

$$Z_1 = e^{\beta\mu B} + e^{-\beta\mu B} \tag{11.8.1}$$

再根据式 $Y = -\dfrac{N}{\beta}\dfrac{\partial}{\partial y}\ln Z_1$ 及 $dA = -\mu_0 M dH$ 知,顺磁性固体的磁化强度 M(单位体积内的磁矩)可通过配分函数求出:

$$M = \frac{n}{\beta}\frac{\partial}{\partial B}\ln Z_1 \tag{11.8.2}$$

式中,n 表示单位体积中磁性离子数;$B = \mu_0 H$。则

$$M = \frac{n}{\beta}\frac{\partial}{\partial B}\ln Z_1 = \frac{n}{\beta}\frac{1}{Z_1}\frac{\partial}{\partial B}Z_1 = n\mu\tanh\left(\frac{\mu B}{kT}\right) \tag{11.8.3}$$

此时,对单位体积内的磁矩可分两种情况进行讨论:

(1) 在弱磁场或高温极限下有

$$\mu B/kT \ll 1, \quad e^{\pm\mu B/kT} \approx 1 \pm \mu B/kT$$

式(11.8.3)可简化为

$$M = \frac{n\mu^2}{kT}B = \chi H \tag{11.8.4}$$

式(11.8.4)即为居里定律。磁化率为

$$\chi = n\mu^2\mu_0/kT \tag{11.8.5}$$

(2) 在强磁场或低温极限下有

$$\mu B/kT \gg 1, \quad e^{\mu B/kT} \gg e^{-\mu B/kT}$$

式(11.8.3)可简化为

$$M = n\mu \tag{11.8.6}$$

式(11.8.5)表示几乎所有的自旋磁矩都沿外磁场方向,磁化达到饱和。

根据式(11.1.4),顺磁性固体单位体积的内能为

$$u = -n\frac{\partial}{\partial\beta}\ln Z_1 = -n\mu B\tanh\frac{\mu B}{kT} = -MB \tag{11.8.7}$$

这是顺磁体在外磁场中的势能。

11.8.2　顺磁性固体单位体积的熵

顺磁性固体单位体积的熵为

$$S=nk\left[\ln 2+\ln\cosh\left(\frac{\mu B}{kT}\right)-\left(\frac{\mu B}{kT}\right)\tanh\left(\frac{\mu B}{kT}\right)\right] \tag{11.8.8}$$

(1) 在弱磁场或高温极限下

$$\tanh\left(\frac{\mu B}{kT}\right)\approx \mu B/kT \quad (\mu B/kT\ll 1)$$

$$\ln\left[\cosh\left(\frac{\mu B}{kT}\right)\right]\approx \ln\left[1+\frac{1}{2}(\mu B/kT)^2\right]\approx\frac{1}{2}(\mu B/kT)^2 \tag{11.8.9}$$

因此

$$S=nk\ln 2=k\ln 2^n \tag{11.8.10}$$

式(11.8.10)表示在弱磁场或高温极限下，系统单位体积微观状态数为 2^n。磁矩沿磁场方向或逆磁场方向的概率近乎相等。由于每个磁矩各有 2 种可能的状态，系统单位体积的状态数为 2^n。

(2) 在强磁场或低温极限下

$$\mu B/kT\gg 1,\quad \cosh(\mu B/kT)\approx\frac{1}{2}e^{\mu B/kT},\quad \tanh(\mu B/kT)\approx 1 \tag{1.8.11}$$

因此，$S=0$，系统的微观状态数为 1，即所有的磁矩都沿外磁场方向。

上述理论可以推广到磁性离子的总角动量量子数 J，为任意整数或半整数的情形，而且也同样适用于核自旋系统。区别在于原子磁矩是 $e\hbar/2m$(m 是电子质量)，而核磁矩则是 $e\hbar/2M$ 的量级。由于 $m/M\approx 1/2\,000$，在相等的外磁场下，如果要使两个系统的磁矩有相等的取向比例(相等的熵)，则核自旋系统的温度应低约 2 000 倍。

11.9　负温度状态

根据热力学基本方程，系统的温度与参量保持不变时熵随内能的变化率之间存在以下的关系

$$\frac{1}{T}=\left(\frac{\partial S}{\partial U}\right)_y \tag{11.9.1}$$

在一般系统中，内能越高时系统可能的微观状态越多，即熵是随内能单调增加的。由式(11.9.1)可知，这样的状态其温度是恒正的。但也存在一些系统，其熵函数不随内能单调增加。当系统的内能增加但熵反而减小时，系统就处在负温度状态。核自旋系统是熟知的例子。

为了方便起见，假设核自旋量子数为 1/2。在外磁场 $\boldsymbol{B}$ 下，由于磁矩可与外磁场逆向或同向，其能量值为 $\pm Be\hbar/2M$，简记为 $\pm\varepsilon$，以 N 表示系统所含有的总核磁矩数，N_+ 和 N_- 分别表示能量为 $+\varepsilon$ 和 $-\varepsilon$ 的核磁矩数。

显然

$$N_+ + N_- = N \tag{11.9.2}$$

系统的能量为

$$E=(N_+-N_-)\varepsilon \tag{11.9.3}$$

由式(11.9.2) 和式(11.9.3) 得

$$N_+=\frac{1}{2}\left(N+\frac{E}{N\varepsilon}\right),\quad N_-=\frac{1}{2}\left(N-\frac{E}{N\varepsilon}\right) \tag{11.9.4}$$

系统的熵为

$$S=k\ln\Omega=k\ln\frac{N!}{N_+!\ N_-!} \tag{11.9.5}$$

利用近似式 $\ln m!=m(\ln m-1)$，并将式(11.9.4) 代入式(11.9.5)，可得

$$S=k[N\ln N-N_+\ln N_+-N_-\ln N_-]=$$

$$Nk\left[\ln 2-\frac{1}{2}\left(1+\frac{E}{N\varepsilon}\right)\ln\left(1+\frac{E}{N\varepsilon}\right)-\frac{1}{2}\left(1-\frac{E}{N\varepsilon}\right)\ln\left(1-\frac{E}{N\varepsilon}\right)\right] \tag{11.9.6}$$

根据式(11.9.1) 可求得

$$\frac{1}{T}=\left(\frac{\partial S}{\partial E}\right)_B=\frac{k}{2\varepsilon}\ln\frac{N\varepsilon-E}{N\varepsilon+E} \tag{11.9.7}$$

式(11.9.6) 给出 S 随 E 的依赖关系。如图 11.9.1 所示，由于 S 是 E 的偶函数，曲线的左半部分和右半部分是对称的，由式(11.9.7) 可知，当 $E<0$ 时，$\left(\frac{\partial S}{\partial E}\right)_B$ 为正，系统处在正温状态；当 $E>0$ 时，$\left(\frac{\partial S}{\partial E}\right)$ 为负，系统处在负温状态。

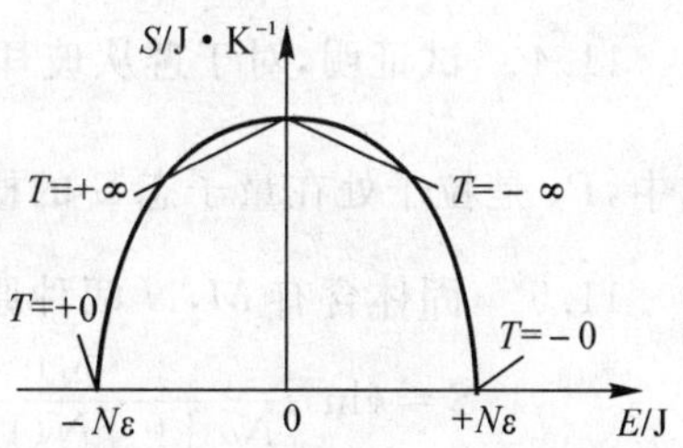

图 11.9.1　S-E 关系曲线

从整个图像可以看到。正温范围的图像是易于理解的。在 $T=+0$ 时，N 个磁矩都沿着磁场方向，每一磁矩的能量均为 $-\varepsilon$，系统的能量为 $-N\varepsilon$。由于系统的微观状态完全确定，该状态的熵为零。随着温度的升高，磁矩反向(其能量变为 $+\varepsilon$) 的数目逐渐增加。当 $T=+\infty$ 时，磁矩沿磁场方向和逆磁场方向的概率相等，数目均为 $N/2$。熵也增加到 $S=k\ln 2^N=Nk\ln 2$。当逆磁场反向的磁矩大于 $N/2$ 时，系统的能量取正值，相应于图 11.9.1 中曲线的右半部分。但在能量增加的同时，系统可能的微观状态数却反而减少，因而熵也减少。当能量增加到 $N\varepsilon$ 时，N 个磁矩都逆磁场反向，熵减少到零。由于在曲线的右半部分熵随内能单调地减少，故右半部分相应于负温状态，由式(11.9.7) 可知，当能量由零增加到 $N\varepsilon$ 时，温度由 $-\infty$ 变到 -0。

以上的讨论说明，处在负温状态下系统的能量高于正温状态的能量。当一个处在负温状态的系统与一个处在正温状态的系统进行热接触时，热量将从负温系统传到正温系统去。这就是说，负温较正温为"热"。从"冷"到"热"的温度顺序为 $+0$K，…，$+300$K，…$\pm\infty$K，…，-300K，…，-0K。如果令两个结构完全相同，分别处在 ±300K 的系统进行热接触，达到热平衡后的共同温度不是 0K 而是 $\pm\infty$K，$\pm\infty$K 是相同的温度。

以上的讨论还可以看出负温状态下核自旋系统的磁化强度与外磁场反向。如果晶体中核自旋相互作用的弛豫时间远小于核自旋与晶格相互作用的弛豫时间，这种状态是可以实现的。

另外还可以看出，系统处在负温状态的条件是严格的。首先，粒子的能量必须是有上限

的，一般的系统不满足这个条件；其次，负温系统必须与任何正温系统隔绝，或者系统本身达到平衡的弛豫时间远小于系统与任何正温系统达到平衡的弛豫时间。

显然，一个系统不可能经准静态过程由正温状态变到负温状态。

习 题

11.1 试根据公式 $P=-\sum_l a_l\frac{\partial\varepsilon_l}{\partial V}$ 证明，对于非相对论粒子

$$\varepsilon=\frac{p^2}{2m}=\frac{1}{2m}\left(\frac{2\pi\hbar}{L}\right)^2(n_x^2+n_y^2+n_z^2),\ (n_x,n_y,n_z=0,\pm1,\pm2,\cdots)\text{ 有 } p=\frac{2}{3}\frac{U}{V}$$

上述结论对于玻耳兹曼分布，玻色分布和费米分布都成立。

11.2 根据公式 $p=-\sum_l a_l\frac{\partial\varepsilon_L}{\partial V}$ 证明，对于极端相对论粒子

$$\varepsilon=cp=c\,\frac{2\pi\hbar}{L}(n_x^2+n_y^2+n_z^2)^{\frac{1}{2}},\ n_x,n_y,n_z=0,\pm1,\pm2,\cdots\text{ 有 } p=\frac{1}{3}\frac{U}{V}$$

上述结论对于玻耳兹曼分布，玻色分布和费米分布都成立。

11.3 单原子分子理想气体，其能量表达式为 $\varepsilon=\frac{p_x^2+p_y^2+p_z^2}{2m}$，试求该系统的自由能和熵。

11.4 试证明，对于遵从玻耳兹曼分布的系统，熵函数可以表示为 $S=-Nk\sum_S P_S\ln P_S$，式中，P_S 是粒子处在量子态 S 的概率，$P_S=\frac{e^{-\alpha-\beta\varepsilon_s}}{N}=\frac{e^{-\beta\varepsilon_s}}{Z_1}$，$\sum_S$ 对粒子的所有量子态求和。

11.5 固体含有 M,N 两种原子。试证明由于原子在晶体格点的随机分布起的混合熵为

$$S=k\ln\frac{N!}{[Na]!\ [N(1-a)]!}=-Nk[a\ln a+(1-a)\ln(1-a)]$$

其中，N 是总原子数，a 是 M 原子的百分比，$(1-a)$ 是 N 原子的百分比，注意 $a<1$。上式给出的熵为正值。

11.6 气体以恒定的速度沿 Z 方向作整体运动。试证明，在平衡状态下分子动量的最概然分布为 $e^{-\alpha-\frac{\beta}{2m}[p_x^2+p_y^2+(p_z-p_0)^2]}\frac{V}{h^3}dp_xdp_ydp_z$。

11.7 试证明，单位时间内碰到单位面积上，速率介于 dv 与 $dv+dv$ 之间的分子数为

$$d\Gamma=\pi n\left(\frac{m}{2\pi kT}\right)^{3/2}e^{-\frac{mv^2}{2kT}}v^3dv$$

11.8 气体以恒定速度 v_0 沿 Z 方向作整体运动。求分子的平均平动能量。

11.9 试根据麦氏速度分布律导出两分子的相对速度 $v_r=v_2-v_1$ 和相对速率 $v_r=|\boldsymbol{v}_r|$ 的概率分布，并求相对速率的平均值 $\bar{v}_r$。

11.10 试由玻耳兹曼分布推求二维理想气体中分子的速率分布律。

11.11 分子从器壁的小孔射出，求在射出的分子束中，分子的平均速率和方均根速率。

11.12 已知粒子遵从经典玻耳兹曼分布，其能量表达式为

$$\varepsilon=\frac{1}{2m}(p_x^2+p_y^2+p_z^2)+ax^2+bx$$

式中，a，b 是常数。求粒子的平均能量.

11.13　气柱的高度为 H，截面为 S，处在重力场中，试证明此气柱的内能和热容量为

$$U=U_0+NkT-\frac{NmgH}{e^{\frac{mgH}{kT}}-1}$$

$$C_V=C_V^0+Nk-\frac{N(mgH)^2e^{mgH/kT}}{(e^{mgH/kT}-1)^2}\frac{1}{kT^2}$$

11.14　试求双原子分子理想气体的振动熵。

11.15　试求爱因斯坦固体的熵。

11.16　简述固体热容量的经典理论与爱因斯坦理论的异同点。

第 12 章 玻色统计和费米统计

12.1 热力学量的统计表达式

玻耳兹曼分布讨论了定域系统和满足经典极限条件(非简并条件)的近独立粒子系统的平衡性质。非简并条件可表示为

$$e^{\alpha} = \frac{V}{N}\left(\frac{2\pi mkT}{h^2}\right)^{\frac{3}{2}} \gg 1$$

或

$$n\lambda^3 = \frac{N}{V}\left(\frac{h^2}{2\pi mkT}\right)^{\frac{3}{2}} \ll 1$$

人们把满足上述非简并条件的气体称为非简并气体。不论是由玻色子还是费米子构成，都可以用玻耳兹曼分布来处理;不满足上述非简并条件的气体称为简并气体,需要用玻色分布或费米分布处理。

本节推导玻色系统和费米系统热力学量的统计表达式。

1. 系统的基本热力学函数

首先考虑玻色系统。玻色分布为 $a_l = \frac{\omega_l}{e^{\alpha+\beta\varepsilon_l}-1}$,如果把 α,β 和 y 看做由实验确定的参量，系统的平均总粒子数为

$$\overline{N} = \sum_l a_l = \sum_l \frac{\omega_l}{e^{\alpha+\beta\varepsilon_l}-1} \tag{12.1.1}$$

(1) 巨配分函数。引出一个函数,名为**巨配分函数,其定义为**

$$\Xi = \prod_l \Xi_l = \prod_l \left[1 - e^{-\alpha-\beta\varepsilon_l}\right]^{-\omega_l} \tag{12.1.2}$$

取对数得

$$\ln\Xi = -\sum_l \omega_l \ln\left(1 - e^{-\alpha-\beta\varepsilon_l}\right) \tag{12.1.3}$$

(2) 系统的平均总粒子数 $\overline{N}$。系统的平均总粒子数 $\overline{N}$ 可通过 $\ln\Xi$ 表示为

$$\overline{N} = -\frac{\partial}{\partial\alpha}\ln\Xi \tag{12.1.4}$$

由于

$$\frac{\partial}{\partial\alpha}\ln\Xi = -\frac{\partial}{\partial\alpha}\sum_l \omega_l \ln\left(1 - e^{-\alpha-\beta\varepsilon_l}\right) = -\overline{N} \tag{12.1.5}$$

因而

$$\bar{N}=-\frac{\partial}{\partial\alpha}\ln\Xi \tag{12.1.6}$$

(3) 内能。内能是系统中粒子无规则运动总能量的统计平均值。

$$U=\sum_l\varepsilon_l a_l=\sum_l\frac{\varepsilon_l\omega_l}{e^{\alpha+\beta\varepsilon_l}-1} \tag{12.1.7}$$

由于

$$\frac{\partial}{\partial\beta}\ln\Xi=-\sum_l\omega_l\frac{\partial}{\partial\beta}\ln\left(1-e^{-\alpha-\beta\varepsilon_l}\right)=-U \tag{12.1.8}$$

类似地可将 U 通过 $\ln\Xi$ 表示

$$U=-\frac{\partial}{\partial\beta}\ln\Xi \tag{12.1.9}$$

(4) 外界对系统的广义作用力。

外界对系统的广义作用力 Y 是 $\frac{\partial\varepsilon_l}{\partial y}$ 的统计平均值,即

$$Y=\sum_l\frac{\partial\varepsilon_l}{\partial y}a_l=\sum_l\frac{\omega_l}{e^{\alpha+\beta\varepsilon_l}-1}\frac{\partial\varepsilon_l}{\partial y} \tag{12.1.10}$$

利用 $\ln\Xi$(注意 ε_l 是 y 的函数),可以将 Y 表示为

$$Y=-\frac{1}{\beta}\frac{\partial}{\partial y}\ln\Xi \tag{12.1.11}$$

因为

$$\frac{\partial}{\partial y}\ln\Xi=-\sum_l\omega_l\frac{\partial}{\partial y}\ln\left(1-e^{-\alpha-\beta\varepsilon_l}\right)=-\beta Y \tag{12.1.12}$$

所以

$$Y=-\frac{1}{\beta}\frac{\partial}{\partial y}\ln\Xi \tag{12.1.13}$$

此式的一个特例为

$$p=\frac{1}{\beta}\frac{\partial}{\partial V}\ln\Xi \tag{12.1.14}$$

(5) 熵及玻耳兹曼关系。

由式(12.1.4) ~ 式(12.1.11) 得

$$\beta\left(dU-Ydy+\frac{\alpha}{\beta}d\bar{N}\right)=-\beta d\left(\frac{\partial\ln\Xi}{\partial\beta}\right)+\frac{\partial\ln\Xi}{\partial y}dy-\alpha d\left(\frac{\partial\ln\Xi}{\partial\alpha}\right) \tag{12.1.15}$$

$\ln\Xi$ 是 α,β,y 的函数,其全微分为

$$d\ln\Xi=\frac{\partial\ln\Xi}{\partial\alpha}d\alpha+\frac{\partial\ln\Xi}{\partial\beta}d\beta+\frac{\partial\ln\Xi}{\partial y}dy \tag{12.1.16}$$

而

$$\frac{\partial\ln\Xi}{\partial y}dy=d\ln\Xi-\frac{\partial\ln\Xi}{\partial\alpha}d\alpha-\frac{\partial\ln\Xi}{\partial\beta}d\beta \tag{12.1.17}$$

$$d\left[\beta\left(\frac{\partial\ln\Xi}{\partial\beta}\right)\right]=\beta d\left(\frac{\partial\ln\Xi}{\partial\beta}\right)+\frac{\partial\ln\Xi}{\partial\beta}d\beta \tag{12.1.18}$$

$$d\left[\alpha\left(\frac{\partial\ln\Xi}{\partial\alpha}\right)\right]=\frac{\partial\ln\Xi}{\partial\alpha}d\alpha+\alpha d\left(\frac{\partial\ln\Xi}{\partial\alpha}\right) \tag{12.1.19}$$

故有

$$\beta\left(dU - Ydy + \frac{\alpha}{\beta}d\overline{N}\right) = d\left[\ln\Xi - \alpha\left(\frac{\partial\ln\Xi}{\partial\alpha}\right) - \beta\left(\frac{\partial\ln\Xi}{\partial\beta}\right)\right] \tag{12.1.20}$$

即

$$\beta\left(dU - Ydy + \frac{\alpha}{\beta}d\overline{N}\right) = d\left(\ln\Xi - \alpha\frac{\partial}{\partial\alpha}\ln\Xi - \beta\frac{\partial}{\partial\beta}\ln\Xi\right) \tag{12.1.21}$$

对于封闭系统，$d\overline{N}=0$

$$\beta(dU - Ydy) = d\left(\ln\Xi - \alpha\frac{\partial}{\partial\alpha}\ln\Xi - \beta\frac{\partial}{\partial\beta}\ln\Xi\right) \tag{12.1.22}$$

β是$(dU-Ydy+\frac{\alpha}{\beta}d\overline{N})$的积分因子。在热力学部分讲过，$(dU-Ydy+\frac{\alpha}{\beta}d\overline{N})$有积分因子$\frac{1}{T}$，使$\frac{1}{T}(dU-Ydy-\mu d\overline{N})=dS$。

比较可知

$$\beta = \frac{1}{kT}, \quad \alpha = -\frac{\mu}{kT} \tag{12.1.23}$$

$$\frac{1}{kT}\left(dU - Ydy + \frac{\alpha}{\beta}d\overline{N}\right) = d\left(\ln\Xi - \alpha\frac{\partial}{\partial\alpha}\ln\Xi - \beta\frac{\partial}{\partial\beta}\ln\Xi\right) \tag{12.1.24}$$

所以

$$dS = kd\left(\ln\Xi - \alpha\frac{\partial}{\partial\alpha}\ln\Xi - \beta\frac{\partial}{\partial\beta}\ln\Xi\right) \tag{12.1.25}$$

积分得

$$S = k\left(\ln\Xi - \alpha\frac{\partial}{\partial\alpha}\ln\Xi - \beta\frac{\partial}{\partial\beta}\ln\Xi\right) = k(\ln\Xi + \alpha\overline{N} + \beta U) \tag{12.1.26}$$

将式(12.1.3)代入式(12.1.25)，与式(11.7.4)式比较，得

$$S = k\ln\Omega \tag{12.1.27}$$

式(12.1.27)就是熟知的玻耳兹曼关系，它给出熵与微观状态数的关系。

2. 系统基本热力学函数的计算过程

由上面讨论的结果可知，只要求得巨配分函数的对数，根据前面相应的公式便可计算出系统的基本热力学函数，从而确定系统的全部平衡性质。所以 $\ln\Xi$ 是以 α,β,y(对应于简单系统即 T,V,μ)为自然变量的特性函数。在热力学中讲过，以 T,V,μ 为自然变量的特性函数是巨热力学势，即

$$J = F - \overline{N}\mu = U - TS - \overline{N}\mu$$

代入相应热学量的统计表达式，可得

$$J = U - TS - \overline{N}\mu = -kT\ln\Xi \tag{12.1.28}$$

因此，巨热力势 J 与配分函数的关系为

$$J = -kT\ln\Xi \tag{12.1.29}$$

当给定的参量是 N,T,V 时，只要在式(12.1.3)中令 $\overline{N}=N$，解出 $\alpha=\alpha(N,T,V)$，再代入前面所讲的系统的基本热力学函数中，就可以求得系统的基本热力学函数。

例 12.1.1 试证明，对于理想玻色系统，有

$$S = k\ln\Omega$$

式中

$$\ln\Omega=\sum_l\left[(\omega_l+a_l)\ln(\omega_l+a_l)-a_l\ln a_l-\omega_l\ln\omega_l\right]$$

证明：
$$\ln\Omega=\sum_l\left[(\omega_l+a_l)\ln(\omega_l+a_l)-a_l\ln a_l-\omega_l\ln\omega_l\right] \tag{1}$$

对于理想玻色系统，已知下列关系式为

$$\bar{N}=\sum_l a_l=-\frac{\partial}{\partial\alpha}\ln\Xi \tag{2}$$

$$U=\sum_l\varepsilon_l a_l=-\frac{\partial}{\partial\beta}\ln\Xi \tag{3}$$

$$S=k\left(\ln\Xi-\alpha\frac{\partial}{\partial\alpha}\ln\Xi-\beta\frac{\partial}{\partial\beta}\ln\Xi\right)=k(\ln\Xi+\alpha\bar{N}+\beta U) \tag{4}$$

$$\ln\Xi=-\sum_l\omega_l\ln\left(1-e^{-\alpha-\beta\varepsilon_l}\right) \tag{5}$$

$$a_l=\frac{\omega_l}{e^{\alpha+\beta\varepsilon_l}-1} \tag{6}$$

由式(6) 得

$$\left\{\begin{aligned}
&e^{\alpha+\beta\varepsilon_l}-1=\frac{\omega_l}{a_l} &&\text{(a)}\\
&e^{\alpha+\beta\varepsilon_l}=\frac{\omega_l}{a_l}+1=\frac{\omega_l+a_l}{a_l} &&\text{(b)}\\
&e^{-\alpha-\beta\varepsilon_l}=\frac{a_l}{a_l+\omega_l} &&\text{(c)}\\
&1-e^{-\alpha-\beta\varepsilon_l}=1-\frac{a_l}{a_l+\omega_l}=\frac{\omega_l}{a_l+\omega_l} &&\text{(d)}\\
&\ln\left(1-e^{-\alpha-\beta\varepsilon_l}\right)=\ln\frac{\omega_l}{a_l+\omega_l} &&\text{(e)}
\end{aligned}\right. \tag{7}$$

以及

$$\alpha+\beta\varepsilon_l=\ln\frac{\omega_l+a_l}{a_l} \tag{8}$$

将式(7) 中式(e) 代入式(5) 得

$$\ln\Xi=-\sum_l\omega_l\ln\left(1-e^{-\alpha-\beta\varepsilon_l}\right)=-\sum_l\omega_l\ln\frac{\omega_l}{a_l+\omega_l} \tag{9}$$

将式(9)、式(2) 和式(3) 代入式(4)，并利用式(8) 得

$$S=k(\ln\Xi-\bar{N}-\beta U)=k\sum_l\left[(\omega_l+a_l)\ln(\omega_l+a_l)-a_l\ln a_l-\omega_l\ln\omega_l\right] \tag{10}$$

利用式(1) 得

$$S=k\ln\Omega \tag{11}$$

结果得证。

12.2 费 米 系 统

在前面讲过费米系统的费米分布为

$$a_l=\frac{\omega_l}{e^{\alpha+\beta\varepsilon_l}+1}$$

其总分子数为

$$\bar{N}=\sum_l a_l=\sum_l \frac{\omega_l}{e^{\alpha+\beta\varepsilon_l}+1}$$

对于费米系统,令巨配分函数为

$$\Xi=\prod_l \Xi_l=\prod_l \left[1+e^{-\alpha-\beta\varepsilon_l}\right]^{\omega_l} \tag{12.2.1}$$

其对数为

$$\ln\Xi=\sum_l \omega_l \ln\left(1+e^{-\alpha-\beta\varepsilon_l}\right) \tag{12.2.2}$$

则系统的平均总粒子数为

$$\frac{\partial}{\partial\alpha}\ln\Xi=\frac{\partial}{\partial\alpha}\sum_l \omega_l \ln\left(1+e^{-\alpha-\beta\varepsilon_l}\right)=-\bar{N} \tag{12.2.3}$$

所以

$$\bar{N}=-\frac{\partial}{\partial\alpha}\ln\Xi \tag{12.2.4}$$

同样可求得费米系统的内能为

$$\frac{\partial}{\partial\beta}\ln\Xi=\sum_l \omega_l \frac{\partial}{\partial\beta}\ln\left(1+e^{-\alpha-\beta\varepsilon_l}\right)=\sum_l \frac{\omega_l}{\left(1+e^{-\alpha-\beta\varepsilon_l}\right)}\frac{\partial}{\partial\beta}\left(1+e^{-\alpha-\beta\varepsilon_l}\right)=-U \tag{12.2.5}$$

所以

$$U=-\frac{\partial}{\partial\beta}\ln\Xi \tag{12.1.6}$$

以及外界对系统的广义作用力为

$$Y=\sum_l \frac{\partial\varepsilon_l}{\partial y}a_l=\sum_l \frac{\omega_l}{e^{\alpha+\beta\varepsilon_l}-1}\frac{\partial\varepsilon_l}{\partial y} \tag{12.2.7}$$

利用 $\ln\Xi$(注意 ε_l 是 y 的函数),可以将 Y 表示为

$$\frac{\partial}{\partial y}\ln\Xi=\sum_l \omega_l \frac{\partial}{\partial y}\ln\left(1+e^{-\alpha-\beta\varepsilon_l}\right)=-\beta Y \tag{12.2.8}$$

所以

$$Y=-\frac{1}{\beta}\frac{\partial}{\partial y}\ln\Xi \tag{12.2.9}$$

其特例为

$$p=\frac{1}{\beta}\frac{\partial}{\partial V}\ln\Xi \tag{12.2.10}$$

还有系统的熵和玻耳兹曼关系为

$$S=k\left(\ln\Xi-\alpha\frac{\partial}{\partial\alpha}\ln\Xi-\beta\frac{\partial}{\partial\beta}\ln\Xi\right) \tag{12.2.11}$$

其玻耳兹曼关系为

$$S=k\ln\Omega \tag{12.2.12}$$

12.3 弱简并理想玻色气体和费米气体

一般气体满足非简并条件 $e^{\alpha}\gg 1$ 或 $n\lambda^3\ll 1$,可以用玻耳兹曼分布处理。本节研究弱简并

(气体的 $e^{-\alpha}$ 或 $n\lambda^3$ 虽大或虽小但不可忽略) 玻色气体和费米气体的情形。并讨论玻色气体和费米气体的差异。为了简单起见，不考虑分子的内部结构，因此只有平动自由度。分子的能量为

$$\varepsilon=\frac{1}{2m}(p_x^2+p_y^2+p_z^2) \tag{12.3.1}$$

在体积 V 内，在 ε 到 $\varepsilon+d\varepsilon$ 的能量范围内，分子可能的微观状态数为

$$D(\varepsilon)d\varepsilon=g\,\frac{2\pi V}{h^3}(2m)^{3/2}\varepsilon^{1/2}d\varepsilon \tag{12.3.2}$$

其中，g 是由粒子可能具有自旋而引入的简并度。

系统的总分子数满足

$$N=g\,\frac{2\pi V}{h^3}(2m)^{3/2}\int_0^\infty\frac{\varepsilon^{1/2}d\varepsilon}{e^{\alpha+\beta\varepsilon}\pm 1} \tag{12.3.3}$$

式(12.3.3)确定拉普拉斯乘子 α。要说明的是本节所有公式中的“+”表示费米气体；而“—”表示玻色气体。

系统的内能为

$$U=g\,\frac{2\pi V}{h^3}(2m)^{3/2}\int_0^\infty\frac{\varepsilon^{3/2}d\varepsilon}{e^{\alpha+\beta\varepsilon}\pm 1} \tag{12.3.4}$$

引入变量 $x=\beta\varepsilon$，则

$$\varepsilon^{1/2}=\left(\frac{x}{\beta}\right)^{1/2}=(kT)^{1/2}x^{1/2} \tag{12.3.5}$$

$$\varepsilon^{3/2}=\left(\frac{x}{\beta}\right)^{3/2}=(kT)^{3/2}x^{3/2} \tag{12.3.6}$$

$$d\varepsilon=d\left(\frac{x}{\beta}\right)=d(kTx)=kT\,dx \tag{12.3.7}$$

将式(12.3.3) 和式(12.3.4) 改写为

$$N=g\,\frac{2\pi V}{h^3}(2mkT)^{3/2}\int_0^\infty\frac{x^{1/2}dx}{e^{\alpha+x}\pm 1} \tag{12.3.3$'$}$$

$$U=g\,\frac{2\pi V}{h^3}(2mkT)^{3/2}kT\int_0^\infty\frac{x^{3/2}dx}{e^{\alpha+x}\pm 1} \tag{12.3.4$'$}$$

两式被积函数的分母表示为

$$\frac{1}{e^{\alpha+x}\pm 1}=\frac{1}{e^{\alpha+x}(1\pm e^{-\alpha-x})} \tag{12.3.8}$$

在 $e^{-\alpha}$ 非常小的情形下，$e^{-\alpha-x}$ 是一个小量，可将 $\frac{1}{1\pm e^{-\alpha-x}}$ 展开，只取头两项得

$$\frac{1}{e^{\alpha+x}\pm 1}=e^{-\alpha-x}(1\mp e^{-\alpha-x}) \tag{12.3.9}$$

保留展开的第一项相当于将费米(玻色) 分布近似为玻耳兹曼分布。在弱简并的情形下保留两项。 将式(12.3.9) 代入式(12.3.3′) 和(12.3.4′)，将积分求出，得

$$N=g\left(\frac{2\pi mkT}{h^2}\right)^{3/2}Ve^{-\alpha}\left[1\mp\frac{1}{2^{3/2}}e^{-\alpha}\right] \tag{12.3.10}$$

$$U=\frac{3}{2}g\left(\frac{2\pi mkT}{h^2}\right)^{3/2}VkTe^{-\alpha}\left[1\mp\frac{1}{2^{5/2}}e^{-\alpha}\right] \tag{12.3.11}$$

两式相除,得

$$U=\frac{3}{2}NkT\left[1\pm\frac{1}{4\sqrt{2}}e^{-\alpha}\right] \tag{12.3.12}$$

由于 $e^{-\alpha}$ 很小,可将上式第二项中的 $e^{-\alpha}$ 用 0 级近似,即用玻耳兹曼分布的结果

$$e^{-\alpha}=\frac{N}{V}\left(\frac{h^2}{2\pi mkT}\right)^{3/2}\frac{1}{g} \tag{12.3.13}$$

代入而得

$$U=\frac{3}{2}NkT\left[1\pm\frac{1}{4\sqrt{2}}\frac{1}{g}\frac{N}{V}\left(\frac{h^2}{2\pi mkT}\right)^{3/2}\right] \tag{12.3.14}$$

或

$$U=\frac{3}{2}NkT\left[1\pm\frac{1}{4\sqrt{2}}\frac{1}{g}n\lambda^3\right] \tag{12.3.14$'$}$$

式(12.3.14)第一项是由玻耳兹曼分布得到的内能,第二项是由微观粒子全同性原理引起的量子统计关联所导致的附加内能。在弱简并条件下附加内能的数值是非常小的。这里注意,费米气体的附加内能为正,而玻色气体的附加内能为负。可以认为,量子统计关联使费米粒子间出现等效的排斥作用,玻色粒子间则出现等效的吸引作用。

12.4 玻色-爱因斯坦凝聚

本节讨论当理想玻色气体的 $n\lambda^3\geqslant 2.612$ 临界值时将会出现的独特的玻色-爱因斯坦凝聚。1924 年,印度物理学家玻色和爱因斯坦预言,如果将这类原子气体冷却到非常低的温度,那么所有原子会突然进入最低能态,物质的这一状态称为玻色-爱因斯坦凝聚。在爱因斯坦预言的 70 年后,也就是到了 1995 年,两名美国科学家康奈尔和韦曼以及德国科学家克特勒分别在极为接近绝对零度的条件下,首次通过实验证实了玻色-爱因斯坦凝聚的存在。这三位科学家也因此而荣膺 2001 年度诺贝尔物理学奖。

考虑由 N 个全同、近独立的玻色子组成的系统,温度为 T,体积为 V,处在能级 ε_l(为了简化令粒子自旋 $S=0$)上的粒子数为

$$a_l=\frac{\omega_l}{e^{(\varepsilon_l-\mu)/kT}-1} \tag{12.4.1}$$

由于处在任一能级上的粒子数都不能取负值,因而 $e^{\frac{\varepsilon_l-\mu}{kT}}>1$。$\varepsilon_0$ 表示粒子的最低能级,这个要求也可以表达为

$$\varepsilon_0>\mu \tag{12.4.2}$$

即理想玻色气体的化学势必须低于粒子最低能级的能量。如果取最低能级为能量的零点即 $\varepsilon_0=0$,则式(12.4.2)可表示为

$$\mu<0 \tag{12.4.3}$$

化学势 μ 由公式

$$\frac{1}{V}\sum_l\frac{\omega_l}{e^{(\varepsilon_l-\mu)/kT}-1}=\frac{N}{V}=n \tag{12.4.4}$$

确定为温度 T 及粒子数密度 $n=N/V$ 的函数。注意 ε_l 和 ω_l 都与温度无关,在粒子数密度 n 给

定的情形下，温度愈低由式(12.4.4) 确定的 μ 值必然越高($|\mu|$愈小)。

考虑到在体积 V 内，在能级 ε 到 $\varepsilon+\mathrm{d}\varepsilon$ 粒子上的量子态数为

$$\omega_l=\frac{2\pi V}{h^3}(2m)^{3/2}\varepsilon^{1/2}\mathrm{d}\varepsilon \tag{12.4.5}$$

因此，若将式(12.4.4)的求和用积分代替，可化为

$$n=\frac{N}{V}=\frac{1}{V}\sum_l\frac{\omega_l}{\mathrm{e}^{(\varepsilon_l-\mu)/kT}-1}=\frac{1}{V}\int_0^\infty\frac{\frac{2\pi V}{h^3}(2m)^{3/2}\varepsilon^{1/2}\mathrm{d}\varepsilon}{\mathrm{e}^{(\varepsilon-\mu)/kT}-1}=$$

$$\frac{2\pi}{h^3}(2m)^{3/2}\int_0^\infty\frac{\varepsilon^{1/2}\mathrm{d}\varepsilon}{\mathrm{e}^{(\varepsilon-\mu)/kT}-1} \tag{12.4.6}$$

即

$$\frac{2\pi}{h^3}(2m)^{3/2}\int_0^\infty\frac{\varepsilon^{1/2}\mathrm{d}\varepsilon}{\mathrm{e}^{(\varepsilon-\mu)/kT}-1}=n \tag{12.4.7}$$

化学势随温度的降低而增加，当温度降到某一临界温度 T_c 时，μ 将趋近于 0，$\mathrm{e}^{-\frac{\mu}{kT_c}}$ 趋近于 1。临界温度 T_c 由下式定出

$$\frac{2\pi}{h^3}(2m)^{3/2}\int_0^\infty\frac{\varepsilon^{1/2}\mathrm{d}\varepsilon}{\mathrm{e}^{\varepsilon/kT_c}-1}=n \tag{12.4.8}$$

令 $x=\varepsilon/kT_c$，则

$$\varepsilon^{1/2}=(kT_c)^{1/2}x^{1/2} \tag{12.4.9}$$

$$\mathrm{d}\varepsilon=\mathrm{d}(kT_cx)=kT_c\mathrm{d}x \tag{12.4.10}$$

式(12.4.8) 可化为

$$\frac{2\pi}{h^3}(2mkT_c)^{3/2}\int_0^\infty\frac{x^{1/2}\mathrm{d}x}{\mathrm{e}^x-1}=n \tag{12.4.11}$$

而积分

$$\int_0^\infty\frac{x^{1/2}\mathrm{d}x}{\mathrm{e}^x-1}=\frac{\sqrt{\pi}}{2}\times2.612 \tag{12.4.12}$$

所以，对于给定的粒子数密度 n，温度 T_c 为

$$T_c=\frac{2\pi}{(2.612)^{2/3}}\frac{\hbar^2}{mk}n^{2/3} \tag{12.4.13}$$

温度低于 T_c 时会出现什么现象呢？前面的讨论指出，当温度愈低时 μ 值愈高，但在任何温度下 μ 必是负的。由此可知当 $T<T_c$ 时，μ 仍趋于 -0，但这时式(12.4.7) 左方将小于 n，与 $n=\dfrac{N}{V}$ 为给定的条件矛盾。产生这个矛盾的原因是，用(12.4.7) 积分代替(12.4.4) 求和。

由于状态密度中含有因子$\sqrt{\varepsilon}$，而当将求和化为积分时，$\varepsilon=0$ 项被弃去了。在温度足够高时处在能级 $\varepsilon=0$ 上的粒子数与总粒子数相比是一个小量可以忽略。但是，在低温情况下有所不同，当在绝对零度时，粒子将尽可能地占据最低能态。由于一个量子态所能容纳的玻色子的数目是不受限制的，绝对零度下玻色粒子将全部处在最低能级。在足够低的温度下，处在能级 $\varepsilon=0$ 的粒子数也将是相当可观而不能忽略的。因此，当 $T<T_c$ 时，应将式(12.4.7) 改写为

$$n_0(T)+\frac{2\pi}{h^3}(2m)^{\frac{3}{2}}\int_0^\infty\frac{\varepsilon^{\frac{1}{2}}\mathrm{d}\varepsilon}{\mathrm{e}^{\frac{\varepsilon}{kT}}-1}=n \tag{12.4.14}$$

第一项 $n_0(T)$ 是 $\varepsilon=0$ 的粒子数密度，第二项是各激发能级 $\varepsilon>0$ 的粒子数密度 $n_{\varepsilon>0}$。在第

二项中已取极限 $\mu \to -0$。

首先计算式(12.4.14)的第二项。令 $x=\varepsilon/kT$，并将其代入式(12.4.11)，得

$$n_{\varepsilon>0}=\frac{2\pi}{h^3}(2m)^{3/2}\int_0^\infty \frac{\varepsilon^{1/2}}{e^{\frac{\varepsilon}{kT}}-1}d\varepsilon=n\left(\frac{T}{T_c}\right)^{3/2} \tag{12.4.15}$$

将式(12.4.15)代入式(12.4.14)式可以求得，当温度为 T 时，处在最低能级 $\varepsilon=0$ 的粒子数密度为

$$n_0(T)=n\left[1-\left(\frac{T}{T_c}\right)^{3/2}\right] \tag{12.3.16}$$

n_0 随温度的变化如图 12.4.1 所示。

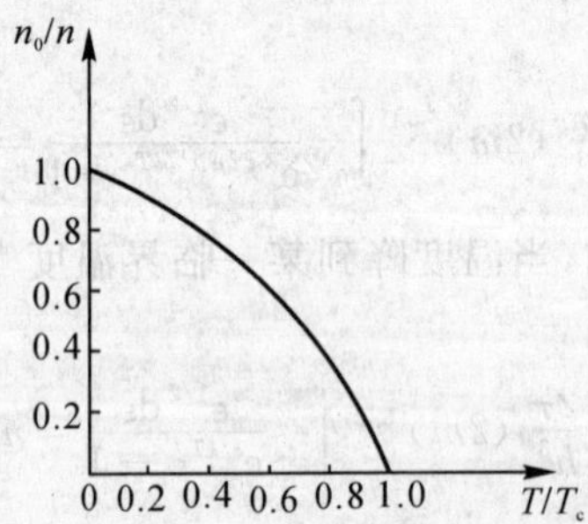

图 12.4.1 n_0 随 T 的变化曲线

在绝对零度下，粒子将尽可能容纳的粒子数目不受限制，因此，绝对零度下玻色粒子将全部处在 $\varepsilon=0$ 的最低能级。式(12.4.16)表明，在 $T<T_c$ 时就有宏观量级的粒子在能级 $\varepsilon=0$ 凝聚。这一现象称为玻色-爱因斯坦凝聚，简称玻色凝聚。T_c 称为凝聚温度。凝聚在 ε_0 的粒子集合称为玻色凝聚体。凝聚体不但能量、动量为零，熵也为零，所以玻色-爱因斯坦凝结也常称为在动量空间中的凝聚。由于凝聚体的微观状态完全确定，凝聚体中粒子的动量既然为零，对压强就没有贡献。

当 $T<T_c$ 时，理想玻色气体的内能是处在能级 $\varepsilon>0$ 的粒子能量的统计平均值，即

$$U=\frac{2\pi V}{h^3}(2m)^{3/2}\int_0^\infty \frac{\varepsilon^{3/2}}{e^{\varepsilon/kT}-1}d\varepsilon=\frac{2\pi V}{h^3}(2m)^{3/2}(kT)^{5/2}\int_0^\infty \frac{x^{3/2}}{e^x-1}d\varepsilon \tag{12.4.17}$$

其中，$x=\varepsilon/kT$，可得

$$U=0.770NkT\left(\frac{T}{T_c}\right)^{3/2} \tag{12.4.18}$$

定容热容量为

$$C_V=\left(\frac{\partial U}{\partial T}\right)_V=\frac{5}{2}\frac{U}{T}=1.925Nk\left(\frac{T}{T_c}\right)^{3/2} \tag{12.4.19}$$

式(12.4.19)指出，当 $T<T_c$ 时，理想玻色气体的 C_V 正比 $T^{3/2}$。这个结论与辐射场的 C_V 与 T^3 成正比不同。产生这一差异的原因是两者的能量、动量关系不同。前者 $\varepsilon=p^2/2m$，后者 $\varepsilon=cp$。理想玻色气体的 C_V 随温度的变化如图 12.4.2 所示。当 $T<T_c$ 时，按 $T^{3/2}$ 随温度增加，到 $T=T_c$ 时热容量达到极大值 $C_v=1.925Nk$，在高温时趋近于经典值 $C_v\to\frac{3}{2}Nk$。

^4He 是玻色子，大气压下 ^4He 的沸点是 4.2K。液 ^4He 在 2.17K 发生一个相变，称 λ 相变。温度高于 2.17K 时，^4He 是正常液体，称为 He Ⅰ；温度低于 2.17K 时，液氦 ^4He 具有超流性，称

为 He Ⅱ。在相变点附近，实验测得热容量随温度的变化如图 12.4.3 所示。图 12.4.2 与图 12.4.3 的曲线形状相似。如果将 ^{4}He 的数据 $m=6.65\times10^{-27}$kg，$v=27.6\times10^{-6}\text{m}^3\cdot\text{mol}^{-1}$ 代入式(12.4.13)，可得 $T_c=3.13$K，这与 2.17K 也接近。

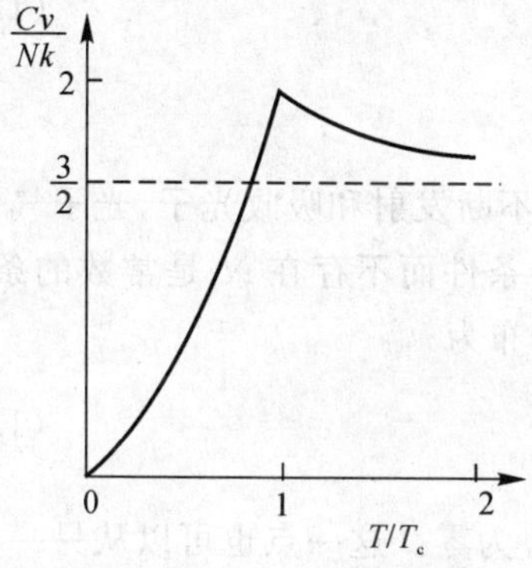

图 12.4.2　随 T 变化曲线

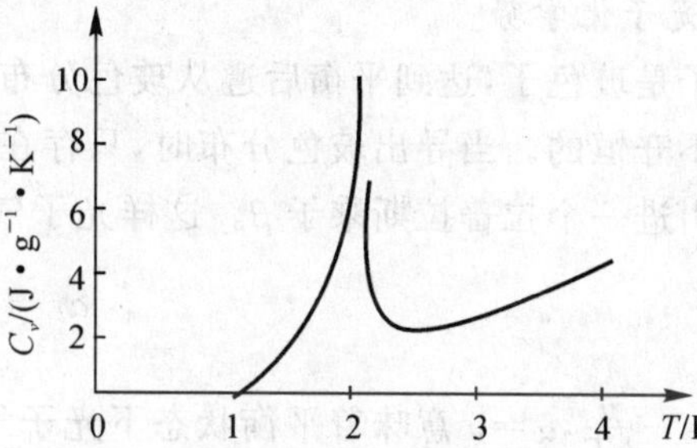

图 12.4.3　热容量随温度变化曲线

因此人们相信，^{4}He 的 λ 相变可能是在粒子间有相互作用情形下的玻色-爱因斯坦凝聚，超流与凝聚在最低能态的粒子有关。不过理想玻色系统不可能具有超流动性。关于液 He 的理论必须考虑到粒子之间的相互作用。朗道 1938 年，提出了 ^{4}He 的 λ 相变理论，进而对弱作用玻色气体进行研究。

根据

$$T_c=\frac{2\pi}{(2.612)^{\frac{2}{3}}}\frac{\hbar^2}{mk}n^{\frac{2}{3}} \tag{12.4.20}$$

可以得到

$$n\left(\frac{h}{\sqrt{2\pi mkT_c}}\right)^3=n\lambda^3=2.612 \tag{12.4.21}$$

原子的热波长与平均距离具有相同的量级。量子统计关联起决定性作用。出现凝聚的条件是

$$n\lambda^3\geqslant 2.612 \tag{12.4.22}$$

随着激光冷却、磁光陷阱和蒸发冷却技术的发展，人们发现金属原子也会出现凝聚。

12.5　光子气体

在热力学部分曾经论证，空窖辐射的能量(内能)密度和能量密度的频率分布只与温度有关，并证明能量密度与绝对温度的四次方成正比。本节根据统计物理的理论，研究空窖辐射能量密度按频率的分布。

12.5.1　辐射场的能量(内能)

本节根据量子统计理论，从粒子观点研究平衡辐射问题。

1. 光子的能量动量关系

根据粒子观点研究平衡辐射问题，可以把空窖内的辐射场看做光子气体。如 10.2 所述，具有一定的波矢 $\boldsymbol{k}$ 和圆频率 ω 的单色平面波与具有一定的动量 $\boldsymbol{p}$ 和能量 ε 的光子相应，动量 $\boldsymbol{p}$ 与波矢 $\boldsymbol{k}$、能量 ε 与圆频率 ω 之间遵从德布罗意关系，即

$$\boldsymbol{p} = \hbar \boldsymbol{k} \tag{12.5.1}$$

$$\varepsilon = \hbar\omega \tag{12.5.2}$$

考虑到式(11.1.17) 即 $\omega = ck$，得

$$\varepsilon = cp \tag{12.5.3}$$

这是光子的能量动量关系。

2. 光子化学势

光子是玻色子，达到平衡后遵从玻色分布。由于窖壁不断发射和吸收光子，光子气体中光子数是不守恒的。当导出玻色分布时，只存在 E 是常数的条件而不存在 N 是常数的条件，因而只应引进一个拉普拉斯乘子 β。这样光子气体的统计分布为

$$a_l = \frac{\omega_l}{e^{\beta\omega_l} - 1} \tag{12.5.4}$$

因为 $\alpha = -\dfrac{\mu}{kT}$，$\alpha = 0$ 意味着平衡状态下光子气体的化学势为零。这一点也可以从另一个角度来理解，在给定温度和体积下，平均总光子数由空窖辐射自由能最小的要求确定，即 $\left(\dfrac{\partial F}{\partial \overline{N}}\right)_{T,V} = 0$，$\overline{N}$ 是平均总光子数，但 $\mu = \left(-\dfrac{\partial F}{\partial \overline{N}}\right)_{T,V} = 0$，所以空窖辐射的化学势为零。

3. 光子辐射场的能量(内能)

光子的自旋量子数为 1。自旋在动量方向的投影可取 $\pm\hbar$ 两个可能值，相当于左、右圆偏振。根据式(10.2.10)，并考虑到光子自旋有两个投影，可知在体积为 V 的空窖内。在 p 到 $p + dp$ 的动量范围内，光子的量子态数为

$$\frac{8\pi V}{h^3} p^2 dp \tag{12.5.5}$$

将式(12.5.1)、式(12.5.2) 和式(12.5.3) 代入式(12.5.5) 可得，在体积为 V 的空窖内，在 ω 到 $\omega + d\omega$ 的圆频率范围内，光子的量子态数为

$$\frac{V}{\pi^2 c^3} \omega^2 d\omega \tag{12.5.6}$$

因此，在空窖内，在圆频率 $d\omega$ 范围内的平均光子数为

$$\frac{V}{\pi^2 c^3} \frac{\omega^2 d\omega}{e^{\hbar\omega/kT} - 1} \tag{12.5.7}$$

在体积为 V 的空窖内，在圆频率 $d\omega$ 范围内，辐射场的能量(内能) $U(\omega, T)\, d\omega$ 为

$$U(\omega, T)\, d\omega = \frac{V}{\pi^2 c^3} \frac{\hbar\omega^3}{e^{\hbar\omega/kT} - 1} d\omega \tag{12.5.8}$$

式(12.5.8) 所给出的辐射场内能按频率的分布与实验结果完全符合。不同温度下式(12.5.8) 的图形如图 12.5.1 所示。**式(12.5.8) 称为普朗克公式。**普朗克在得到这个公式时，第一次引入了能量量子化的概念。这是物理学的一个重大突破。普朗克公式的建立是量子物理的起点。

现在讨论在高频和低频的极限情况下辐射场的能量密度。

(1) 在 $\dfrac{\hbar\omega}{kT} \ll 1$ 的低频范围，有 $e^{\frac{\hbar\omega}{kT}} \approx 1 + \dfrac{\hbar\omega}{kT}$，式(12.5.8) 可近似为

$$U(\omega, T)\, d\omega = \frac{V}{\pi^2 c^3} \omega^2 kT d\omega \tag{12.5.9}$$

式(12.5.9)即为瑞利-金斯公式。

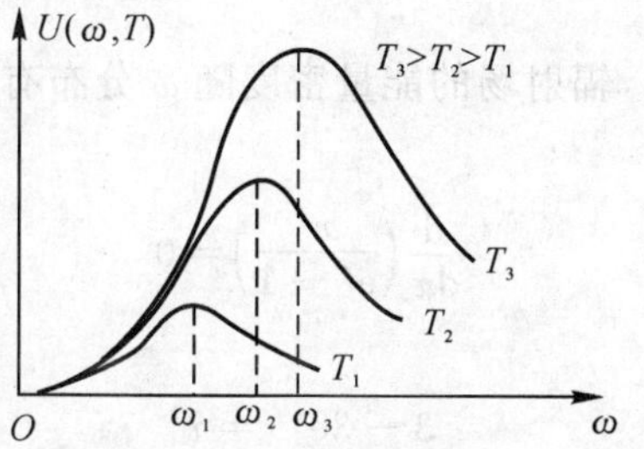

图 12.5.1　$U(\omega,T)$ 随 ω 的变化曲线

(2) 在 $\frac{\hbar\omega}{kT}\gg 1$ 的高频范围,有 $e^{\frac{\hbar\omega}{kT}}\gg 1$。可以将式(12.5.8)分母中 -1 这一项忽略不计,而有

$$U(\omega,T)\,d\omega=\frac{V}{\pi^2c^3}\hbar\omega^3 e^{-\frac{\hbar\omega}{kT}}d\omega \tag{12.5.10}$$

式(12.5.10)称为维恩公式。这是维恩在 1896 年得到的。从波动的观点看,这意味着空窖中几乎不存在高频的电磁辐射。

下面再从波动观点来理解普朗克公式的物理图像。已经知道,空窖内的辐射场可以分解为无穷多个单色平面波的叠加。具有一定的波矢和偏振的单色平面波可以看做辐射场的一个振动自由度。因此辐射场是具有无穷多个振动自由度的力学系统。根据量子理论,一个振动自由度(一个平面波)的能量可能值为

$$\varepsilon_n=\hbar\omega\left(n+\frac{1}{2}\right),\quad n=0,1,2 \tag{12.5.11}$$

由于具有一定圆频率、波矢和偏振的平面波与具有一定能量、动量和自旋投影的光子状态相应,当辐射场某一个平面波处在量子数为 n 的状态时,相当于存在状态相应的 n 个光子。玻色分布给出在温度为 T 的平衡状态下 n 的平均值 $n=1/(d^{\hbar\omega/kT}-1)$。从粒子观点看,$n$ 是平均粒子数。而从波动观点看,n 是量子数的平均值。这样波动和粒子的图像便统一起来了。

对于满足 $\hbar\omega\ll kT$ 的低频自由度,能级间距 $\hbar\omega$ 远小于 kT,其能量可看做准连续的变量,经典统计关于一个振动自由度具有平均能量 kT 的结论是适用的。反之,满足 $\hbar\omega\gg kT$ 的高频自由度则被冻结在 $n=0$ 的基态。这样经典统计研究平衡辐射问题出现的困难便得到解决。

将式(12.5.8)对圆频率积分,可以求得空窖辐射的内能为

$$U=\frac{V}{\pi^2c^3}\int_0^\infty\frac{\hbar\omega^3}{e^{\frac{\hbar\omega}{kT}}-1}d\omega \tag{12.5.12}$$

引入变量 $x=\frac{\hbar\omega}{kT}$,式(12.5.12)可化为

$$U=\frac{V\hbar}{\pi^2c^3}\left(\frac{kT}{\hbar}\right)^4\int_0^\infty\frac{x^3}{e^x-1}dx \tag{12.5.13}$$

将积分求出,得

$$U=\frac{\pi^2k^4}{15c^3\hbar^3}VT^4 \tag{12.5.14}$$

式(12.5.14)表明,空窖辐射的能量密度与绝对温度的四次方成正比。这跟热力学得到的结

果是一致的。不过在热力学理论中比例常数要由实验确定，而在统计物理中可通过理论计算求出这个比例常数。

根据普朗克公式(12.5.8)，辐射场的能量密度随 ω 分布有一极大值，以 ω_m 表示。ω_m 可以由下式定出

$$\frac{\mathrm{d}}{\mathrm{d}x}\left(\frac{x^3}{\mathrm{e}^x-1}\right)=0 \tag{12.5.15}$$

由此得

$$3-3\mathrm{e}^{-x}=x \tag{12.5.16}$$

这个方程可以用数值解法解出，其解为

$$\frac{\hbar\omega_m}{kT}\approx 2.82 \tag{12.5.17}$$

式(12.5.17)指出，使辐射场能量密度取极大的 $\hbar\omega/kT$ 值是一定的。换句话说，**ω_m 与温度 T 成正比，这个结论称为维恩位移定律。**

12.5.2 光子气体力学函数

1. 光子气体配分函数的对数

由热力学的统计表达式得到光子气体的热力学函数，巨配分函数的对数为

$$\ln\Xi=-\sum_l\omega_l\ln(1-\mathrm{e}^{-\alpha-\beta\varepsilon_l})=-\frac{V}{\pi^2c^3}\int_0^\infty\omega^2\ln(1-\mathrm{e}^{-\beta\hbar\omega})\mathrm{d}\omega \tag{12.5.18}$$

引入 $x=\hbar\omega/kT$，上式可化为

$$\ln\Xi=-\frac{V}{\pi^2c^3}\left(\frac{1}{\beta\hbar}\right)^3\int_0^\infty x^2\ln(1-\mathrm{e}^{-x})\mathrm{d}x \tag{12.5.19}$$

应用分部积分法，有

$$\int_0^\infty x^2\ln(1-\mathrm{e}^{-x})\mathrm{d}x=\left[\frac{x^3}{3}\ln(1-\mathrm{e}^{-x})\right]_0^\infty-\frac{1}{3}\int_0^\infty\frac{x^3\mathrm{d}x}{\mathrm{e}^x-1} \tag{12.5.20}$$

上式右方第一项为零，因此

$$\ln\Xi=\frac{V}{3\pi^2c^3}\left(\frac{1}{\beta\hbar}\right)^3\int_0^\infty\frac{x^3\mathrm{d}x}{\mathrm{e}^x-1}=\frac{\pi^2V}{45c^3}\left(\frac{1}{\beta\hbar}\right)^3 \tag{12.5.21}$$

2. 光子气体的热力学函数

(1) 光子气体的内能为

$$U=-\frac{\partial}{\partial\beta}\ln\Xi=-\frac{\partial}{\partial\beta}\left[\frac{\pi^2V}{45c^3}\left(\frac{1}{\beta\hbar}\right)^3\right]=\frac{\pi^2k^4V}{15c^3\hbar^3}T^4 \tag{12.5.22}$$

(2) 光子气体的压强为

$$p=-\frac{1}{\beta}\frac{\partial}{\partial V}\ln\Xi=\frac{\pi^2k^4}{45c^3\hbar^3}T^4 \tag{12.5.23}$$

由式(12.5.23)得

$$p=\frac{1}{3}\frac{U}{V} \tag{12.5.24}$$

(3) 光子气体的熵为

$$S=k\left(\ln\Xi-\beta\frac{\partial}{\partial\beta}\ln\Xi\right)=k(\ln\Xi+\beta U)=\frac{4}{45}\frac{\pi^2k^4V}{c^3\hbar^3}T^3V \tag{12.5.25}$$

由式(12.5.8)可知，当温度 T 趋于零时，熵 S 也趋于零，满足热力学第三定律。

(4) 光子气体的辐射的通量密度。

平衡辐射的通量密度与能量密度的关系为

$$J_u = \frac{cU}{4V} \tag{12.5.26}$$

则光子气体的辐射的通量密度为

$$J_u = \frac{cU}{4V} = \frac{c}{4V}\frac{\pi^2 k^4 V}{15c^3 \hbar^3}T^4 = \frac{\pi^2 k^4}{60c^2 \hbar^3}T^4 \tag{12.5.27}$$

12.6　金属中的自由电子气体

原子合成金属后，价电子脱离原子在整个金属中运动，称为公有电子。公有电子在离子(失去价电子后的原子) 产生的势场中运动；电子之间又存在库仑相互作用，因此，描述公有电子的运动是一个十分复杂的问题。在初步的近似下，可以把公有电子看做封闭在金属体积中的自由粒子称为自由电子。自由电子的存在可以解释金属的导电性和导热性。但如果将能量均分定理用于自由电子，一个自由电子对金属的热容量将有 $3k/2$ 的贡献。这是与实际不符的。实验发现，除在极低温度下，金属中自由电子的热容量基本上可以忽略。索末菲根据费米分布对这个问题作了解释。我们将看到泡里不相容原理在这里起着关键的作用。

根据费米分布，当温度为 T 时，处在能量为 ε 的一个量子态上的平均电子数为

$$f = \frac{1}{e^{\frac{\varepsilon-\mu}{kT}} + 1} \tag{12.6.1}$$

根据式(10.2.11)，考虑到电子自旋在其动量方向的投影有两个可能值，在体积 V 内，在 $\varepsilon \sim \varepsilon + d\varepsilon$ 的能量范围内，电子的量子态数为

$$D(\varepsilon)d\varepsilon = \frac{4\pi V}{h^3}(2m)^{3/2}\varepsilon^{1/2}d\varepsilon \tag{12.6.2}$$

所以，在体积 V 内，在能量范围 $\varepsilon \sim \varepsilon + d\varepsilon$ 内的平均电子数为

$$\frac{4\pi V}{h^3}(2m)^{3/2}\frac{\varepsilon^{1/2}}{e^{\frac{\varepsilon-\mu}{kT}} + 1} \tag{12.6.3}$$

在给定粒子数 N、温度 T 和体积 V 时，化学势 μ 由下式确定

$$\frac{4\pi V}{h^3}(2m)^{3/2}\int_0^{\infty}\frac{\varepsilon^{1/2}}{e^{\frac{\varepsilon-\mu}{kT}} + 1}d\varepsilon = N \tag{12.6.4}$$

由式(12.5.3) 可知，μ 是温度 T 和电子密度 N/V 的函数。

12.6.1　$T=0$ 时的自由电子气体

用 $\mu(0)$ 表示当 0K 时电子气体的化学势。由式(12.6.1) 式可知，当 0K 时，自由电子的分布为

$$\left.\begin{aligned} f=1, \quad \varepsilon < \mu(0) \\ f=0, \quad \varepsilon > \mu(0) \end{aligned}\right\} \tag{12.6.5}$$

如图 12.6.1 所示，式(12.6.5) 说明，当 $T = 0$K 时，在 $\varepsilon < \mu_0$ 的每一个量子态上平均电子数为 1，在 $\varepsilon > \mu(0)$ 的每一个量子态上平均电子数为零。这个分布情况可以这样理解：当 0K 时，电子将尽可能占据能量最低的状态，但泡里不相容原理限制每一个量子态最多只能容纳一个电子，因此，电子从 $\varepsilon = 0$ 的状态起依次填充至 $\mu(0)$ 止。$\mu(0)$ 是 0K 时，电子的最大能量，可

由下式定出：

$$\frac{4\pi V}{h^3}(2m)^{3/2}\int_0^{\mu(0)}\varepsilon^{1/2}\mathrm{d}\varepsilon=N \tag{12.6.6}$$

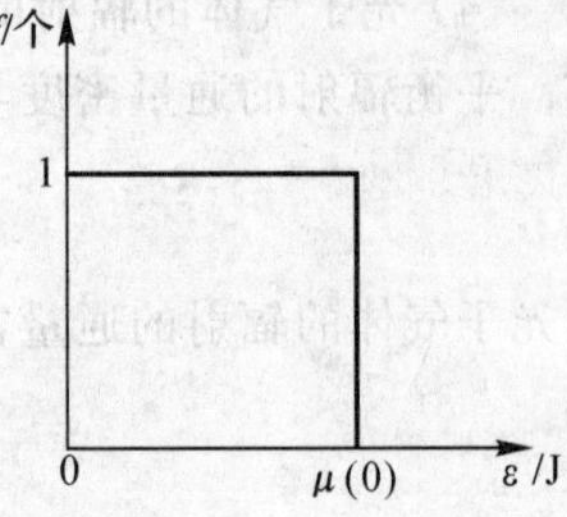

图 12.6.1　$T<0$ 时自由电子分布曲线

将式(12.6.6)积分，可解出

$$\mu(0)=\frac{\hbar^2}{2m}\left(3\pi^2\frac{N}{V}\right)^{2/3} \tag{12.6.7}$$

$\mu(0)$ 为费米能级，令 $\mu(0)=p^2(0)/2m$，可得

$$p(0)=\left(3\pi^2\frac{N}{V}\right)^{1/3}\hbar \tag{12.6.8}$$

$p(0)$ 是 0K **时电子的最大动量，称为费米动量，相应的速率** $v(0)=\dfrac{p(0)}{m}$ **称为费米速率。**当 0K 时电子气体的内能是

$$U(0)=\frac{4\pi V}{h^3}(2m)^{3/2}\int_0^{\mu(0)}\varepsilon^{3/2}\mathrm{d}\varepsilon=\frac{3}{5}N\mu(0) \tag{12.6.9}$$

由式(12.6.9)可知，当 0K 时电子的平均能量是 $\frac{3}{5}\mu(0)$。而 0K 时电子气体的压强为

$$p(0)=\frac{2}{3}\frac{U(0)}{V}=\frac{2}{5}n\mu(0) \tag{12.6.10}$$

它是泡里不相容原理和电子气体具有高密度的结果，常称为电子气体的简并压。

现在对 $\mu(0)$ 的大小作一数值估计，以 Cu 为例，Cu 的 $\frac{N}{V}=8.5\times10^{18}\ \mathrm{m}^{-3}$ 代入式(12.6.9)，得 $\mu(0)=1.1\times10^{-18}\mathrm{J}$。定义**满足关系式 $kT_F=\mu(0)$ 的温度 T_F 称为费米温度**，得 Cu 的 T_F 为 $7.8\times10^4\mathrm{K}$，可见 $\mu(0)$ 的数值很大。在一般温度下，金属中自由电子气体的化学势 μ 与 $\mu(0)$ 数值很接近，因此，化学势 μ 也常称为费米能级，以 ε_F 表示。由于在一般情况下 $\mu\gg kT$，因此 $e^{\alpha}=e^{-\frac{\mu}{kT}}\ll1$，这就是说，金属中的自由电子是高度简并的。

12.6.2　T > 0 时的自由电子气体

由式(12.6.1)知，当 $T>0$ 时，自由电子的分布为

$$\left.\begin{aligned} &f>\frac{1}{2},\quad \varepsilon<\mu\\ &f=\frac{1}{2},\quad \varepsilon=\mu\\ &f<\frac{1}{2},\quad \varepsilon>\mu \end{aligned}\right\} \tag{12.6.11}$$

式(12.6.11)说明，如图 12.6.2 所示，当 $T>0$ 时，在 $\varepsilon<\mu$ 的每一个量子态上平均电子数大于 1/2，在 $\varepsilon=\mu$ 的一个量子态上，平均电子数为 1/2，在 $\varepsilon>\mu$ 的每一个量子态上，平均电子数小于 1/2。注意到 $e^{\frac{\varepsilon-\mu}{kT}}$ 按指数规律随 ε 变化，实际上只在 μ 附近，数量级为 kT 的能量范围内，电子的分布与 $T=0$K 时有差异。这一点可以这样说明：在 0K 时电子占据了从 0 到 $\mu(0)$ 的每一个量子态，当温度升高时，电子有可能跃迁到能量较高的未被占据的状态去；但是处在低能态的电子要跃迁到未被占据的状态必须吸取很大的能量，这是极小可能的，所以绝大多数状态的占据情况实际上并不改变。

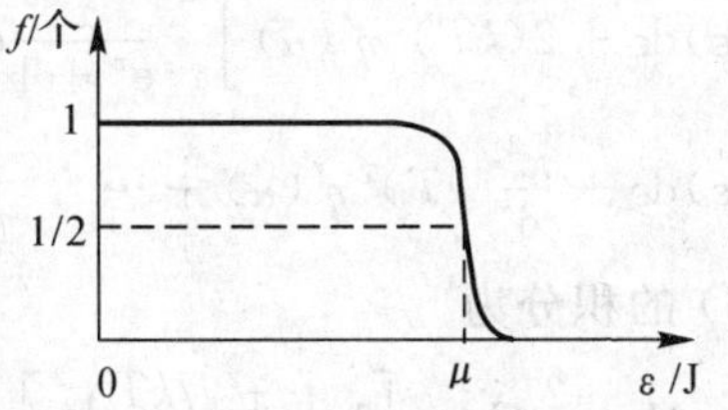

图 12.6.2　$T>0$ 时,自由电子分布曲线

由此可见,只有能量在 μ 附近,数量级为 kT 的范围内的电子对热容量有贡献。根据这个考虑,可以粗略估计电子的热容量。以 $N_{有效}$ 表示能量在 μ 附近 kT 范围内对热容量做出贡献的有效电子数为

$$N_{有效} \approx \frac{kT}{\mu}N \tag{12.6.12}$$

将能量均分定理用于有效电子,每一有效电子对热容量的贡献为 $3kT/2$,则金属中自由电子对热容量的贡献为

$$C_V = \frac{3}{2}Nk\left(\frac{kT}{\mu}\right) = \frac{3}{2}Nk\,\frac{T}{T_F} \tag{12.6.13}$$

前面的数值估计指出,在室温范围内,$\dfrac{kT}{\mu} \approx \dfrac{1}{260}$。所以在室温范围金属中自由电子对热容量的贡献小于经典理论的数值。与离子振动的热容量相比,电子的热容量可以忽略不计。

现在对自由电子气体的热容量进行定量计算。电子数 N 满足

$$N = \frac{4\pi V}{h^3}(2m)^{3/2}\int_0^\infty \frac{\varepsilon^{1/2}}{e^{\frac{\varepsilon-\mu}{kT}}+1}d\varepsilon \tag{12.6.14}$$

式(12.6.14) 确定自由电子气体的化学势。电子气体的内能 U 为

$$U = \frac{4\pi V}{h^3}(2m)^{3/2}\int_0^\infty \frac{\varepsilon^{3/2}d\varepsilon}{e^{\frac{\varepsilon-\mu}{kT}}+1}d\varepsilon \tag{12.6.15}$$

式(12.6.14) 和式(12.6.15) 的积分都可写为

$$I = \int_0^\infty \frac{\eta(\varepsilon)}{e^{\frac{\varepsilon-\mu}{kT}}+1}d\varepsilon \tag{12.6.16}$$

其中,$\eta(\varepsilon)$ 分别为 $C\varepsilon^{1/2}$ 和 $C\varepsilon^{3/2}$,常数 $C = \dfrac{4\pi V}{h^3}(2m)^{3/2}$。

首先计算积分式(12.6.16)。作变数变换 $\varepsilon-\mu = kTx$,可将积分(12.6.16) 表示为

$$I = \int_{-\frac{\mu}{kT}}^\infty \frac{\eta(\mu+kTx)}{e^x+1}kT\,dx = kT\int_0^{\frac{\mu}{kT}}\frac{\eta(\mu-kTx)}{e^{-x}+1}dx + kT\int_0^\infty \frac{\eta(\mu+kTx)}{e^x+1}dx \tag{12.6.17}$$

在右方的第一项令 $\dfrac{1}{e^{-x}+1} = 1-\dfrac{1}{e^x+1}$,可得

$$I = \int_0^\mu \eta(\varepsilon)d\varepsilon + kT\int_0^\infty \frac{\eta(\mu+kTx)-\eta(\mu-kTx)}{e^x+1}dx \tag{12.6.18}$$

在上式右方的第二项中,把积分上限都取作 ∞,这是因为 $\mu/kT \gg 1$,而且因为在被积函数的分母中的 e^x 因子,使对积分的贡献主要来自 x 小范围。由于后一理由,可以将被积函数的分子展开为 x 的幂级数,只取到 x 的一次项,而得

$$I=\int_0^{\mu}\eta(\varepsilon)\mathrm{d}\varepsilon+2(kT)^2\eta'(\mu)\int_0^{\infty}\frac{x}{\mathrm{e}^x+1}\mathrm{d}x+\cdots=$$

$$\int_0^{\mu}\eta(\varepsilon)\mathrm{d}\varepsilon+\frac{\pi^2}{6}(kT)^2\eta'(\mu)+\cdots \tag{12.6.19}$$

因此式(12.6.14)和式(12.6.5)的积分为

$$N=\frac{2}{3}C\mu^{3/2}\left[1+\frac{\pi^2}{8}\left(\frac{kT}{\mu}\right)^2\right] \tag{12.6.20}$$

$$U=\frac{2}{5}C\mu^{5/2}\left[1+\frac{5\pi^2}{8}\left(\frac{kT}{\mu}\right)^2\right] \tag{12.6.21}$$

由式(12.6.20)得

$$\mu=\left(\frac{3N}{2C}\right)^{2/3}\left[1+\frac{\pi^2}{8}\left(\frac{kT}{\mu}\right)^2\right]^{-2/3} \tag{12.6.22}$$

当 $T\to0$ 时，$\mu=\left(\frac{3N}{2C}\right)^{2/3}$ 将 C 代入，正好得到式(12.6.11)。上式右方第二项很小，可以在第二项中用 $kT/\mu(0)$ 代替 kT/μ 而得

$$\mu=\mu(0)\left\{1+\frac{\pi^2}{8}\left[\frac{kT}{\mu(0)}\right]^2\right\}^{-2/3}\approx\mu(0)\left\{1-\frac{\pi^2}{12}\left[\frac{kT}{\mu(0)}\right]^2\right\} \tag{12.6.23}$$

将式(12.6.23)代入式(12.6.21)，并作相应的近似，可得

$$U=\frac{2}{5}C\mu(0)^{5/2}\left\{1-\frac{\pi^2}{12}\left[\frac{kT}{\mu(0)}\right]^2\right\}^{5/2}\times\left\{1+\frac{5\pi^2}{8}\left[\frac{kT}{\mu(0)}\right]^2\right\}=$$

$$\frac{2}{5}N\mu(0)\left\{1+\frac{5}{12}\pi^2\left[\frac{kT}{\mu(0)}\right]^2\right\} \tag{12.6.24}$$

式(12.6.24)给出自由电子气体的内能。由此得电子气体的定容热容量为

$$C_V=\left(\frac{\partial U}{\partial T}\right)_V=Nk\frac{\pi^2}{2}\frac{kT}{\mu(0)}=\gamma_0 T \tag{12.6.25}$$

这结果与前面粗略分析的结果只有系数的差异。

如前所述，在常温范围，电子的热容量远小于离子振动的热容量。但在低温范围，离子振动的热容量按 T^3 随温度而减少；电子容量与 T 成正比，减少比较慢，所以，在足够的温度下热容量就不能忽略。

12.7 白矮星

恒星的能源来自星体上发生的热核反应。白矮星是比较老的一种恒星，星体上热核反应的燃料 —— 氢 —— 已经基本耗尽，星体物质基本上是核聚变的产物 —— 氦。白矮星发出亮度很小的白光，所辐射的能量来自星体缓慢收缩所释放的引力势能。白矮星一般体积很小而密度很大。下面是白矮星的一组典型数据：质量 $m\approx10^{30}\,\mathrm{kg}$，与太阳的质量大致相同；密度 $\rho\approx10^{10}\,\mathrm{kg\cdot m^{-3}}$，为太阳密度的$10^7$ 倍；中心温度 $T\approx10^7\,\mathrm{K}$，与太阳中心温度大致相同。在这样的高温下，氦原子将全部电离。因此，可以将白矮星看做是含有 N 个电子和 $N/2$ 个氦核的系统。以 m 表示电子的质量，m_p 表示质子(中子)的质量，白矮星的质量 m_w 为

$$m_w\approx N(m+m_P)\approx2Nm_P \tag{12.7.1}$$

电子的密度为

$$n=\frac{N}{V}\approx\frac{m_w/2m_P}{m_w/\rho}=\frac{\rho}{2m_P} \tag{12.7.2}$$

由此估算白矮星中电子的密度约$10^{36}\,\mathrm{kg\cdot m^{-3}}$。在由式(12.6.7)得电子气体的 $\mu(0)$ 为

$$\mu(0)=\frac{\hbar^2}{2m}\left(\frac{3\pi^2N}{V}\right)^{2/3}\approx 0.5\times10^{-13}\,\mathrm{J} \tag{12.7.3}$$

相应的费米温度 $T_F=\dfrac{\mu(0)}{k}=3\times10^9\,\mathrm{K}$,远高于白矮星的温度。因此白矮星上的电子气体是高度简并的,可以近似看做处在绝对零度的理想费米气体。

与电子静止质量相应的能量是 $\varepsilon_0=mc^2\approx(1\times10^{-30}\,\mathrm{kg})\times(3\times10^8\,\mathrm{m\cdot s^{-2}})^2\approx1\times10^{-13}\,\mathrm{J}$。$\varepsilon_0$ 与 $\mu(0)$ 具有相同的量级,因此,相对论效应虽然是显著的,但还不具有压倒的影响。

据前面的估算,可以得到如下的物理图像。白矮星的质量和维系星体的引力主要来自氦核。在氦核的背景上存在高度简并的电子气体。白矮星的存在是电子气体的简并压与引力达到暂态平衡的结果。如果没有电子气体的简并压与引力相抗衡,白矮星的自引力将使它猛烈塌缩。在下面的分析中,忽略氦核产生的压强和星体辐射的能量损失。

考虑两个极限情况,如果白矮星上的电子气体是非相对论性的,由式(12.6.10)和式(12.6.7)可得电子气体的简并压为

$$p=\frac{2}{5}\,(3\pi^2)^{3/2}\,\frac{\hbar^2}{2m}\left(\frac{N}{V}\right)^{5/3} \tag{12.7.4}$$

极端相对论情形下,电子气体的简并压则为

$$p=\frac{1}{4}ch\,\left(\frac{3}{8\pi}\right)^{1/3}\,\left(\frac{N}{V}\right)^{4/3} \tag{12.7.5}$$

假设星体是球形的。由于简并压的存在,当星体半径绝热改变 $\mathrm{d}R$ 时,其内能改变为

$$\mathrm{d}E=-p4\pi R^2\,\mathrm{d}R \tag{12.7.6}$$

另一方面,由量纲分析知,白矮星的引力势能可表示为

$$E_g=-\alpha\,\frac{Gm_w^2}{R} \tag{12.7.7}$$

其中,m_w 是星体的质量;G 是万有引力常数;α 是量级为 1 的数值系数,取决于星体密度的分布。当星体半径改变 $\mathrm{d}R$ 时,引力势能的改变 $\mathrm{d}E_g$ 为

$$\mathrm{d}E_g=\frac{\mathrm{d}E_g}{\mathrm{d}R}\mathrm{d}R=\alpha\,\frac{Gm_w^2}{R^2}\mathrm{d}R \tag{12.7.8}$$

平衡时式(12.7.5)和式(12.7.7)的能量改变之和为零,故有

$$p=\frac{\alpha}{4\pi}\,\frac{Gm_w^2}{R^4} \tag{12.7.9}$$

将式(12.7.4)代入式(12.7.9),注意$\dfrac{N}{V}=\rho$ 和 $m_w\approx\rho R^3$,可得在非相对论情形下

$$R\propto m_w^{-\frac{1}{2}} \tag{12.7.10}$$

式(12.7.10)意味着,质量愈大的白矮星半径愈小。将式(12.7.5)代入式(12.7.9),ρ 和 R 将在方程中消去而得到关于质量的唯一解 m_{w0}。这意味着,在极端相对论情形下,仅当白矮星具有 m_{w0} 的质量时,电子气体的简并压与自引力能够达到平衡。如果白矮星的质量小于 m_{w0},电子气体的简并压大于自引力,星体将膨胀而降低电子的动能,使大多数电子变成非相

对论性的。如果星体的质量大于 m_{w0},电子气体的简并压不足以抗衡自引力,星体将坍缩,直至星体的密度变得很高而发生新的过程,例如,超新星爆发。所以白矮星存在极限质量 m_{w0}。仅质量小于极限质量 m_{w0} 的星体能够成为白矮星。m_{w0} 称为钱德拉塞卡极限。较精确的计算表明,m_{w0} 是太阳质量的 1.44 倍。这一结论为迄今的天文测量所支持。

习　题

12.1　求弱简并理想费米(玻色)气体的压强公式。

12.2　试证明在热力学极限下均匀的二维理想玻色气体不会发生玻色-爱因斯坦凝聚。

12.3　约束在磁光陷阱中的原子,在三维谐振势 $V=\frac{1}{2}m(\omega_x^2x^2+\omega_y^2y^2+\omega_z^2z^2)$ 场中运动,如果原子是玻色子,试证明:在 T 时将有宏观量级的原子凝聚在能量为 $\varepsilon=\frac{\hbar}{2}(\omega_x+\omega_y+\omega_z)$ 的基态,在 $N\to\infty,\omega\to 0$,而 $N\omega^2$ 保持有限的极限条件下,临界温度 T_c 由下式确定:

$$N=1.202\times\left(\frac{kT_c}{\hbar\omega}\right)^2$$

其中,$\omega=(\omega_x\omega_y\omega_z)^{\frac{1}{3}}$,则温度为 T 时,凝聚在基态的原子数 N_0 与总原子数 N 之比为

$$\frac{N_0}{N}=1-\left(\frac{T}{T_c}\right)^3$$

12.4　写出二维空间中平衡辐射的普朗克公式,并据此求平均总光子数、内能和辐射通量密度。

12.5　试计算平衡辐射中单位时间碰到单位面积器壁上的光子所携带的能量,由此即得平衡辐射的通量密度 J_u,计算在 5 000 K 和 8 000 K 时的 J_u 值。

12.6　银的传导电子密度为 5.9×10^{28} 个 /m³。试求 0K 时电子的最大能量、最大速率和电子气体的简并压。

12.7　试求绝对零度下电子气体中电子的平均速率 $\bar{v}$。

12.8　试证明,在绝对零度下自由电子的碰壁数可表示为 $Z=\frac{1}{4}n\bar{v}$,其中,$n=\frac{N}{V}$ 是电子的密度,$\bar{v}$ 是平均速率。

12.9　固体中原子的热运动可以看做是声子气体。在温度 $T\gg\Theta_D$(德拜温度)高温下,试求声子气体的巨配分函数,并计算系统的自由能。

12.10　试根据热力学公式 $S=\int\frac{C_V}{T}\mathrm{d}T$ 及低温下的热容量,求金属中自由电子气体的熵。

12.11　试求低温下金属中自由电子气体的巨配分函数的对数,从而求电子气体的压强、内能和熵。

12.12　一两维晶体有 N 个粒子,每个粒子可视为两维谐振子,能级为 $\varepsilon=(n_1+n_2+1)\hbar\omega$,$(n_1,n_2=1,2,3,\cdots)$,求配分函数 Z 和内能 U、热容量 C_V 是多少?

12.13　在极端相对论情形下电子能量与动量的关系为 $\varepsilon=cp$,其中,c 为光速,试求自由电子气体在 0K 时的费米能量、内能和简并压。

12.14　已知 0 K 时铜的化学势 $\mu(0) = 7.04\ \text{eV}$，试求 40 K 时的化学势和电子的平均能量。

12.15　试求低温下金属中自由电子气体的巨配分函数的对数，从而求电子气体的压强、内能和熵。

参考文献

[1] 李椿，章立源，钱尚武. 热学[M]. 北京：高等教育出版社，2008.

[2] 秦允豪. 热学[M]. 南京：南京大学出版社，2004.

[3] 包科达. 普通物理学：热学[M]. 北京：北京大学出版社，2007.

[4] 赵凯华，罗蔚茵. 热学[M]. 北京：高等教育出版社，2005.

[5] 张玉民，阮耀钟. 热学[M]. 北京：高等教育出版社，2000.

[6] 肖国屏. 热学[M]. 北京：高等教育出版社，1989.

[7] 顾建中. 热学教程 [M]. 北京：高等教育出版社，1983.

[8] 黄淑清，聂宜如，申先甲. 热学教程[M]. 北京：高等教育出版社，1994.

[9] 罗蔚茵，许煜寰. 热学基础[M]. 广州：中山大学出版社，1990.

[10] 徐行. 热学[M]. 北京：高等教育出版社，1990.

[11] 李平. 热学[M]. 北京：北京师范大学出版社，1987.

[12] 李洪芳. 热学[M]. 上海：复旦大学出版社，1994.

[13] 吴瑞贤，杜定旭，杨友梅. 热学教程[M]. 成都：四川大学出版社，1986.

[14] 瑞斯尼克 R，哈里德著 D. 物理学(第一卷第二分册)[M]. 北京：科学出版社，1980.

[15] 汪志诚. 热力学统计物理[M]. 北京：高等教育出版社，2008.

[16] Sears F W，等. 大学物理学(第二分册)[M]. 郭泰运，等，译. 北京：人民教育出版社，1979.

[17] 许国保. 热力学与统计物理学[M]. 上海：华东师范大学出版社，1982.

[18] 王诚泰. 统计物理学[M]. 北京：清华大学出版社，1991.

[19] 巴扎罗夫. 热力学[M]. 北京：高等教育出版社，1988.

[20] Sears F W，Salinger G L. 热力学·分子运动论和统计热力学[M]. 北京：高等教育出版社，1988.